U0557533

地球、大气和海洋科学中的大数据分析

[美] 托马斯·黄（Thomas Huang）
[美] 蒂芙尼·C.万斯（Tiffany C. Vance）　　　主编
[美] 克里斯托弗·林内斯（Christopher Lynnes）

凌肖露　薛　勇　译

Big Data Analytics in Earth, Atmospheric, and Ocean Sciences

南京大学出版社

WILEY

图书在版编目(CIP)数据

地球、大气和海洋科学中的大数据分析 /（美）托马
斯·黄,（美）蒂芙尼·C.万斯,（美）克里斯托弗·林内
斯主编;凌肖露,薛勇译. -- 南京：南京大学出版社,
2025.5. -- ISBN 978 - 7 - 305 - 28787 - 9

Ⅰ. P - 37

中国国家版本馆 CIP 数据核字第 2025H8F483 号

Big Data Analytics in Earth, Atmospheric, and Ocean Sciences
ISBN：9781119467571 / 1119467578
by Thomas Huang, Tiffany C. Vance and Christopher Lynnes
© 2023 American Geophysical Union

江苏省版权局著作权合同登记　图字:10 - 2023 - 31 号

出版发行　南京大学出版社
社　　址　南京市汉口路 22 号　　邮　编　210093
书　　名　**地球、大气和海洋科学中的大数据分析**
　　　　　DIQIU、DAQI HE HAIYANG KEXUE ZHONG DE DASHUJU FENXI
主　　编　[美]托马斯·黄　[美]蒂芙尼·C.万斯　[美]克里斯托弗·林内斯
译　　者　凌肖露　薛勇
责任编辑　王南雁　　　　　　　编辑热线　025 - 83595840
照　　排　南京开卷文化传媒有限公司
印　　刷　江苏凤凰数码印务有限公司
开　　本　787 mm×1092 mm　1/16　印张 14.5　字数 362 千
版　　次　2025 年 5 月第 1 版　印次　2025 年 5 月第 1 次印刷
ISBN　978 - 7 - 305 - 28787 - 9
定　　价　128.00 元

网　　址:http://www.njupco.com
官方微博:http://weibo.com/njupco
官方微信:njupress
销售咨询热线:025 - 83594756

贡献者列表

Edward M. Armstrong
美国国家航空航天局喷气推进实验室
加州理工学院
（美国加利福尼亚州帕萨迪纳）

Alberto Arribas
微软公司
（英国雷丁）
雷丁大学气象系
（英国雷丁）

Jessica Austin
Axiom 数据科学有限责任公司
（美国阿拉斯加州安克雷奇）

Rob Bochenek
Axiom 数据科学有限责任公司
（美国阿拉斯加州安克雷奇）

Mark A. Bourassa
美国海洋大气预测研究中心
佛罗里达州立大学地球、海洋和大气科学系
（美国佛罗里达州塔拉哈西）

Jonathan Brannock
北卡罗来纳气候研究所
美国国家海洋和大气管理局卫星地球系
统研究合作学院
北卡罗来纳州立大学
（美国北卡罗来纳州阿什维尔）

Otis Brown
北卡罗来纳气候研究所
美国国家海洋和大气管理局卫星地球系
统研究合作学院
北卡罗来纳州立大学
（美国北卡罗来纳州阿什维尔）

Kevin A. Butler
美国环境系统研究所
（美国加利福尼亚州雷德兰兹）

Nga T. Chung
美国国家航空航天局喷气推进实验室
加州理工学院
（美国加利福尼亚州帕萨迪纳）

Thomas Cram
美国国家大气研究中心
（美国科罗拉多州博尔德）

Jenny Dissen
北卡罗来纳气候研究所
美国国家海洋和大气管理局卫星地球系
统研究合作学院
北卡罗来纳州立大学
（美国北卡罗来纳州阿什维尔）

Kyle Dumas
大气辐射测量（ARM）研究中心
美国橡树岭国家实验室
（美国田纳西州橡树岭）

John-Marc Dunaway
Axiom 数据科学有限责任公司
（美国阿拉斯加州安克雷奇）

Jocelyn Elya
美国海洋大气预测研究中心
佛罗里达州立大学
（美国佛罗里达州塔拉哈西）

Eamon Ford
美国国家航空航天局喷气推进实验室
加州理工学院
（美国加利福尼亚州帕萨迪纳）

David W. Gallaher
美国国家冰雪数据中心
（美国科罗拉多州博尔德）

Kevin Michael Gill
美国国家航空航天局喷气推进实验室
加州理工学院
（美国加利福尼亚州帕萨迪纳）

Glenn E. Grant
美国国家冰雪数据中心
（美国科罗拉多州博尔德）

Frank R. Greguska III
美国国家航空航天局喷气推进实验室
加州理工学院
（美国加利福尼亚州帕萨迪纳）

Mahabaleshwara Hegde
美国国家航空航天局戈达德太空飞行中心
（美国马里兰州格林贝尔特）

Alex Held
澳大利亚联邦科学与工业研究组织地球
观测中心
（澳大利亚首都特区堪培拉）

Erik Hoel
美国环境系统研究所
（美国加利福尼亚州雷德兰兹）

Benjamin Holt
美国国家航空航天局喷气推进实验室
加州理工学院
（美国加利福尼亚州帕萨迪纳）

Hook Hua
美国国家航空航天局喷气推进实验室
加州理工学院
（美国加利福尼亚州帕萨迪纳）

Thomas Huang
美国国家航空航天局喷气推进实验室
加州理工学院
（美国加利福尼亚州帕萨迪纳）

Joseph C. Jacob
美国国家航空航天局喷气推进实验室
（美国加利福尼亚州帕萨迪纳）

Zaihua Ji
美国国家大气研究中心
（美国科罗拉多州博尔德）

Karthik Kashinath
美国劳伦斯伯克利国家实验室
（美国加利福尼亚州伯克利）

Edward J. Kearns
第一街基金会
（美国纽约州布鲁克林）

Bhargavi Krishna
大气辐射测量（ARM）研究中心
美国橡树岭国家实验室
（美国田纳西州橡树岭）

Vitaliy Kurlin
利物浦大学计算机科学系
（英国利物浦）

Michael M. Little
美国国家航空航天局戈达德太空飞行中心
（美国马里兰州格林贝尔特）

Qin Lv
科罗拉多大学计算机科学系
（美国科罗拉多州博尔德）

Christopher Lynnes
美国国家航空航天局戈达德太空飞行中
心（退休）
（美国马里兰州格林贝尔特）

Gerald Manipon
美国国家航空航天局喷气推进实验室
加州理工学院
（美国加利福尼亚州帕萨迪纳）

Theo McCaie
英国国家气象局
（英国埃克塞特）

Dmitriy Morozov
美国劳伦斯伯克利国家实验室
（美国加利福尼亚州伯克利）

Grzegorz Muszynski
美国劳伦斯伯克利国家实验室
（美国加利福尼亚州伯克利）

利物浦大学计算机科学系

（英国利物浦）

Matt Paget

澳大利亚联邦科学与工业研究组织地球观测中心

（澳大利亚首都特区堪培拉）

Tom Powell

英国国家气象局

（英国埃克塞特）

Giri Prakash

大气辐射测量（ARM）研究中心

美国橡树岭国家实验室

（美国田纳西州橡树岭）

Prabhat Ram

美国劳伦斯伯克利国家实验室

（美国加利福尼亚州伯克利）

Niall Robinson

英国国家气象局

埃克塞特大学

（英国埃克塞特）

Sujen Shah

美国国家航空航天局喷气推进实验室

加州理工学院

（美国加利福尼亚州帕萨迪纳）

Adrienne Simonson

美国国家海洋和大气管理局首席信息官办公室

（美国北卡罗来纳州阿什维尔）

Shawn R. Smith

佛罗里达州立大学海洋大气预测研究中心

（美国佛罗里达州塔拉哈西）

Kate Szura

Interactions 有限责任公司

（美国马萨诸塞州富兰克林）

Ronnie Taib

澳大利亚联邦科学与工业研究组织 Data61

（澳大利亚新南威尔士州悉尼）

Jacob Tomlinson

英伟达（NVIDIA）

（英国雷丁）

Vardis Tsontos

美国国家航空航天局喷气推进实验室

加州理工学院

（美国加利福尼亚州帕萨迪纳）

Tiffany C. Vance

美国国家海洋和大气管理局美国综合海洋观测系统

（美国马里兰州银泉）

Peter Wang

澳大利亚联邦科学与工业研究组织 Data61

（澳大利亚新南威尔士州悉尼）

Michael Wehner

美国劳伦斯伯克利国家实验室

（美国加利福尼亚州伯克利）

Brian D. Wilson

美国国家航空航天局喷气推进实验室

加州理工学院

（美国加利福尼亚州帕萨迪纳）

Robert Woodcock

澳大利亚联邦科学与工业研究组织地球观测中心

（澳大利亚首都特区堪培拉）

Elizabeth Yam

美国国家航空航天局喷气推进实验室

加州理工学院

（美国加利福尼亚州帕萨迪纳）

Chaowei Phil Yang

乔治梅森大学

（美国弗吉尼亚州费尔法克斯）

Alice Yepremyan

美国国家航空航天局喷气推进实验室

加州理工学院

（美国加利福尼亚州帕萨迪纳）

Hailiang Zhang

美国国家航空航天局戈达德太空飞行中心（退休）

（美国马里兰州格林贝尔特）

前　　言

　　本书创作的种子是在 2016 年美国地球物理联合会（AGU）秋季会议上举行的大数据分析讨论会上播下的。当时，地球科学数据预计在未来十年将呈数量级增长，社区正在探索各种新兴技术和技巧，以最好地利用即将到来的数据洪流。本书的各章是对这些以及类似调查的代表性内容的收集，但绝非详尽无遗。

　　地球大数据分析可以定义为将越来越复杂的数据分析和显示工具应用于迅速增加的地球科学数据量，以获取信息，最终获得领悟。这结合了两个概念：地球大数据和数据分析。地球大数据既指数据集的体量，也指来自各种来源、各种格式以及各种学科的数据的组合。为了感知数据量的大小，美国国家海洋和大气管理局（NOAA）每天从卫星、雷达、船舶、天气模型和其他来源生成数十TB的数据。美国国家航空航天局（NASA）的地球观测档案 2020 年里每天增长超过 30 TB 的数据，预计到 2024 年，随着新卫星的发射，每天的增长量将达到 130 TB；而欧洲中期天气预报中心（ECMWF）的气象数据档案则每天增加 200 TB 的新数据。然而，这些数据之所以"大"，不仅在于它们的体量，还在于它们的多样化格式、学科和结构。因此，它们对传统分析方法构成了颠覆，也对研究人员能够提出的问题类型构成了颠覆。数据分析越来越多地由高体量和异构数据集的可用性驱动。数据的大小和复杂性影响数据管理和使用的所有方面，需要新的方法和工具。尽管获取、使用和分析地球大数据存在挑战，它们已经在气候、海洋学和生物学相关工作中被广泛利用。数据的易获取性使我们能够分析更长时间尺度的记录和大空间域的模式。

　　这些数据的分析既借鉴了传统的科学分析方法，也借鉴了为商业应用开发的工具。这些类型的数据分析工具是由大学和其他研究团队开发的。它们逐渐成为云服务提供商和分析公司感兴趣的领域。从谷歌的地球引擎（GEE，用于大规模分析地球科学数据）到美国国家海洋和大气管理局的大数据计划，关于地球的大数据及其分析变得越来越普遍。亚马逊的 Elastic MapReduce 和 SageMaker 是基于云的分析的常用构建模块，而 Galileo（又名 Service Workbench）是亚马逊最新的用于交互式分析的 Web 应用程序。微软 Azure ML

Studio 是另一个流行的基于云的数据分析解决方案。地球大数据分析越来越依赖于基于云的存储和处理能力,因为数据量和所需的计算资源超出了本地资源。

本书分为三个部分。首先从宏观角度开始,涵盖了大数据分析架构。该部分首先从多种视角出发讨论地理空间方面的地球大数据。接着讨论了规模化数据带来的数据管理挑战,特别是在使数据可用于分析的背景下。这是通过一个讨论分析数据本身扩展的挑战的章节来描述的。后续章节涵盖了大型计划或项目,如 NASA 的地球交换项目,它在超级计算环境中实现了大规模数据分析,以及 NOAA 大数据项目,它通过几个云提供商使数据集可供最终用户使用。第一部分还包括关于架构和完全实现的系统的章节,如 Data Cube、NEXUS 和 Apache Science Data Analytics Platform,以及一个探索和分析原位数据的基于 NoSQL 的平台。

本书的第二部分是地球大数据的分析方法,讨论了一些从大数据中提取信息和/或派生见解的特定技术,强调了地球观测的独特方面。第二部分以两章关于使用地理空间统计学进行分析的内容开头,接着是一章将机器学习与地球物理约束相结合的内容,最后一章是对时空分析的不同分析方法的基准测试。

本书的第三部分是地球大数据的应用,描述了一些特定的大数据分析技术和平台应用实例:天气和气候模型分析、大气河流模式、南极地表温度极值、卫星海洋学数据的原位匹配以及船只追踪。这显然只是现有应用中的一小部分示例;然而,这些示例展示了一些如何在地球科学中找到多样化应用的不同方法。

虽然地球大数据分析的应用涵盖了一系列应用,但本书各章中有一些共同的主题,包括:(1) 云的作用,特别是在数据量不断增加的情况下;(2) 使用云的局限性和成本,包括成本的不可预测性以及从云中提取数据的高昂成本;(3) 在文件传输过程中保持数据完整性的技术;(4) 通过 Web 对象存储进行部分读取的效率;(5) 数据/对象存储的使用;(6) 无服务器和其他内置函数标准化计算;(7) 数据流程和使用 Docker 封装分析;(8) 开发应用程序编程接口;(9) GeoTIFFs、Zarr 和 Parquet 作为卫星和原位数据的云文件格式;以及(10) 云中数据大小的硬性限制,这对于卫星数据尤其重要。

虽然本书的章节为"地球、大气和海洋科学中的大数据分析"这一主题提供了广泛的介绍,但在大数据分析所带来的挑战方面,仍有许多机会可以利用,例如整合新的数据来源、实施数据标准、优化云和超级计算资源的使用,以及结合人工智能和机器学习。随着这些挑战被克服,云的计算能力和灵活基础设施将支持重要的新分析和洞察的出现,进而支持新的政策制定。与此同时,解决方案也带来了新的政策挑战。使用云资源进行数据存储和分析有可能同时促进和复杂化数据及其分析方法的可访问性,特别是随着社区向新的应用、教育和公民科学家用户扩展。另一方面,数据出口费用或基于云提供商的工具可能会损害数据长期保存、科学可重复性和基本公平性。

Thomas Huang

美国宇航局喷气推进实验室

加州理工学院

(帕萨迪纳,加利福尼亚,美国)

Tiffany C. Vance

美国综合海洋观测系统

美国国家海洋和大气管理局

(银泉,马里兰,美国)

Christopher Lynnes(退休)

美国宇航局戈达德太空飞行中心

(格林贝尔特,马里兰,美国)

目　　录

第一部分　大数据分析架构

第二部分　地球大数据的分析方法

第三部分　地球大数据的应用

1 大数据分析简介

Erik Hoel

环境系统研究所,雷德兰兹,加利福尼亚,美国

在地理空间数据的背景下,大数据分析采用分布式计算,使用支持时空分析、空间统计和机器学习算法与技术(例如分类、聚类和预测)的高级工具,在非常大的时空数据集上进行可视化、模式检测、深入理解和问题回答。在本章中,我们讨论了大数据分析的关键定义、特定领域问题、分析概念、当前技术与工具以及面临的挑战。

1.1 概 述

大数据分析涉及分析大量多样化的数据,以识别和理解通常由于涉及的数据量而无法看到的模式、相关性和趋势,以便让用户和组织做出更好的决策。在地理空间数据的背景下,这些分析通常涉及空间处理、复杂的空间统计算法和预测建模。大数据可以有多种来源;这包括传感器(静态和移动的),航空和卫星图像、激光雷达、视频、社交网络、网站活动、销售交易记录以及实时股票交易。用户和数据科学家运用大数据分析来评估这些大量的数据集,这些数据的体量是传统分析系统无法容纳的(Miller & Goodchild, 2014)。在处理非结构化或半结构化数据时尤其如此(这种数据类型对于通常使用关系数据库概念并处理结构化数据的数据仓库来说是个问题)。

为了应对这些复杂的需求,已经开发了许多新的分析环境和技术,包括分布式处理基础设施,如 Spark 和 MapReduce(Dean & Ghemawat, 2008; Garillot & Maas, 2018; Zaharia et al., 2010)、分布式文件存储和 NoSQL 数据库(Alexander & Co-peland, 1988; DeWitt & Gray, 1992; Klein et al., 2016; NoSQL, 2022; Pavlo & Aslett, 2016)。

这些技术中的大部分都可在开源软件框架中获得,例如 Apache Hadoop(2018),它可以用来处理集群系统中的巨大数据集。在处理大数据时,用户在进行大数据分析时有一系列目标(Marz & Warren, 2013; Mysore et al., 2013)。包括:

1. 从大数据中发现价值

以一种揭示模式、趋势和关系的方式可视化和分析大数据,这些模式、趋势和关系是传统报告和空间处理无法显示的。数据可能存在于许多不同的地方、流或网络日志中。

2. 利用流数据

过滤并转换来自各种来源的原始流数据,这些数据包含地理元素,将其转换为地理信息层。然后可以使用地理层来创建新的、更有用的地图和仪表盘,以辅助决策。

3. 揭示地理模式

使用地图和可视化来看数据背后的故事。识别地理模式的例子包括零售商看到促销活动在哪里最有效以及竞争对手在哪里,银行了解贷款为何违约以及哪里是服务不足的市场,气候变化科学家确定不断变化的天气模式的影响。

4. 发现空间关系

在地图上查看空间启用的大数据可以帮助你回答问题并提出新的问题。疾病爆发在哪里?考虑到最近更新的人口变迁,哪里的保险风险最大?地理思维为大数据问题解决增加了一个新维度,并帮助你理解大数据。

5. 进行预测建模

使用空间启用的大数据进行预测建模可以帮助你从如果/那么的情景中制定策略。政府可以使用它来设计灾害响应计划,自然资源管理者可以分析灾后湿地的恢复情况,卫生服务组织可以识别疾病的传播和控制方式。

1.1.1 空间大数据的差异性

空间大数据与标准(非空间)大数据的不同之处在于存在空间关系、地理统计相关性和空间语义关系,这可以概括为包括时间域(Hägerstrand,1970)。空间大数据提供了超出传统大数据所遇到的额外挑战。空间大数据的特点如下(Barwick,2011):

• 体积。数据的数量。空间大数据还包括全球卫星图像、移动传感器(智能手机、GPS追踪器和健身监测器)以及地理编码的数码相机图像。

• 多样性。空间数据由 2D 或 3D 矢量或栅格图像组成。空间数据较传统大数据更为复杂,且包含了传统大数据的类型。

• 速度。鉴于卫星图像的快速收集以及移动传感器,空间数据的速度是显著的。

• 真实性。对于矢量数据(点、线和多边形),质量和准确性是多变的。数据质量取决于这些点是通过 GPS 确定的、由未知来源确定的还是手动确定的。分辨率和投影问题也会改变真实性。对于地理编码的点,地址表和与地址相关的点位置算法可能存在错误。对于栅格数据,真实性取决于卫星或航空设备中记录仪器的准确性,以及时效性。

• 价值。对于实时空间大数据,可以通过可视化气候、交通、基于社交媒体的态度和大规模库存位置等空间现象的动态变化来增强决策。数据趋势的探索可以包括空间邻近性和关系。

一旦空间大数据被结构化,就可以应用正式的空间分析技术,例如空间自相关、叠加、缓冲、空间聚类技术和区位商等。

1.2　定　义

本章中引用的术语列在了表 1.1 中,以便于读者更快地理解后面讨论的一般概念。

表 1.1 理解一般概念的术语

术语	说明
亚马逊网络服务（AWS）	一个安全的、按需的云计算平台，用户按照他们所使用的计算资源（例如计算、数据库存储和内容交付）付费。
人工智能（AI）	能够执行任务和模仿，通常需要人类智能的行为的计算机系统或机器，如视觉感知、语音识别和语言翻译。
大数据即服务（BDaaS）	支持分析大型或复杂数据集的基于云的硬件和软件服务。这些服务可以提供数据、分析工具、事件驱动处理、可视化和管理能力。
Cloudera	一家提供软件平台的软件公司。该平台可以在云端或本地运行，支持数据仓库、机器学习和大数据分析。该公司是 Apache Hadoop 平台的主要贡献者（例如 Avro、HBase、Hive 和 Spark）。
计算机视觉	一门专注于获取、提取、分析以及理解从单一或多维图像或视频数据中获得信息的科学学科。
数据即服务（DaaS）	建立在软件即服务之上，数据按需提供给用户以进行进一步处理和分析。数据的集中化使得客户能够以更低的成本获得更高质量的策划数据。
Databricks	一家提供基于云的平台的公司，用于处理 Apache Spark。Databricks 的起源可以追溯到伯克利的 AMPLab 项目，该项目发展成为一个用于处理大数据的开源分布式计算框架。
数据挖掘	发现和提取隐藏信息的过程，使用通常与数据库管理、机器学习和统计学相关的方法和技术，在大数据中发现模式和知识。
深度学习（DL）	专注于机器学习子领域，模仿大脑结构的算法和计算架构（通常称为人工神经网络）。最近在大规模分布式处理方面的进步，使得开发和使用结构较为复杂的神经网络成为可能。
弹性计算云（EC2）	亚马逊网络服务（AWS）内的基础设施，提供可扩展的计算能力；客户可以开发、部署和运行自己的应用程序。EC2 具有弹性，允许客户根据需要扩大或缩小他们的计算和存储能力。
Hadoop	一个开源框架和一套软件模块，使用户能够使用分布式硬件资源集群解决大数据集上的问题。这包括使用 MapReduce 编程模型进行分布式数据存储和计算。Apache Hadoop 最初是受到谷歌在分布式处理领域工作的启发。
HDFS	Apache Hadoop 的一部分，是一个分布式且可扩展的文件系统和数据存储。HDFS 在一个机器集群中存储大数据文件，并通过在集群中不同节点上复制数据来支持高可靠性。
Hive	Apache Hadoop 中的数据仓库软件模块，它通过一种类似 SQL 的语言 HiveQL，以分布式和复制的方式促进对存储在 HDFS 中的大数据进行查询和分析。
IBM Cloud	一套具有云计算能力和服务的系统，它提供包括软件即服务（SaaS）、平台即服务（PaaS）和基础设施即服务（IaaS）在内的能力。
基础设施即服务（IaaS）	一种云计算基础设施类型，它虚拟化计算资源、存储、数据分区、扩展和网络。与软件即服务（SaaS）或平台服务（PaaS）不同，IaaS 客户必须维护应用程序、数据、中间件和操作系统。
机器学习（ML）	人工智能的一个子集，其中软件系统可以在没有任何明确编程的情况下自动学习和改进，依赖于统计方法进行模式检测和推理。机器学习软件使用样本数据创建统计模型，以便做出决策或预测。

MapReduce	一种最初由谷歌开发的编程模型,通常用于以分布式方式处理大数据集。MapReduce 程序包含一个 map 过程,可以对数据进行排序和过滤,以及一个 reduce 过程,可以执行汇总操作。MapReduce 系统,如 Apache Hadoop,负责管理分布式处理节点集合之间的通信和数据传输。
Microsoft Azure	微软提供的一项云计算服务,用于创建,部署和管理使用由微软管理的数据中心的应用程序。提供数百种服务,涉及计算、数据管理、消息传递、移动和存储功能。
自然语言处理(NLP)	人工智能的一部分,专注于通过人类的书面和口头语言,使计算机能够理解和通信(包括语言翻译)。
NoSQL 数据存储	一种非 SQL 或非关系型数据库,提供了数据存储和检索的机制。NoSQL 数据存储通常为了可用性、速度、水平扩展性和分区能力而牺牲一致性。
甲骨文云(Oracle Cloud)	Oracle 公司提供的一系列云计算服务,提供服务器、存储、网络、应用程序以及使用 Oracle 公司管理的数据中心的服务。Oracle 公司提供软件即服务(SaaS)、平台即服务(PaaS)、基础设施即服务(IaaS)和数据即服务(DaaS)。
Pig	一个 Apache 平台,用于开发在 Apache Hadoop 上运行的大数据集分析程序,使用高级语言(PigLatin)。Pig 可以用来开发作为 MapReduce、Tez 或 Spark 作业运行的功能。
平台即服务(PaaS)	一种云计算服务类别,允许客户开发、部署、运行和管理应用程序,而无需构建或维护云计算基础设施。与软件即服务(SaaS)不同,客户负责维护应用程序和数据。
预测分析	一组统计和机器学习算法,用于根据现有历史数据预测未来或其他未知事件的可能性。
实时数据处理	一套软硬件系统,能够即时处理数据,并且受到一个约束,即必须在短时间内(例如几分之一秒)提供响应,不受系统或事件数据负载的影响。
Redshift	一种面向列的、完全托管的、适用于大数据的数据仓库。Redshift 类似于其他列式 NoSQL 数据库,旨在通过分布式的低成本硬件集群进行扩展。
简单存储服务(S3)	由亚马逊网络服务(AWS)提供的对象存储服务;旨在存储任何类型的数据(对象),之后可以用于大数据分析处理。
软件即服务(SaaS)	一种云计算服务类别,允许客户许可应用程序、基于网络的软件、按需软件和托管软件。交付模式是基于订阅的,并且是集中托管的。与平台即服务(PaaS)不同,SaaS 不要求客户管理数据或软件。
Spark	一种分析引擎和集群计算框架,是 Apache Hadoop 的一部分,支持跨分布式集群运行的应用程序。最初于 2009 年在伯克利开发,它提供了一个用于编程数据并行性的机器集群框架。
语音识别	一系列方法和技术的集合,能够识别和转换口语为文本,以便进行进一步的计算处理。
Storm	一个实时的、分布式的、高容量的大数据流处理框架。它是 Apache Hadoop 开源框架的一部分。
流处理	一种计算机编程范式(类似于数据流编程),在这种范式中,给定一系列数据(一个流),对流中的每个元素进行一系列流程化操作(或内核函数)。

1.3 示例问题

有大量的行业和应用领域从时空大数据分析中受益（Hey et al., 2009）。随着收集空间数据的过程和技术数量的不断增加，数据的无处不在性和重要性也在增长。空间大数据分析在许多领域都具有广泛的适用性和价值，以下是其中一些应用领域。

1.3.1 农　业

农民可以使用空间大数据分析来检测和分析天气数据中的模式，并与历史作物产量、地表地形和土壤特性相关联。这有助于农民确定使用种子的最佳品种以及种植作物的最佳时间和地点，以便最大化产量。此外，可以根据历史信息优化化肥的分布。拖拉机和重型设备的移动也可以通过 GPS 跟踪并纳入物流优化分析，而且可以识别出田地中可用的和生产性土地的区域。

1.3.2 商　业

商业零售商一直使用当地购物模式和人口统计数据来驱动营销策略和选址。而且，零售商现在可以使用空间大数据来分析客户的位置和特征，以及社交媒体对话和浏览行为，以便更好地理解客户的需求。零售商基本上可以构建一个更丰富、更有用的客户基础理解和关系。新店铺的选址可以基于客户、竞争对手的位置并对其他非传统数据在区域或国家级别进行优化。

1.3.3 互联汽车

互联汽车和自动驾驶车辆的系统开发者可以使用空间大数据分析，为驾驶员和车辆提供关于周围环境的准确情境感知。系统可以应用分析能力，来实现如道路路况、预测性道路路况、变化检测（被车辆感知但不在地图上的物体），以及事故预测。这一切都是为了提高车辆可靠性和乘客安全。

1.3.4 环　境

环境组织可以利用空间大数据分析来回答许多重要问题，包括物种观察之间是否存在时空相关性（可以按地理区域或物种）。

1.3.5 金融服务

在金融服务/保险行业中，空间大数据分析被用来叠加天气数据和索赔数据，以帮助公司检测可能的欺诈行为。在其他情境中，非传统数据源如卫星图像与传统地形数据源结合，以识别提供洪水保险的潜在风险。保险公司还可以评估其保险组合与过去危险之间的空间关系，以平衡风险敞口。最后，银行可以使用时空历史交易数据来帮助它们检测欺诈证据。

1.3.6 政府机构

国家和地区政府机构希望使用空间大数据分析来处理和叠加包含土地利用、地块、规划信息、地质信息以及环境数据的全国数据集，以创建可供分析师、科学家和政策制定者使用的信息产品，帮助他们做出更好的政策决策。

1.3.7　医疗保健

公共卫生机构可以使用空间大数据分析来查看患者与卫生设施的距离，帮助他们评估医疗服务的可达性。医院网络可以确定某些地区医院的密度以识别差距和机会。他们还可以使用人口统计数据来衡量社区中某些习惯和疾病的流行程度。公共卫生机构还可以利用追踪数据进行感染个体的接触者的追踪，以识别他们过去接触过的人，然后可以利用接触信息帮助减少普通人群中的感染。接近性追踪是一种变体，其中使用基于接近性的过滤标准（例如空间和时间范围）来指定接触，以识别潜在的接触事件。

1.3.8　市场营销

地理空间大数据分析经常用于企业市场营销，用于潜在客户和客户细分。来自身体传感器的数据（例如智能手机、智能手表、健身监测器）可以用来根据身体活动或行为模式对客户群进行细分，并以有针对性的方式投放广告。公司还希望能够识别出他们的客户相对于竞争对手的客户所在的位置。这使他们能够识别出在哪些区域正在失去市场，并帮助确定他们需要将营销努力集中在哪里。

1.3.9　采　矿

采矿公司可以应用空间大数据分析来执行复杂的车辆跟踪分析，以找到更好的管理设备移动的方法。例如，他们可以分析设备在刹车时的位置模式，还可以回顾减震、转速变化和其他遥测信息，同时还可以分析地球化学样品的结果。

1.3.10　石　油

空间大数据分析使石油公司能够基于历史产量、地理构成和竞争对手活动（包括租赁活动）来识别适合勘探的区域。空间大数据分析也可以用来回顾历史产量数据，以评估油藏随时间的产量。可以分析车辆跟踪数据，以确定在商业和非商业道路上花费的时间。他们还可以使用 AIS 船舶跟踪信息回顾海上区块的船舶轨迹。

1.3.11　零　售

零售商可以使用空间大数据分析来模拟零售网络，并帮助他们选择最佳地点以优化其商店网络。分析结果可以用来创建客户画像地图，让零售商更好地理解客户行为以及影响他们行为的因素。零售商还希望通过空间分析研究消费者在季节和与天气影响下购买的产品类型，通常包括促销和销售活动。时空分析可以扩展到非常精细的层面，例如黑色星期五的每小时销售活动。

1.3.12　电　信

电信公司可以使用空间大数据分析来回顾随时间变化的带宽使用空间趋势，以帮助规划新的网络部署。他们可以分析消费者习惯、消费模式、人口统计和服务购买的空间模式,以改善市场营销,定义新产品,并帮助规划网络扩展。客户服务部门可以将网络问题和故障单据与客户投诉或取消订单联系起来,以确定何时何地的服务问题导致了客户不满。详细的通话记录可以用来识别蜂窝服务存在问题(质量、速度、覆盖)的区域,无论是时间上还是空间上。

1.3.13 交通运输

通过空间大数据分析,商业快递公司可以重建来自数百万个单独位置报告的车辆路线,以检查路线效率并识别不安全的超速和急刹车事件。这种对过去行程的可视化帮助他们制定策略以提高效率和安全性。交通规划者还可以使用空间大数据分析来汇总、可视化和分析大都市区域的历史事故数据,帮助他们识别不安全的道路条件。州和区域交通机构可以分析和模拟交通减速和拥堵,以优化未来的道路建设和快速交通规划活动。城市流动性规划(包括公交车、共享出行和公共自行车系统)在优化路线规划和资源部署以最大化吞吐量和最小化拥堵延迟方面也大量使用时空大数据分析。

1.3.14 公用事业

地理空间大数据分析被公用事业公司用来总结和分析服务区域内的客户使用模式。他们可以通过时间评估客户使用情况,并将使用情况与天气模式相关联,帮助他们预测未来需求。公用事业公司还可以使用空间大数据分析来分析监控控制和数据采集(SCADA)、智能表和其他传感器数据,以检测和量化配电网络中的潜在问题,例如停电发生的时间和地点,它们是否与天气事件相关,以及有多少客户受到影响。它们可以使用这些信息来优先考虑维护活动,并预防或减轻未来的问题。公共事业委员会利用来自公用事业的原始能源数据,并准备未来的能源消费预测。能源效率也可以研究以确定季节性影响是什么,以及可以做些什么来引导消费者走向更智能的能源使用方向(见图1.1)。

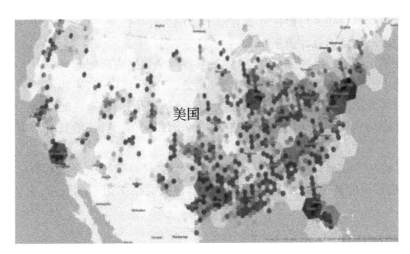

图1.1 利用特征分箱技术,观察2014年工业排放活动(小六边形)与2018年美国电力总发电量(大六边形)之间的地理趋势,前者根据美国环保署(EPA)有毒物质排放清单报告,后者根据国土基础设施发布的基础数据。

1.4 大数据分析概念

对空间大数据进行的分析类型通常与传统空间数据的分析相似（Longley et al.,2015）。然而，在处理大数据时，通常需要识别出更大数据集中的关键或最重要的数据子集。一旦识别出感兴趣的数据，就可以进一步使用全部的时空分析工具和技术进行详细分析。这在处理从传感器获得的空间大数据时尤其常见。

1.4.1 数据总结

数据总结包括计算总数、长度、面积以及特征及其属性在区域内或靠近其他特征时的基本描述性统计（见图1.2）。常见的数据总结操作包括以下几种。

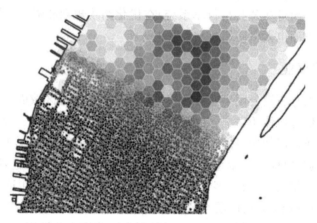

图1.2　曼哈顿中城的拼车上车地点。在图的南部，原始数据被显示出来。北部区域显示的数据被聚合到250米高的六边形单元格中。

- 聚合是将点聚合到多边形特征或者框中。在所有存在点的位置，返回一个多边形，并计算点的数量以及可选的统计数据。
- 连接是基于它们的空间、时间或属性关系将两个数据集匹配起来（Abel et al.,1995）。空间连接是基于它们的空间关系（例如，重叠、相交、一定距离内等）来匹配特征；时间连接是基于它们的时间关系来匹配特征；属性连接是基于它们的属性值来匹配特征。
- 轨迹重建是从具有时间功能的移动点特征（例如汽车、飞机、船只或动物的位置）创建线轨迹。
- 总结是将一个数据集覆盖在另一个数据集上，并计算代表这些关系的总计统计数据。例如，一组多边形可能被覆盖在另一个数据集上，以便总结多边形的数量、它们的面积或属性统计数据。

1.4.2 识别位置

位置识别涉及识别满足多个不同指定标准的区域。这些标准可以基于属性查询（例如空置的地块）和空间查询（例如在河流1公里范围内）。找到的区域可以从现有特征中选择（例如现有的土地地块），或者在满足所有要求的地方创建新特征。用于识别位置的常见操作包括(1)事件检测,它检测满足特定标准的所有特征(例如超过给定强度的雷击),以及(2)相似性,它根据属性识别最相似或最不相似于另一组特征的特征。

1.4.3　模式分析

模式分析涉及识别、量化和可视化空间数据中的空间模式(Bonham-Carter,1994;Golledge & Stimson,1997)。识别地理模式对于理解地理现象的行为方式非常重要。

虽然通过传统绘图可以理解特征及其关联值的总体模式,但计算统计量可以量化这种模式(Vapnik,2000)。统计量化有助于比较不同分布的模式或跨不同时间段的模式。模式分析工具通常用作更深入的分析。例如,空间自相关可以用来识别促进空间聚集的过程中最明显的距离。这可能帮助用户选择一个适当的距离(分析尺度)来研究热点(使用 Getis-Ord Gi* 统计量的热点分析)(见图 1.3)。

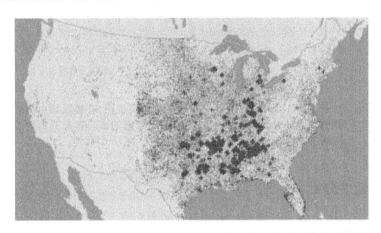

图 1.3　龙卷风热点(十)和 1950 至 2018 年间美国报告的起始点。热点是使用 Getis-Ord Gi* 统计量来计算龙卷风地理频率,并根据严重程度(藤田等级 0～5)进行加权,以确定基于报告的历史事件的高风险损害位置(p 值<0.05;z 得分>3)。来自美国国家海洋和大气管理局风暴预测中心的龙卷风数据。

模式分析工具用于推断统计;它们从假设特征或与特征相关的值呈现空间随机模式的零假设开始。然后,它们计算一个 p 值,代表零假设正确的概率(观察到的模式仅仅是完全空间随机性的许多可能版本之一)。如果你需要在决策中拥有高度的信心,计算概率可能很重要。例如,如果你的决定与公共安全或法律后果相关联,你可能需要使用统计证据来证明你的决定。

1.4.4　聚类分析

聚类分析用于识别统计上显著的热点、空间异常值和类似特征的位置(Ester et al.,1996)(图 1.4)。当基于一个或多个聚类的位置需要采取行动时,聚类分析特别有用。一个例子是分配额外的警察来处理一系列的盗窃案件。确定空间聚类的位置在寻找可能的聚类原因时也很重要;疾病爆发的地点通常可以提供有关可能导致它的线索。与模式分析不同(模式分析用于回答诸如"是否存在空间聚类?"的问题),聚类分析支持对聚类位置和范围的可视化。聚类分析可用于回答诸如"聚类(热点和冷点)在哪里?"、"事件在哪里最密集?"、"空间异常值在哪里?",以及"哪些特征最相似?"的问题。

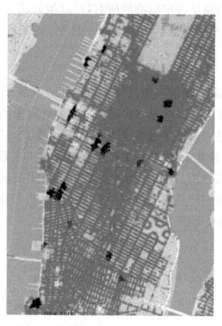

图 1.4 时空聚类(DBSCAN—基于密度的空间聚类应用)在曼哈顿中城的共享出行下车位置。这标识了聚类(图中较暗的点),在相似的地点和时间发生了许多下车事件,最小聚类大小为 15 个事件。

1.4.5 邻近性分析

邻近性分析允许人们回答空间分析中最常见的问题之一:"什么与什么接近?"。这种类型的分析支持在一个或多个数据集中确定邻近特征,例如识别彼此最接近的特征或计算它们之间或周围的距离。常见的分析方法包括以下几种:

(1) 距离计算:从单一源或一组源出发的欧几里得距离。

(2) 旅行成本计算:从最低成本源出发或到达时,考虑表面距离以及水平和垂直成本因素的最小累积成本距离。

(3) 最优旅行成本计算:从一组输入区域出发的最优成本网络。该工具的一个应用实例是寻找紧急车辆的最佳网络。

1.4.6 预测建模

预测分析构建模型可以预测行为和其他未来发展,包括空间统计、数据挖掘、机器学习和人工智能技术(Minsky, 1986; Newell et al., 1959; Pedregosa et al., 2011)。在历史数据中识别模式,并在创建未来事件的模型时使用。

机器学习使用算法和统计模型分析大数据集,而不使用明确的指令序列。机器学习算法创建训练数据的模型,用于进行优化的预测和决策。机器学习被认为是人工智能的一个子集。

深度学习是人工智能的一个子集,其中模型类似于生物神经系统,被排列在多个层次中,每一层都使用前一层的输出作为输入,以创建数据的更抽象和综合性的表示(LeCun et al.,2015）。深度学习架构包括深度神经网络、置信网络和循环神经网络。深度学习通常用于自然语言处理、计算机视觉和语音识别领域。

1.5 技术与工具

有几种关键技术通常用于处理大量的空间数据。这些技术通常是分布式的，允许计算资源集合协作解决问题。这个集合包括分布式处理框架和分布式数据存储。在最基本层面上，分布式系统是网络化计算机的集合，它们以协调的方式工作；这有时被称为并发计算、并行计算或分布式计算。在分布式计算环境中，处理器并发运行，每个处理器都有自己的私有内存（分布式内存）。处理器通过处理器间的消息交换信息。在并行计算中，集群中的所有处理器通常都可以访问共享内存，该内存用于处理器之间的信息交换。

分布式数据存储是一种计算机集群，数据通常以复制的方式，在多个节点上持久化存储。分布式数据库通常是非关系型数据库，它们被优化以支持在大量节点上快速或并行访问数据。分布式数据库通常提供丰富的查询能力；然而，有些仅限于键值存储语义。分布式数据库的例子包括谷歌的 Bigtable（Chang et al.,2008）、亚马逊的 DynamoDB 和微软的 Azure 存储。

1.5.1 可用工具

有许多工具和技术被用来支持大数据分析。这些工具中有些是开源的，而其他的则是更传统的商业产品。这个集合包括分布式文件系统、分布式处理框架、NoSQL 和列式数据存储，以及基于云的计算平台（Sena et al.,2017）。

分布式处理框架

Apache Hadoop 是一个开源软件框架，它允许使用商品计算机集群来解决涉及大量数据和/或计算的问题。Hadoop 的动机来自谷歌对 MapReduce 编程模型和谷歌文件系统（GFS）（Ghemawat et al.,2003）的工作。Hadoop 支持使用 MapReduce 编程模型的分布式存储和处理框架（Sakr,2013）。Apache Spark 是一个较新的开源分布式处理框架，它经过优化，支持在集群系统上运行大规模数据分析应用程序；它与 MapReduce 的不同之处在于它更好地支持内存计算和内存流水线应用程序。

Hadoop 被设计用于由商品硬件构建的计算机集群；这遵循了最初的 Google GFS 模型。Hadoop 的设计假设硬件故障是常见的，并且应该由框架自动处理。Hadoop 的核心是 Hadoop 分布式文件系统（HDFS）（Shvachko et al.,2010），一个资源管理器和一个分布式处理框架，支持 MapReduce 编程模型。HDFS 将大文件分割成碎片（或块），这些碎片分布在集群中的多个节点上。通过数据复制来实现可靠性，即在集群中的多个节点上复制数据块。Hadoop 将软件分布在集群中的节点集合上，以实现数据的并行处理。将计算推向数据，使得大数据集能比依赖并行文件系统的系统更快、更高效地处理，后者通过高速通信架构分布计算和数据。

Hadoop 可以部署在本地数据中心以及云端；这允许组织在不需要购买昂贵硬件或具备安装和运维能力的情况下部署 Hadoop。亚马逊、微软、IBM、谷歌和甲骨文（以及其他公司）

提供兼容 Hadoop 的云服务。

数据存储

NoSQL 数据库(最初指"非 SQL"或"非关系型")与标准关系型数据库不同,它们有着不同的数据存储和检索方式。NoSQL 数据库(有时被认为是下一代数据库)旨在解决传统关系型数据库的一些限制,例如可分布式部署、设计更简单、通常是开源的,以及可水平扩展。许多支持这些特性的数据库起源于 20 世纪 60 年代末;对 NoSQL 的描述从 20 世纪 90 年代末开始使用,这是由于 Facebook、谷歌和亚马逊等公司提出的需求。NoSQL 数据库通常用于大数据应用。NoSQL 系统有时也被称为"不仅仅是 SQL",以强调它们可能支持类似 SQL 的查询语言。

为了提高性能和可伸缩性,NoSQL 数据库通常使用与关系型数据库不同的数据结构(例如键值、列式、文档或图形),这些数据库适用于不同的问题领域。NoSQL 数据库通常根据它们的主要数据结构进行分类;例如包括以下几种:

- 键值型:Apache Ignite、Couchbase、Amazon DynamoDB、Oracle NoSQL 数据库、Redis、Riak
- 列式:Apache Accumulo、Apache Cassandra、Druid、Apache HBase、Vertica
- 文档型:Apache CouchDB、Azure CosmosDB、IBM Domino、Mark Logic、MongoDB
- 图形型:Allegro Graph、Apache Giraph、MarkLogic、Neo4j、Spark GraphX
- 多模型:Apache Ignite、Couchbase、MarkLogic

云平台

大数据分析系统通常部署在本地;然而,云平台供应商已经使得在云中部署大数据系统变得更加容易。基于云的服务使组织能够创建基于云的集群,并根据需要运行分析过程。这些集群在不再需要时可以离线(Chang et al.,2010)。云平台通常支持水平扩展(也称为 scale-out,例如向系统添加更多节点),以及垂直扩展(scale-up,例如向节点添加资源,如 CPU 核心、内存或存储)。

平台即服务(PaaS)是云计算服务的一种类别,它提供了一个平台,允许组织运行和管理分布式应用程序,而无需构建和维护通常与开发和启动应用程序相关的复杂基础设施。PaaS 通常以三种方式之一提供:(1) 作为来自提供商的公共云服务,(2) 作为防火墙内的私有服务(本地),或(3) 作为部署在公共基础设施上的软件即服务。

大数据即服务(BDaaS)是一个新概念,它结合了软件即服务(SaaS)、平台即服务(PaaS)和数据即服务(DaaS),以满足处理大规模数据集的需求。BDaaS 产品通常包括 Hadoop 技术栈(例如 HDFS、Hive、MapReduce、Pig、Storm 和 Spark)、NoSQL 数据存储和流处理能力。

Microsoft Azure 是一种云计算服务,利用微软管理的数据中心,支持软件即服务(SaaS)和平台即服务(PaaS)。云服务模型主要的可视化差异在图 1.5 中提供。它提供数据存储能力,包括 Azure Cosmos DB(一个 NoSQL 数据库)、Azure 数据湖和基于 SQL 服务器的数据库。Azure 支持一个可扩展的事件处理引擎和一个机器学习服务,该服务支持预测分析和数据科学应用。

谷歌云是一个支持大数据的 PaaS 产品,提供数据仓库、批处理和流处理、数据探索以及

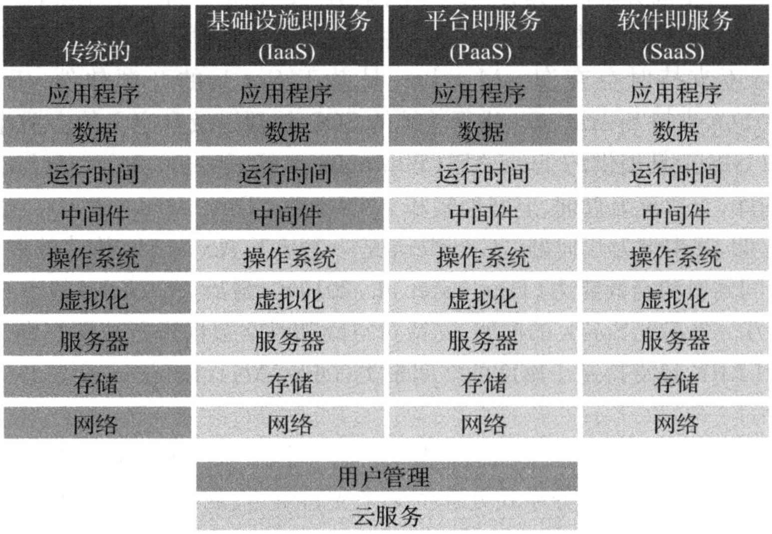

传统的	基础设施即服务 （IaaS）	平台即服务 （PaaS）	软件即服务 （SaaS）
应用程序	应用程序	应用程序	应用程序
数据	数据	数据	数据
运行时间	运行时间	运行时间	运行时间
中间件	中间件	中间件	中间件
操作系统	操作系统	操作系统	操作系统
虚拟化	虚拟化	虚拟化	虚拟化
服务器	服务器	服务器	服务器
存储	存储	存储	存储
网络	网络	网络	网络

用户管理
云服务

图 1.5　云服务模型（IaaS、PaaS 和 SaaS）（Chou，2018）

对 Hadoop/Spark 框架的支持。关键组件包括 BigQuery，一个支持大规模分析的托管数据仓库；Cloud Dataflow，支持流处理和批处理；以及 Cloud Dataproc，一个用于运行 Apache MapReduce 和 Spark 进程的框架。

亚马逊 AWS 通常被认为是一种基础设施即服务（IaaS），用户负责配置，但它也提供了平台即服务（PaaS）的功能。亚马逊支持弹性 MapReduce（EMR），它与 EC2（弹性计算云）和 S3（简单存储服务）协同工作。数据存储通过 DynamoDB（NoSQL）、Redshift（列式存储）和 RDS（关系数据存储）提供。机器学习和实时数据处理基础设施也得到支持。

其他重要的 BDaaS 提供商包括 IBM 云和 Oracle 数据云。大数据基础设施即服务（IaaS）产品（与 AWS、Azure 和 Oracle 等其他云服务一起工作），也可通过 Cloudera 和 Databricks 获得。

地理信息系统：Hadoop-GIS、SpatialHadoop、Esri GeoAnalytics 服务器

在学术和商业领域，有一些值得注意的系统。Hadoop-GIS（Aji et al.，2013）是一个学术性的分布式空间数据仓库和查询处理系统，它利用 Hadoop 以及 MapReduce 编程模型。Hadoop-GIS 支持空间分区，并提供了一个可定制的空间查询引擎（RESQUE），以及执行二维和三维空间连接的能力。通过与 Hive 的集成支持声明式查询。其后继者是在 Spark 上实现的，称为 SparkGIS。SparkGIS 还支持对加载到内存中的分区进行空间感知管理，而不是随意溢写到磁盘。它使用医学病理图像以及 OpenStreetMap 数据进行了基准测试。

SpatialHadoop 是另一个学术研究系统（Eldawy & Mokbel，2015）；它是 Hadoop 的一个开源 MapReduce 扩展，专注于大规模空间数据。具有自定义的空间高级语言以及对原生空间数据类型、空间索引（网格文件、R 树和 R＋树）的支持，并且能够在 HDFS 上进行空间查询操作（例如范围查询、kNN（k 最近邻）和空间连接）。

其他有趣的学术研究系统包括 GeoSpark，一个用于执行空间连接、范围查询和 kNN 查询的框架。GeoSpark 支持基于四叉树和 R 树的空间数据索引（Yu et al.，2013）。GeoSpark

使用常规网格进行全局分区,并具有本地空间索引。Simba 是另一个系统,提供范围、距离和 kNN 查询以及连接。它使用两级索引,并且可以支持数据的自定义分区(Xie et al.,2016)。Simba 不支持时空查询。Magellan 是基于 Spark 的开源软件,用于空间分析(Sriharsha,2017),支持 Spark SQL 进行传统的 SQL 处理以及自定义的广播连接。它使用由 Hadoop 的 GIS 工具提供的 Java API(Whitman et al.,2014)。LocationSpark 是另一个基于 Spark 的库,支持范围查询、空间连接和 kNN 查询(Tang et al.,2016)。空间数据以键值对的形式存储,其中键为几何键。GeoMesa 是一个基于 Accumulo 构建的框架,提供基于 geohash 的空间索引和查询能力(Hughes et al.,2015)。最后,STARK(基于 Spark 的时空数据分析)是另一个基于 Spark 的框架,支持对空间和时空数据进行范围查询、kNN 查询和范围查询。STARK 还支持基于密度的空间聚类(DBSCAN)(Ester et al.,1996;Hagedon et al.,2017)。

Esri GeoAnalytics 服务器是 ArcGIS 企业平台的一个具有大型空间和时间数据处理与分析能力的服务器。它利用 Spark 分布式处理框架来支持聚合、回归、聚类和大型空间数据分析(Whitman et al.,2019)。它可以与分布式文件共享、HDFS、云存储和 Hive 协同工作;提供了一大套可通过 ArcGIS 桌面、企业门户地图查看器、REST API 或直接通过 Python 访问的工具。

1.6 挑 战

大量的空间数据及其多样性给数据管理带来了重大挑战,包括数据质量、一致性和管理方面的问题(Hilbert,2015)。构建和维护多样化的商业和开源大数据处理工具及架构(例如 Apache Hadoop、HDFS 和 Spark)的集合,使之成为一个可访问且有凝聚力的架构,对于大多数组织来说是一个具有挑战性的命题。当组织启动大数据分析计划时,其他常见问题包括现有人员中缺乏分析技能,以及雇用新数据科学家的高昂成本。

近年来,人工智能和机器学习技术的迅猛发展使得供应商能够生产出更易于使用的大数据分析软件,特别是对于日益增长的公民数据科学家群体。该领域的一些领先供应商包括 Alteryx、IBM 和 Microsoft。

空间大数据和分析的主要挑战不在于硬件,而在于识别那些能够处理和管理大量数据,并能够分析并识别对其组织有价值信息的个人。

硬件、软件和专业知识之间的复杂关系随着时间的推移而演变。硬件(CPU 和存储)的成本曾是大数据面临的一个原始挑战。在过去的十年里,计算机存储每千兆字节的成本下降了五倍。在处理能力、内存和通信基础设施方面也观察到了类似的趋势。

大多数组织都能负担得起支持存储和分析处理的大数据处理硬件;较小的组织可以选择使用高度可扩展的云解决方案来支持他们的空间大数据分析需求。

1.7 小 结

大数据分析在空间数据上(例如移动传感器、航空和卫星图像、激光雷达、社交网络等)通常涉及空间处理、复杂的空间统计算法和预测建模。GIS 用户和数据科学家运用大数据分析来评估这些大量的数据集,这些数据的体量是传统分析系统无法容纳的。空间大数据与标准大数据的不同之处在于存在空间关系、地理统计相关性和空间语义关系；这些额外的挑战超出了传统大数据通常遇到的问题。当人们处理大数据时，他们寻求共同的分析目标和工作流程，包括可视化和识别模式与趋势、过滤和转换包含地理元素的流数据并转换为地理信息图层、聚类和邻近性分析，以及预测建模。

为了应对这些需求，已经开发了新的分析环境和技术；包括分布式处理基础设施（例如 Hadoop 和 Spark）、分布式文件存储（例如 HDFS）、NoSQL 数据库（例如 Accumulo、Cassandra、DynamoDB、HBase 和 MongoDB），以及支持大数据的云平台（例如 Azure、Amazon、Google、SAP 和 Oracle）。

近年来在高级分析处理和复杂的分布式处理技术及基础设施方面的发展，使得规模不一的组织能够利用空间大数据，并获得对其问题领域和社区新的洞察和理解。

参考文献

[1] Abel, D. J., Ooi, B. C., Tan, K. L., Power, R., & Yu, J. X. (1995). Spatial join strategies in distributed spatial DBMS. In M. J. Egenhofer & J. R. Herring(eds.), *Advances in spatial databases*. SSD 1995: Lecture Notes in Computer Science, vol. 951. Berlin, Heidelberg: Springer. https://doi.org/10.1007/3-540-60159-7_21.

[2] Aji, A., Wang, F., Vo, H., Lee, R., Liu, Q., Zhang, X., & Saltz, J. (2013). Hadoop-GIS: A high performance spatial data warehousing system over MapReduce. *Proceedings of the VLDB Endowment*, 6(11): 1009-1020.

[3] Alexander, W., & Copeland, G. (1988). Process and dataflow control in distributed data-intensive systems. *ACM SIGMOD Record*, 17(3): 90-98. https://doi.org/10.1145/50202.50212.

[4] Apache Hadoop(2018). Apache: Welcome to Apache Hadoop!, hadoop. apache. org.

[5] Barwick, H. (2011). *IIIS: The"fourVs" of big data*. Computerworld. At www. computerworld. com. au/article/396198/iiis_four_vs_big_data.

[6] Bonham-Carter, G.(1994). *Geographic information systems for geoscientists: Modeling with GIS*. New York: Pergamon.

[7] Chang, F., Dean, J., Ghemawat, S., Hsieh, W., Wallach, D., Burrows, M., etal. (2008). Bigtable: A distributed storage system for structured data. *ACM Transactions on Computer Systems*, 26(2). https://doi.org/10.1145/50202.50212.

[8] Chang, W., Abu-Amara, H., & Sanford, J. (2010). *Transforming enterprise cloud services*. London: Springer.

[9] Chou, D. (2018). *Cloud service models(IaaS, PaaS, SaaS) diagram*. https://dachou.github.io/2018/09/28/cloud-service-models. html.

[10] Dean, J., & Ghemawat, S. (2008). *MapReduce: Simplified data processing on large clusters*, *communications of the ACM*, 51(1): 107-113. https://doi.org/10.1145/1327452.1327492.

[11] DeWitt, D., & Gray, J. (1992). Parallel database systems: The future of high performance database systems. *Communications of the ACM*, 35(6). https://doi.org/10.1145/129888.129894.

[12] Eldawy, A., & Mokbel, M. (2015). SpatialHadoop: A MapReduce framework for spatial data. *Proceedings of the IEEE 31st International Conference on Data Engi-neering(ICDE)*, 1352-1363.

[13] Ester, M., Kriegel, H., Sander, J., & Xu, X. (1996). A density-based algorithm for discover-

ing clusters in large spatial databases with noise. *Proceedings of the 2nd International Conference on Knowledge Discovery and Data Mining*(*KDD 1996*)，226 - 231.

［14］Garillot, F., & Maas, G. (2018). *Stream processing with Apache Spark*：*Best practices for scaling and optimizing Apache Spark*. O'Reilly Media.

［15］Ghemawat, S., Gobioff, H., & Leung, S. (2003)：The Google file system. *Proceedings of the 19th ACM Symposium on Operating Systems Principles* (*2003*). 29 - 43. https：//doi. org/10. 1145/945445.945450.

［16］Golledge, R., & Stimson, R. (1997)：*Spatial behavior*：*A geographic perspective*. New York：Guilford Press.

［17］Hagedorn, S., Guotze, P., & Sattler, K. (2017). The STARK framework for spatio-temporal data analytics on Spark. *Proceedings of the 17th Conference on Database Systems for Business, Technology, and the Web*(*BTW 2017*) Stuttgart, Germany.

［18］Hägerstrand, T.(1970). What about people in regional science? *Papers of the Regional Science Association*, 24(1)：7 - 24. https：//doi.org/10.1111/j.1435 - 5597.1970.tb01464.x.

［19］Hey, A., Tansley, S., & Tolle, K. (2009). *The fourth paradigm*：*Data-intensive scientific discovery*. Microsoft Research.

［20］Hilbert, M. (2015). Big data for development：A review of promises and challenges. *Development Policy Review*, 34(1)：135 - 174.

［21］Hughes, J., Annex, A., Eichelberger, C., Fox, A., Hulbert, A., & Ronquest, M. (2015). Geomesa：A distributed architecture for spatio-temporalfusion. *Proceedings of SPIE Defense and Security* (*2015*). https：//doi.org/10.1117/12.2177233.

［22］Klein, J., Buglak, R., Blockow, D., Wuttke, T., & Cooper, B. (2016). A reference architecture for big data systems in the national security domain. *Proceedings of the 2nd International Workshop on BIG Data Software Engineering*(*BIGDSE 2016*). https：//doi.org/10.1145/2896825.2896834.

［23］LeCun, Y., Bengio, Y., & Hinton, G. (2015). Deep learning. *Nature*, 521(7553)：436 - 444. https：//doi.org/10.1038/nature14539.

［24］Longley, P., Goodchild, M., Maguire, D., & Rhind, D. (2015). *Geographic in formation systems and science*, *2nd. ed*. Hoboken, NJ：Wiley.

［25］Marz, N., & Warren, J. (2013). *Big data*：*Principles and best practices of scalable realtime data systems*. Greenwich, CT：Manning Publications.

［26］Miller, H., & Goodchild, M. (2014). Data-driven geography. *GeoJournal*, 80(4)：449 - 461. https：//doi.org/10.1007/s10708 - 014 - 9602 - 6.

［27］Minsky, M. (1986). *The society of mind*. New York：Simon & Schuster.

［28］Mysore, D., Khupat, S., & Jain, S. (2013). *Big data architecture and patterns*. IBM White Paper 2013. www.ibm.com/developerworks/library/bdarchpatterns1.

［29］Newell, A., Shaw, J., & Simon, H. (1959). Report on a general problem-solving program. *Communications of the ACM*, 2(7)：256 - 264.

［30］NoSQL(2022). *NoSQL definition*. At www. nosql-database.org.

［31］Pavlo, A., & Aslett, M. (2016). What's really new with NewSQL? *SIGMOD Record*, 45(2)：45 - 55. https：//doi.org/10.1145/3003665.3003674.

［32］Pedregosa, F., Varoquaux, G., Gramfort, A., Michel, V., Thirion, B., Grisel, O., etal. (2011). Machine learning in Python. *Journal of Machine Learning Research*, 2825 - 2830.

［33］Sakr, S., Liu, A., & Fayoumi, A. (2013). The family of MapReduce and large-scale data processing systems. *ACM Computing Surveys*，46(1). https://doi.org/10.1145/2522968.2522979.

［34］Sena，B.，Allian，A.，& Nakagawa，E. (2017). Characterizing big data software architectures：A systematic mapping study. *Proceedings of the 11th Brazilian Symposium on Software Components，Architectures，and Reuse*（*SBCARS 2017*）. https://doi.org/10.1145/3132498.3132510.

［35］Shvachko，K.，Kuang，H.，Radia，S.，& Chansler，R. (2010). The Hadoop distributed file system. *Proceedings of the 2010 IEEE 26th Symposium on Mass Storage Systems and Technologies* (*MSST 2010*). https://doi.org/10.1109/MSST.2010.5496972.

［36］Sriharsha，R. (2017). Magellan：Geospatial analytics on Spark. www.hortonworks.com/blog/magellan-geospatial-analytics-in - spark.

［37］Tang，M.，Yu，Y.，Malluhi，Q.，Ouzzani，M.，& Aref，W. (2016). LocationSpark：A distributed in-memory data management system for big spatial data. *Proceedings of the VLDB Endowment*，9(13)：1565 - 1568. https://doi.org/10.14778/3007263.3007310.

［38］Vapnik，V. (2000). *The nature of statistical learning theory*. Berlin：Springer. https://doi.org/10.1007/978 - 1 - 4757 - 3264 - 1.

［39］Whitman，R.，Park，M.，Ambrose，S.，& Hoel，E. (2014). Spatial indexing and analytics on Hadoop. *Proceedings of the 22nd ACM SIGSPATIAL International Conference on Advances in Geographic Information Systems* (*SIGSPATIAL 2014*)，73 - 82. https://doi.org/10.1145/2666310.2666387.

［40］Whitman，R.，Park，M.，Marsh，B.，& Hoel，E. (2019). Distributed spatial and spatiotemporal join on Apache Spark. *ACM Transactions on Spatial Algorithms and Systems*（*TSAS*），5(1). https://doi.org/10.1145/3325135.

［41］Xie，D.，Li，F.，Yao，B.，Li，G.，Zhou，L.，& Guo，M. (2016). Simba：Efficient in-memory spatial analytics. *Proceedings of the 2016 International Conference on Management of Data* (*SIGMOD 2016*)，1071 - 1085. https://doi.org/10.1145/2882903.2915237.

［42］Yu，J.，Wu，J.，& Sarwat，M. (2013). Geospark：A cluster computing framework for processing large-scale spatial data. *Proceedings of the 23rd SIGSPATIAL International Conference on Advances in Geographic Information Systems*（*SIGSPATIAL 2013*）. https://doi.org/10.1145/2820783.2820860.

［43］Zaharia，M.，Chowdhury，M.，Franklin，M.，Shenker，S.，& Stoica，I. (2010). Spark：Cluster computing with working sets. *Proceedings of the 2nd USENIX conference on hot topics in cloud computing* (*HotCloud 2010*).

第一部分

大数据分析架构

2 大数据分析架构简介

Thomas Huang

美国喷气推进实验室，加州理工学院，加州帕萨迪纳，美国

最新的政府间气候变化专门委员会(IPCC)报告描述了过去200年全球气候正以前所未有的速度变暖(U.N. News, 2021)，导致海洋温度升高、海平面上升、强降雨和洪水、热浪和干旱的新纪录，以及对淡水可用性的日益增长的压力。这是气候科学的一个关键而激动人心的时刻，我们可以访问各种全球、区域和本地观测数据，并使用先进的基于场景的预测和分析工具来提高我们对当前危机可以归因于哪些气候变化现象的理解，并提供改善未来结果的缓解机会。为了解决我们的大数据分析挑战，解决方案不能仅仅依赖于先进的计算基础设施或一些有前景的技术组件，还需要仔细构建的端到端的解决方案，这些解决方案能够持续地满足运营要求，并且具有可持续性，通常受到可用预算的限制。本节中的各章介绍了一些针对这些大数据挑战的架构解决方案，涉及大数据分析架构的关键要素。

云计算已成为解决地球科学中大数据挑战的重要资源，云存储的数据和服务应对了许多本地存储的挑战。要从性能和运营成本的角度充分利用云环境，需要架构师对应该保留什么和需要增强什么有清晰的远见。迁移到高性能计算(HPC)环境或使用图形处理单元(GPUs)的异构并行计算时也是如此。软件架构设计是一种艺术形式，旨在泛化以促进可移植性和可扩展性。当架构平衡泛化与专业化时，就达到了精湛的境界。泛化有助于从专有或特定用例的技术中提取抽象概念，专业化则能够利用供应商特定的能力来提高性能和运营成本。本节中的各章描述了一些精心设计的分析架构，以充分利用底层的计算基础设施，而不会让用户感到复杂，或受到技术术语的困扰。

大数据需要创新的管理解决方案。尽管基本原则仍然是标准、数据清单、存储管理和增值服务，我们在地球科学数据多样性方面的迅速增长已经带来了许多创造性的方法。管理地球科学数据具有独特的挑战性，因为通过卫星和空间站上的仪器、地面传感器、飞机、船舶以及小型无人驾驶航空器和浮力驱动平台收集和生成数据的方法多种多样。时间、空间、仪器和海拔/深度是编目这些宝贵资料的常见维度。地球科学数据的多维性质及其在规模上的迅速增长已经将普遍的数据清单方法从一个集中的关系型数据库和一系列物理文件夹转变为一个分布式数据库联合体，这些数据库联合体覆盖了多种(通常是抽象的)物理存储选项。全球档案的快速增长要求在数据打包和元数据文档化方面实现标准化，以促进服务和工具之间的互操作性。它改善了搜索功能，并实现了基于人工智能(AI)的数据发现。

数据移动是大数据分析的一个主要性能瓶颈。目前许多地球科学分析仍然依赖于跨挂载的网络存储和大量数据文件的集合。分析就绪数据(ARD)的概念正在兴起，旨在将单一的地球科学数据产品转变为一系列预处理的数据段，这些数据段通常被重新组织以优化跨数百或数千个计算节点的访问。ARD是一个概念，而不是一个标准。有各种各样的ARD实现版本正在出现，被定制用于特定类型的分析。数据应该如何分段或物理存储取决

于数据的类型、架构和应用程序。本节中的各章展示了在数据处理、管理、访问和分析大量地球科学数据产品方面的先进数据管理架构。

不久前,文件传输协议(FTP)是分发地球科学数据产品的普遍方法。数据中心会在网站上列出他们的数据集合,研究人员需要自己确定适合其研究的正确数据。研究人员经常创建自己的文件收集脚本,以自动从不同的分发中心下载最新的测量数据。数据库和开源搜索技术的进步使得数据中心能够为其不断增长的数据集提供更加友好的界面,包括有指导作用的数据集分类和详细描述。机器学习(ML)和自然语言处理(NLP)也提高了我们搜索的准确性。它使用户能够通过根据个人资料、偏好、搜索统计和当前气候现象来定制结果,从而发现其他相关的数据集。

安全超文本传输协议(HTTPS)是一种新的访问和分发协议,它是一个外壳封装了数据中心的复杂基础设施以及增值数据服务,如搜索、子集选择、转换和分析功能。简单是最高级的精密。封装是成功、可持续架构的关键。它允许服务提供商在不破坏与用户社区接口的情况下发展其复杂系统。虽然本节的各章涉及不同的问题领域,但它们代表了各社区在简化访问并封装供应商特定的功能方面所做的努力。

在地球科学研究中,数据分析不仅仅是在大型计算机上进行的数字运算。几十年来,研究人员不得不找到、下载、转换并提取所有相关数据,然后才能将数学公式应用于数据。真正的科学来自于他们对计算结果的解释。架构的目标是正式化和简化研究人员的过程,这样他们就可以将更多的精力投入到解释数据中。当涉及到科学算法的并行执行时,我们可以从多计算中选择共享内存计算和异构计算。我们还可以在面向过程的分析和交互式分析之间进行选择。现在是时候停止寻找大数据分析的灵丹妙药,开始考虑应用需求和长期运营成本了。本节的各章介绍了不同的方法,旨在为社区和/或特定应用需求启用大数据分析。

本节呈现了一系列成功案例。建立成功的数据架构绝非偶然。正如阿尔文·托夫勒在《未来的冲击》中所讨论的,"在做小事的时候你得考虑大事,这样所有小事才能朝着正确的方向发展"(Toffler,1970)。这不是一个临时的过程。一个受控的原型并不能完全定义一个成功的架构。成功的架构是在时间的考验下展示出可移植性、可扩展性、可持续性和经济性的架构。

参考文献

[1] Toffler, A. (1970). *Future shock*. Random House.

[2] U.N. News(2021). IPCC report:"Code red" for human driven global heating, warns UN chief. 9 August 2021. https://news.un.org/en/story/2021/08/1097362.

3 通过云计算扩展大型地球科学数据系统

Hook Hua,Gerald Manipon 和 Sujen Shah

美国喷气推进实验室,加州理工学院,加州帕萨迪纳,美国

来自遥感卫星的地球观测数据被下载到地球上的各种数据系统中进行处理、存储和分析。但随着仪器、计算机系统、科学要求和算法的复杂性增加,需要处理的数据量已经变得如此之大,以至于传统的科学数据系统和数据处理方式已无法适用。这些因素迫使我们现在需要采用新的方法来处理增加的数据,例如将所有端到端的数据系统迁移到共同的云计算区域。科学数据系统还必须重新设计为云可用,以支持 PB 级别的数据处理和弹性处理需求,并利用云原生服务能够有效地扩展以支持新的数据处理需求。科学数据系统(SDS)提供了有效、系统化、大规模地开发、测试、处理和分析仪器观测数据的能力。SDSes 提取原始的卫星仪器观测数据,并将它们从低级别的仪器值处理成组成科学数据产品的更高级别的观测测量值。在云计算范式出现之前,SDS 的机械设备大多在各自利益相关者拥有和运营的数据中心内部存储和操作。然而,卫星平台的技术进步、资源可用性、仪器灵敏度、通信下行带宽以及改进的科学处理算法,导致任务科学数据量和数据速率不断增大。这些更大的需求和成本限制是将科学数据系统以及企业中的其他相关数据系统迁移到云端的驱动力。然而,在大数据规模下,还必须解决数据系统的异常系统行为,如数据系统的弹性和稳定性。

3.1 引 言

各个太空机构都拥有遥感卫星,绕地球轨道运行,收集地球观测数据。这些数据必须通过多个数据系统流动,然后被处理成更具科学意义的观测数据。像 Landsat 8 这样的科学数据集,托管在亚马逊网络服务(AWS)上,为用户提供了丰富的时空记录和高水平、经过质量保证的地球科学数据。就 Landsat 而言,数据产品包括地球表面的中分辨率多光谱数据图像,有助于描述地球的演变状态。然而,这些数据集的用户只与生成它们的端到端系统的一小部分进行交互。

对于 NASA 来说,载有仪器数据的卫星平台上的数据被传输到地球上的地面站,使得每个地面站在卫星经过时能够进行下行链路覆盖。然后,地面站通过地面数据系统(GDS)传输这些原始数据,然后将原始科学和工程数据交付给科学数据系统(SDS)。数据量的增加通常发生在 SDS 中,因为这是处理来自 GDS 的原始数据以生成更高级别的科学数据产品的系统。然后,产生的科学数据产品被交付给分布式活动归档中心(DAACs)。许多数据系统都在 NASA 的地球观测系统数据信息系统(EOSDIS)下,该系统为最终用户提供数据发现、访问和数据分析能力(图 3.1)。从 DAACs 获取数据代表了数据发现和访问的大部分使用案例。对于一些科学用例和紧急响应需求,也直接提供对 SDS 的访问。

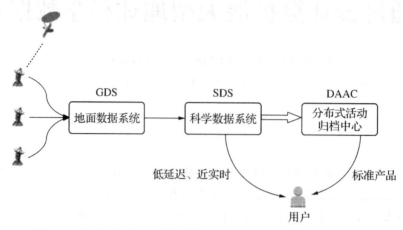

图 3.1　端到端地球观测系统数据信息系统(EOSDIS)内的基本系统

3.2　科学数据系统(SDSes)的关键概念

　　科学数据系统(SDS)的一个基本能力是通过一系列数据转换,从原始仪器数据转换为地球物理测量数据。数据首先从 GDS 提供给 SDS,以被处理成更高级别的数据产品。数据转换步骤可能利用辅助文件和辅助数据,以及规定每个步骤何时执行的生产规则。算法的实现被描述为产品生成执行器(PGE),它们在分布式计算节点上运行,用于处理和转换数据。这些 PGE 由工作流程编排,将处理过程编码为步骤。在每个步骤中,输入数据被加载到每个本地计算节点进行处理。然后将每个数据结果注册并存储回数据存储中。这个过程会按规模重复进行,直到最终一组经过系统处理的数据完成为止。通常,在产品交付给 DAACs 进行长期数据管理和保护之前,产品还会经过数据质量筛查、完整性的核实和验证(图 3.2)。

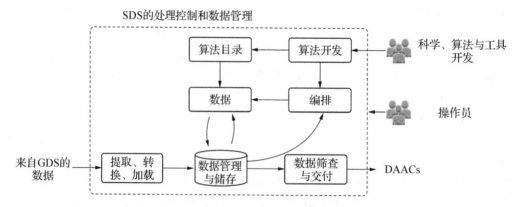

图 3.2　一个典型的 SDS 的关键概念,包括从 GDS 数据提取、在 SDS 中处理, 以及数据产品的责任性和交付到分布式活动归档中心(DAACs)。

3.3 数据处理、数据量和处理速率的增加

3.3.1 历史案例

从历史上看,GDS、SDS 和 DAACs 可以分布在从处理卫星下行链路的地面段一直到最终存档并向终端用户交付数据的 DAAC 的整个地理范围内。这意味着网络线路、容量和成本不足以阻碍建立一个分布式的地球科学数据系统企业架构。通常情况下,GDS、SDS 和 DAAC 物理上位于其所属机构的现场,并由其所属机构运营。

1978 年,最早的地球观测卫星之一,NASA 的 Seasat 卫星发射,这促成了 NASA 喷气推进实验室(JPL)的早期科学数据系统(SDS)之一得以实现,即临时数字合成孔径雷达(SAR)处理器(IDP)。IDP 的开发是由对吞吐量的需求驱动的,大约需要 10 小时的处理时间处理一幅 Seasat SAR 图像(100 km×100 km 覆盖范围,25 m 分辨率,4 次采样)(Wu et al.,1981)。IDP SDS 的整体平均吞吐率约为每周 3.5 幅 Seasat SAR 图像。

3.3.2 本地部署 SDS 的例子

本地部署的 SDS 仍然是常态而不是例外。它们将来自 GDS 的原始数据传送到一个暂存区,该暂存区在许多情况下是共享网络文件系统的一部分。以前,文件爬虫进程会检测到新数据并触发数据目录的摄取(一种更现代的方法是订阅云对象存储中原始数据可用性的通知消息)。这随后触发关联的处理工作流,协调数据处理流程。可执行的处理步骤被排队到资源管理器,作为一个在计算节点上执行的作业。每个计算节点从处理队列中提取作业来运行每个处理步骤。对于每个处理步骤,数据通过 PGEs 转换为更高级别的数据产品。然后将结果数据产品重新摄入数据目录。最终的规范数据产品集交付给 DAAC 进行存档、保存和提供给用户社区。图 3.3 显示了本地部署 SDS 的一般架构及其核心功能能力:资源管理、搜索和发现目录、指标、工作流编排、计算工作进程,最后是高密度、高吞吐量的存储/归档。

其中一个例子是 Landsat 7 科学数据处理系统(LSDPS),其各种子系统组件在 Landsat 8 数据处理和归档系统(DPAS)中得到了重用(Irons et al.,2012),以生成产品。该系统包括在典型的本地 SDSes 中发现的以下常见元素:(1) 对 0 级(L0)原始数据进行按需下游处理,生成 1 级(L1)和其他更高级别的数据产品;(2) 打包、编目、分发以及将 L1 和其他更高级别的数据产品通知给 DAAC;以及(3) 对各种子系统生产的数据进行质量保证(IAS——图像评估系统)。

Landsat 7 系统的 LSDPS 组件被设计为每天捕获和处理相当于 275 个场景(即 140 GB)的科学数据,从数据获取到 L0R 处理完成的延迟时间不超过 16 小时,并部署到一组 5 台 SGI Challenge XL 计算机,每台配备 8 个中央处理单元(CPU)和 512MB 的 RAM(4 台用于操作,1 台用于热备份/培训),两台 Indy 工作站和两个 X 终端(Schweiss et al.,2000)。在这种容量下,本地部署是常规操作。

3.3.3 超出本地部署容量

多年来,随着卫星、仪器和通信技术的改进,地球观测科学数据记录的大小在体积、种类和真实性方面显著增加,以提高空间分辨率、时间采样频率和仪器类型(例如来自 SAR 和高光谱成像的更大数据量)。相应地,这些也伴随着对高吞吐量、低延迟、时间关键性数据生产的增加需求。改善现场 SDS 性能的后续努力包括并行计算算法(Leung et al.,1997)、将计算横向扩展到高性能计算(HPC)资源,如 NASA Pleiades(LaHaye,2012),以及利用图形处理单元进行高性能算术运算(Cohen & Agram,2017)。尽管进行了这些努力,但对科学数据量、延迟和吞吐量要求的增加暴露了现场 SDS 的一个主要问题:扩展现场资源及其相关成本。

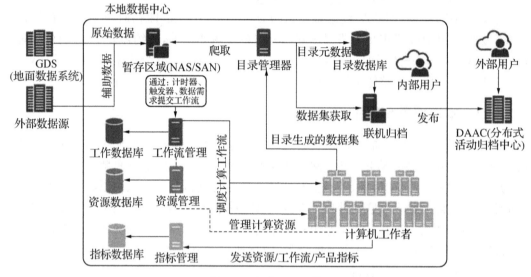

图 3.3 本地 SDS 组件

NASA-ISRO 合成孔径雷达(NISAR)是一个多学科任务的雷达,旨在进行全球综合测量,以了解地表变化的原因和影响。NISAR 满足了固体地球、生态系统和冰冻圈科学学科的需求,并为许多应用提供数据。预计在 2025 年 3 月发射,当前的基线科学观测计划要求每天收集、下行和处理多达 26Tb(太比特)的雷达数据。然而,当将原始数据处理成更高阶产品考虑在内时,NISAR SDS 将每天生成大约 80TB 到超过 400TB 的科学数据产品(在本文写作时的基线计划),具体取决于处理活动周期。SDS 负责在正向保持处理基线观测期间,将数据体积从原始数据增加到衍生数据,这可能导致数据量增加 30 倍。在高峰处理期间,也在进行一次批量再处理活动,其中累积的数据记录将使用改进的算法重新处理。在此期间,前向处理流程也同时运行。图 3.4 显示了 NISAR 为期 3 年任务的每个月不同数据处理指标的概况,其中通常包括前向处理以及两个批量再处理期。第一次批量再处理活动将在投运后 8 个月内进行,并要求在 3 个月内重新处理 8 个月的数据(校准)。第二次批量再处理活动将在 3 年任务结束时进行,并要求在 12 个月内重新处理 1 年的选定数据。

在本地部署的情况下,NISAR 任务将不得不配置 1 277 个计算节点来应对这一高峰处理期。然而,在处理之后,大约 932 个计算节点将处于闲置状态。在许多情况下,物理的本地空间不足以容纳每个任务所需的这些基础设施量。

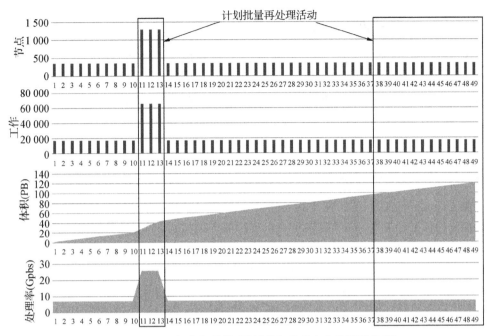

图 3.4 NISAR 任务每月处理量(前向处理+大批量再处理)

3.4 SDSes 的云概念

为了解决数据涌入问题,除了现有的本地资源和投资之外,科学数据系统(SDS)已经适应了支持云原生范式。在本节中,我们简要介绍了在本地数据中心框架下构成 SDS 的架构组件,描述了混合云方法如何赋予 SDS 具备超越本地环境下无法实现或成本过高的扩展能力。与许多软件迁移到云端类似,SDS 也可以迁移到云环境中运行。然而,可以迁移的服务层级不同,每个层级都有增加的功能,从而减轻了最终用户的管理负担。SDS 的服务责任层可以分解为基础架构、平台、软件甚至 SDS 本身的服务层(图 3.5)。

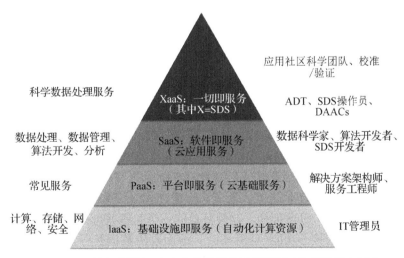

图 3.5 SDS 的相关服务层,它们的关键关注领域(左)和目标用户(右)

3.4.1　IaaS(基础设施即服务)

IaaS(基础设施即服务)是一种云模型,按需提供数据中心基础架构的基本组件,例如计算实例(虚拟机)、存储、网络、防火墙、域名系统、指标等。它还包括更高级别的增值服务,这些服务汇总其他 IaaS 服务以提供捆绑和简化的能力,例如自动扩展、负载均衡和容器编排。IaaS 的例子包括亚马逊的弹性计算云(EC2)、谷歌计算引擎和 Azure 计算。在这一层,SDS 的实现将虚拟化、服务器、存储和网络的管理转移给云供应商。

3.4.2　PaaS(平台即服务)

根据 Hwang 等(2011)的研究,PaaS 是一种云模型,它"允许用户将用户构建的应用程序部署到虚拟化的云平台上"。PaaS 提供对一组通用服务的按需访问,这些服务适用于核心 SDS 服务。这些服务可以包括中间件、数据库、开发工具以及各种 Web 应用程序框架和应用程序编程接口(APIs)的运行支持,而用户无需担心管理和维护底层基础设施。PaaS 的例子包括亚马逊的 CloudWatch(用于指标监控)和 Cognito(用于身份管理)。在这一层,SDS 实现将运行时环境、中间件、操作系统(O/S)、虚拟化、服务器、存储和网络的管理工作转移给云服务供应商。

3.4.3　SaaS(软件即服务)

SaaS 是一种云模型,它提供对管理软件解决方案的按需访问,用户无需担心管理或维护平台的关键功能能力(数据库、中间件等)或运行平台和软件的底层基础设施。SaaS 的例子包括亚马逊的 Batch(用于批量作业处理)、SageMaker(用于机器学习(ML)开发)和 Athena(用于分析)。在这一层,SDS 实现将应用程序、数据、运行时环境、中间件、O/S、虚拟化、服务器、存储和网络的管理工作转移给云服务供应商。

3.4.4　XaaS(一切即服务)

XaaS 将整个系统的能力作为一种托管服务提供给最终用户。也就是说,服务的组合也被管理,以减少(或消除)最终用户设置软件的工作量。示例包括谷歌 Gmail、微软 365 托管办公套件工具,以及用于托管地理空间分析的谷歌地球引擎。对于作为服务的 SDS,用户不再需要为每个项目安装、设置和定制 SDS。相反,用户(例如项目开发者和操作者)会登录到一个托管的 SDS 服务,作为服务的租客来利用其特定项目的处理能力。

3.5　基于云的 SDS 的架构组件

由于对更大数据量、数据处理和传输速率、按需处理和多传感器数据融合分析的需求不断增加,需要一个不同的科学数据处理范式。一些完全建立在传统本地硬件和基础设施上的遗留系统可能无法跟上新的遥感任务(如 NISAR)的可扩展和可扩展架构需求。

SDS 的核心功能包括以不同方式实现资源管理、搜索/发现/目录、指标,工作流编排、计算和存储,这进一步扩展了 SDS 架构。这种范式的一个关键概念是利用云原生服务进行存储和计算,以扩展 SDS 的核心功能(见图 3.6)。地面段的数据被分阶段地存储到可扩展的对象存储着陆区/暂存区。另外,弹性计算服务被用来从暂存区拉取数据进行处理。生成的结果数据产品进一步被分阶段地存储到对象存储中。可选地，旧的或不常用的数据可能会被数据生命周期管理策略转移到更偏僻但更便宜的存储中。然后这些输出数据产品被交付给或由 DAACs 拉取，用于长期保存和管理。这种方法的另一个关键架构概念遵循通过队列分隔的解耦架构子系统。每个存储和计算服务都是解耦的，并通过工作队列独立处理。这使得每个子系统都能以其自身的高速率独立运行，不受其他系统的影响。

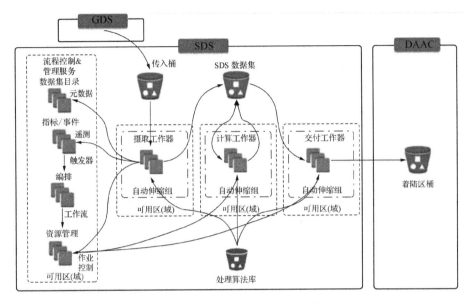

图 3.6　一个高级 SDS 功能架构

SDSes 的许多关键组件（见图 3.4）与在云环境中功能的分解是一致的。SDS 可以概括为由支持处理数据核心功能的架构组件组成（见图 3.6）。本地部署与云方法之间的一个关键区别在于，云的实现可能会在 SaaS、PaaS 和 IaaS 层面的实现中利用更多的托管服务。以下描述了云 SDSes 的关键服务领域。

3.5.1　算法开发环境

SDS 在数据流水线中逐步系统地处理数据。这些步骤中的每一个都可以将数据从 0 级（原始）转换到 3 级（网格化和时间序列）。算法的实现需要一个算法开发环境（ADE）来使科学算法软件开发人员能够在 SDS 中开发和测试他们的代码。最近的趋势是将科学笔记本环境（例如基于 Jupyter 的笔记本）作为这一环境的基础。然而，在 SDS 的背景下，ADE 还提供了更高效的开发、构建、注册和在 SDS 中运行算法的途径。许多方法利用持续集成和持续部署工具来自动将算法代码迁移到构建的容器中（例如 Docker），该容器将在 SDS 中运行。

3.5.2　处理算法目录

处理算法目录包含了一系列 PGEs，这些 PGEs 用于转换科学数据单元的处理算法的实现。这些 PGEs 被计算节点利用来执行生成派生科学数据产品的作业。这些 PGEs 可以是二进制可执行文件和/或脚本，通常由科学算法团队和其他主题专家开发。这些 PGEs 通常被封装为软件库/包，例如 InSAR 科学计算环境或二级（L2）全物理数据处理，并安装在计算节点上直接执行,或者安装在容器镜像中(例如 Docker、Singularity),以便在计算节点上的容器环境中执行。在 PGEs 安装在容器镜像的情况下,资源管理器负责指定计算节点对于每个作业使用哪个版本的容器镜像。对于许多这样的容器,ADE 服务被用来开发和构建这些 PGEs,以便在 SDS 中部署。

3.5.3　资源管理

在一个 SDS 中,工作的基本单位是作业。作业可以简单到两个数的相加,也可以复杂到从 SAR 仪器的一组输入单元中创建 SAR 干涉图产品。资源管理器的责任是管理作业和运行作业所需的计算资源。资源管理器跟踪提交给 SDS 的所有作业,并将它们分派到计算节点执行。资源管理器还负责跟踪作业的状态,即它们是在等待、运行、完成还是失败。在本地部署的 SDS 中,这通常意味着使用一些商业现成的(COTS)或开源解决方案,而在云原生的情况下,SDS 通常可以使用符合 COTS 或开源解决方案中使用的标准 API 的特定供应商的 PaaS。

资源管理器的另一个责任是跟踪注册到 SDS 执行提交的作业的计算工作进程。根据计算节点的健康和状态,资源管理器可以控制工作进程是否被允许执行作业。如果计算工作进程被允许执行作业,资源管理器提供了跟踪从工作进程发出的作业状态变化的途径。

资源管理器还负责向 SDS 的操作员和用户提供 API 和用户界面。API 应该提供足够的功能,以便用户界面能够管理已进入系统的作业、工作进程和事件,并提供执行相关的按需或触发动作的接口,例如提交作业重试、作业清除和作业状态通知。

可以自动捕获处理步骤谱系的表现,以生成作业及其输入/输出的来源信息(Hua et al,. 2015)。已知工件、参与者和活动的内在来源可以记录下来,并序列化输出为一种编码,例如万维网联盟(W3C)来源标准,以便保存每个处理步骤的轨迹(Ramapriyan et al,. 2015)。总体而言,所有处理步骤的集合随后可以用来重构处理工作。

3.5.4　处理编排/工作流管理

虽然资源管理器负责大规模执行 PGEs,但工作流管理器负责作业的编排。编排提供了一个框架,用于评估启动作业的条件,将多个作业在流水线中串联起来,并使系统和操作员能够控制作业。工作流管理器与资源管理器协同工作,以编排提交、执行和管理组成工作流的作业,并将上游作业的结果流向下游作业。在一些 SDS 实现中,工作流管理器在某些情况下是一个与资源管理器并行工作的独立服务,在其他情况下,它在资源管理器的作业框架内工作。

3.5.5　计算服务

计算节点或工作节点是 SDS 的主力军,它们的主要任务是执行分配给它们的工作。它们根据 PGEs 最佳执行所需的计算资源(例如 CPU 数量和内存大小)来配置。除了执行 PGE 外,计算节点还负责向资源管理器发送作业状态变化和各种监视事件,下载并导入与传入作业类型相关的容器镜像,以及在 PGE 执行前(预处理)和后(后处理)执行各种处理步骤。例如,一个常见的预处理步骤是在执行 PGE 之前本地化输入数据,一个常见的后处理步骤是将 PGE 生成的正式产品发布到目录管理器(数据搜索目录)。确保为作业提供最少量的可用磁盘空间,并将失败的作业分类到一个持久区域,也是重要的预处理和后处理步骤。此外,计算节点还负责将有关作业和工作节点指标的遥测数据发送到指标/分析服务。

这些计算服务的例子包括用于小型作业的 AWS Lambda,用于管理作业处理的 AWS Batch,以及用于更多控制容器化作业的 Kubernetes 作业 Pods。

3.5.6 数据目录

SDS 产生的最宝贵的资产是数据集。因此,数据搜索目录在 SDS 中扮演着不可或缺的角色。当计算工作进程执行生成输出数据集的作业时,工作进程会运行一个后处理步骤,将数据集传输到数据存储服务,并将数据集的元数据发布到数据搜索目录。目录记录了 SDS 生成的所有数据集,并包含每个数据集的可搜索元数据,如空间和时间信息、反向地理定位以及存储位置统一资源定位符(URL)。其他特定领域的元数据也可以发布,通常用于下游工作流程和作业中,以运行前置条件检查。

数据搜索目录负责为 SDS 的操作者和用户提供以数据集为中心的 API 和用户界面。它应该能够提供一个用户友好的视图,显示系统已提取或产生的数据集,以及执行相关的按需或触发动作的接口。

3.5.7 数据存储服务

与数据目录相对应,需要数据存储服务来存储数据集,这可能包括输入、输出、辅助和辅助数据产品。然而,如果数据存储服务发生灾难性故障,那么 SDS 最宝贵的资产就会被抹去。因此,数据存储服务还包括数据生命周期政策,以减轻风险和成本。在数据存储服务中,对各种数据存储技术的输入/输出协议进行抽象化处理也很重要。本地部署的 SDS 解决方案通常使用高带宽、高弹性的网络设备,通过网络文件系统(NFS)或基于 Web 的分布式创作和版本控制(WebDAV)连接到 SDS,但在云原生范式中,使用云供应商特定的存储解决方案。尽管这些供应商特定的存储解决方案具有高可扩展性和高冗余性,但它们使用自定义的 API 和协议。现代 SDS 实现使用库和工具抽象化了这些差异,使计算工作节点在任何环境中无缝定位和发布数据集。正如最近的地球科学任务(例如上面提到的 NISAR)所示,本地存储服务的吞吐能力可能不足以处理计算工作节点的聚合数据速率。例如将这些存储服务迁移到云对象存储,可以缓解瓶颈。

3.5.8 实现日志、指标、事件和分析功能的常用服务

SDS 的指标、事件和分析服务的作用是收集关于系统的遥测数据,例如在 SDS 中执行的作业以及工作节点群中计算节点的状态。作业指标如执行时间、下载和上传持续时间、作业类型、作业状态等,会被实时传输到一个连接着分析引擎的数据库中,该引擎能够为操作员提供 SDS 操作的各个方面的洞察信息。这些可能包括处理步骤的来源记录。工作节点还会定期更新 CPU、内存和磁盘使用情况的数据,这可以描绘出使用模式,可以帮助发现计算节点大小配置方面的潜在改进。现代 SDS 实现利用 COTS 或开源分析堆栈,如 Elasticsearch-Logstash-Kibana 和 Splunk。由此产生的事件流可以根据领域的生产规则触发额外的行为。

3.5.9 集成科学数据处理、算法开发、软件目录和分析

科学数据处理需要算法作为数据生产的处理步骤。在将算法从开发移至部署状态并在 SDS 中以生产规模运行的过程中,市场响应时间过长仍然是一个难点。流行的方法是部署

Jupyter 笔记本,其不仅用于算法开发和测试,还提供将笔记本转换为可执行容器的新颖方法。像 Papermill 这样的流行工具可以帮助注释笔记本,以表征输入参数,表示如何将笔记本作为可执行命令运行。然后将可执行笔记本索引到目录,并将其二进制容器镜像存储在云对象存储中。这些可执行笔记本容器随后被部署到可扩展的科学数据处理中,作为容器化的数据处理步骤。这种集成方法减少了算法开发到在生产中大规模运行相同代码的端到端时间和复杂性。

3.6 多云和混合 SDS 的考虑因素

鉴于 IaaS、PaaS 和 SaaS 的云层,将 SDS 部署到云上可以在这些服务层中的任何一层进行,其中 SaaS 与特定云供应商的耦合度最高,而 IaaS 与特定云供应商的耦合度最低。图3.7 显示了跨这些服务层实施的 SDS 类型的范围。请注意,随着 SDS 从完全由本地资源组成过渡到完全云原生(全在云上),不同组件服务的管理和维护工作从 SDS 转移到云供应商。然而,SDS 越是依赖于特定供应商的功能、技术和 API,其跨供应商兼容性就越低,供应商锁定的风险就会增加。

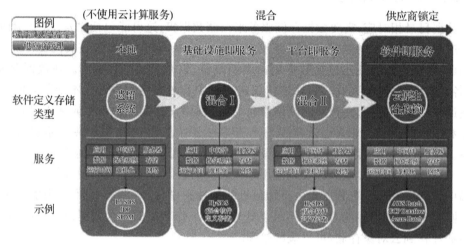

图 3.7 从本地部署到全云原生的权衡光谱,以及它们对云供应商服务的相对锁定。

云服务供应商如 AWS、谷歌云平台(GCP)、微软 Azure、IBM 云、甲骨文云等提供各种相关的可扩展计算和存储服务。在许多情况下,他们也采用各种按需付费和基于使用量的定价方式(例如竞价实例、可抢占实例、低优先级虚拟机)。对 HPC 和云的分析表明,完全迁移到云可能并不总是实际的,尽管承认云在某些情况下可能带来的成本节约以及其他本地部署情况下的较低成本(Sajay & Babu,2016)。因此,通过将 SDS 范式转移到混合云架构,并在需要时使用云资源处理,可以利用额外的机会节约成本,并提高 SDS 的灵活性。

SDS 实际上是平台和基础设施层之上的应用和服务层。遵循这个软件堆栈可以清晰地区分 SDS 及其部署位置(见图3.8)。第 3.6 节中描述的服务可以是对底层云和基础设施不可知的 SaaS 层 SDS 领域的抽象。这种方法将使 SDS 能够跨越多个本地设施和多云环境,以利用云供应商特定的优化和定价选项。例如,在价格上更具竞争力的云供应商提供的计算资源可能比 AWS 竞价实例更便宜。最近,谷歌和 Azure 云也提供了类似竞价的抢占式实例,这些实例也是低成本的。在许多情况下,即使考虑到数据出口移动成本,将数据移动到另一个云提供商或本地设施进行处理,总体成本可能更低。在许多情况下,关键的决定因素是在降低成本与降低数据处理延迟之间进行权衡。

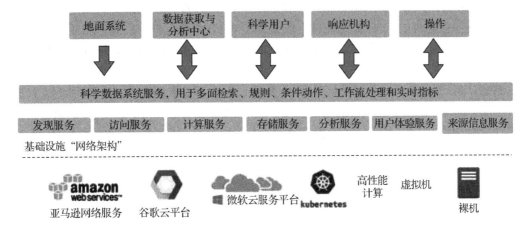

图 3.8　混合 SDS 的软件层堆栈

3.6.1　GDS、SDS 和 DAAC 的共置

在传统的地球科学数据系统地面架构中,GDS、SDS 和 DAAC 通常由不同机构进行地理分布和实施。GDS 负责从分布式全球地面站收集原始数据,并将其传送给 SDS 进行科学数据处理。然后必须将生成的大容量科学数据产品转移到 DAAC(s)。对于像 NISAR 这样的大型任务,它在批量处理活动期间每天将生成超过 400 TB 的数据,网络容量支持这些数据速率所需的成本、性能和风险变得不可行。

通过将 GDS、SDS 和 DAAC 集中在同一个云供应商的同一云区域中,高容量网络线路不再是性能和成本的瓶颈。这个概念是数据湖的体现,即将数据集中到本地化的数据中心或区域进行处理。在这种模式中,大型和分布式网络线路的成本大幅降低。除了不再需要在分布式的 SDS 和 DAAC 之间传输大量数据外,还减少了网络延迟和容量的相关风险。

3.6.2　全投入与锁定

供应商锁定

许多 SDSes 的一个关键考虑因素是在设计中是否以及在多大程度上接受供应商锁定。一些 SDS 架构可能会使用全部云原生方法(例如使用 AWS 的 Step Functions 进行编排)。这些原生方法通常在使用时是最优的,与同一云区域内的其他云服务,如 AWS 弹性容器服务或弹性 Kubernetes 服务、AWS Lambda(无服务器功能)和 AWS 简单存储服务(S3 对象存储)结合使用。这有助于提供一个更加紧密的架构,同时也将核心服务的管理和维护工作委托给云服务提供商。这些云原生服务也往往是完全管理的服务,为易用性和性能进行了优化。然而,通常的权衡是供应商锁定,如果需要将同样的 SDS 部署到其他云服务提供商,项目需要评估特定供应商的成本节约与对其他平台多样化需求预期之间的权衡。行业趋势也在利用跨多云的 XaaS 作为解决供应商锁定问题的方法(Juan-Verdejo et al.,2016)。多样化 SDS 资源可能对避免因价格、性能和/或服务能力而导致的供应商锁定至关重要。

数据锁定

为 NASA 任务(如 NISAR 和地表水和海洋地形(SWOT))以及即将到来的多光谱和高光谱光谱学任务提供的 SDSes,每天将生成大约 100 TB 的数据产品。这些数据产品整合到一个共同的云供应商中可以提供一组集中的数据和服务,但存在数据锁定的风险。如果未来供应商的想法因成本和市场变化而改变,那么将数据完全导出商业供应商的成本可能无法有效地完成。在 PB 级别及以上规模的数据,由于导出成本、移动数据的成本不仅可能会很昂贵,而且可能会耗时。以商业云供应商的 100 MB/s 导出速率为参考,导出 100PB+的数据可能需要超过约 30 年的时间。尽管存在大规模移动百亿比特级数据的更大型商业服务,例如 AWS Snowmobile,但数据移动、时间和导出成本的限制可能会限制获取数据的性能和成本效益。风险缓解措施可能包括多云架构,将数据或数据的备份分布到不止一个云供应商。因此,因为存在数据的外部备份,如果需要完全退出某个云供应商不需要昂贵的导出费用。

3.7 云计算经济学

理解云上 SDS 操作的成本影响是一个关键方面。与传统系统不同,传统系统要么在本地,要么在远程数据中心设施,其中基础设施成本固定,云资源在可扩展性和成本上都可以是无限的。在云中运行 SDS 时,必须考虑关键资源的使用和成本。

SDS 通常专注于科学数据处理。对 SDS 影响显著的关键云服务包括计算和存储。最近云数据系统的趋势,如 SAR 处理,计算与存储的成本比例大约为 60% 到 40%(Hua et al.,2018)。还有其他成本因素,但它们对成本组成的贡献并不显著。

鉴于计算构成了 SDS 的主要成本组成部分,优化计算资源的利用对于降低成本很重要。对于许多云服务商来说,可以利用更低成本的计算来换取可预测性和需求。AWS 提供竞价实例,其中计算成本比按需成本显著降低,但可能会在几分钟内被关闭,并提供给愿意支付更高阈值价格的其他用户。GCP 有类似的可抢占实例概念。但是,通过利用 SDS 对错误或突然关闭的适应能力,SDS 可以在包括低成本、市场驱动的可抢占实例在内的不稳定环境中更无缝地运行。利用这些竞价/可抢占计算实例的一个关键考虑因素是市场化方面的市场定价。近些年的方法,如使用回归随机森林,已经成功用于根据市场影响的价格更好地预测这些服务的波动性(Khandelwal et al.,2020)。

同样,能够预测工作流处理时间是实现弹性云计算中优化处理流程以降低成本的关键,特别是当利用波动的竞价/可抢占计算实例的成本模型时。近年来人们努力尝试通过使用机器学习(ML)来预测,通过输入参数并估计每个处理步骤的运行时间,以预测不同的工作流处理流程(Pham et al.,2020)。这类方法对于根据实际数据处理流来制定成本模型至关重要,并且可以用来优化处理成本。

在 AWS、GCP 和 Azure 等多个云提供商中,存在许多对 SDSes 有用的类似服务。其中许多服务提供了功能对等性,例如弹性计算、更低成本的可抢占计算(上文提到的)、对象存储,以及众多的消息传递和数据库服务。然而,在多个云供应商中选择服务不仅具有架构意义,也有成本意义。已经开发了一些策略来优化市场选择云服务,包括最近基于量化这些云供应商功能价值的动态规划(DP)方法(Tanaka & Murakami,2016)。

终端用户从 SDS 下载的任何数据都可能产生潜在的出口流量成本。SDS 存储的数据也可以存储在不同的成本层级(见图 3.9)。通过优化数据使用模式,可以实现更具成本效益的云存储成本。经常使用的数据可以缓存在更接近计算资源的临时存储中(例如固态硬盘,非易失性存储器快速通道)中,而极少使用的数据可以被归档到更冷门的存储层级(潜在的长数据访问延迟),这些存储层级的成本显著更低。

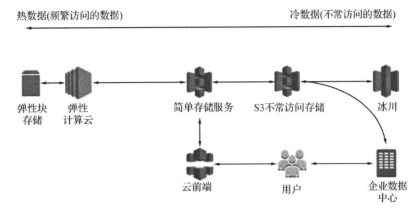

图 3.9　AWS 的云存储层级从热(快速且昂贵)到冷(慢速且低成本)

如前所述,共置是朝向数据湖的一个关键概念。但一个更通用的概念是在部署 SDS 时考虑云拓扑,即对计算、数据、存储服务的网络位置、数据处理工作流中的数据移动模式及其各自的数据中心部署区域进行高级规划。

通常,可以开发一个云成本模型来模拟总拥有成本(TCO),其中关键资源利用和成本被综合到一个集成模型中,以分析不同假设情景下对整体运营成本的影响。对于将轨道碳观测卫星 2(OCO-2)迁移到云端过程,当时 JPL 的网络容量与 AWS 的 US-WEST-1 区域相比,连接到 S3 存储有更高带宽,而连接到 US-WEST-1 本身带宽较低,然而,US-West-1 有更大的计算能力。成本分析表明,将数据移动到 US-West-1 比支付 US-West-1 到 US-West-2 的跨区域数据移动成本低,在那里进行数据处理更便宜且更快。当时从 JPL 到 US-West-2 的网络容量较慢,对总体拥有成本(TCO)产生了足够大的影响,以至于排除了那个选项。此外,对于 OCO-2,基准测试 PGE 性能的 Level 2 全物理算法代码的 TCO 分析表明,支付较慢但更便宜的计算实例总体上比支付更快更昂贵的计算实例更具成本效益。

3.8　大规模考虑因素

在本地运行 SDS 时,几百到几千个计算节点的容量通常表现出一定的可预测性。通常会发生相对较少的作业错误,以及少量的临时错误,例如网络套接字超时。这些通常通过重试作业来克服。

3.8.1　异常指标

在更大规模的成千上万个计算节点上,SDS 可能会在统计上遇到更多错误。即使计算节点的服务水平协议(SLA)故障率为每单位时间 0.1%,这在一个拥有 10K 个节点的计算群中大约是 10 个错误。与其将错误视为统计异常,基于云的 SDS 在大规模运行时强制性地将错误看作是常态而非异常。

减轻错误的常规策略是自动检测、分类和纠正失败的作业。资源管理器通常支持错误跟踪。然后可以通过生产规则将错误类型的分类路由到不同的错误处理方式。例如,用于大规模 Sentinel-1A/B 处理的混合云科学数据系统(HySDS)使用触发规则来更有效地启动科学数据处理(Hua et al.,2017)。触发是基于渗透器的查询方法,该方法将失败作业状态插入映射到资源管理器中的一个操作,这可以是一种处理失败作业的工作流程。

3.8.2　惊群效应

在大规模时,另一个常见问题是计算机群的规模扩大到足够大,以至于任何累积的 API 调用工作机群的行为就像对其他服务进行分布式拒绝服务攻击。特别是当成千上万的工作机访问数据库或存储服务时。对于云原生对象存储服务,云供应商已经完成了扩大数据对象访问 API 调用的工作。但对于其他非云原生 API,工作机群的调用洪流很快就会使服务饱和。有时被称为惊群效应,这可以通过在工作机群调用 API 时,将调用时间的时间分布抹平来缓解(Dufour et al.,2016)。各种抖动库提供了函数装饰器,帮助自动添加随机性,以抹平 API 调用的冲击。此外,许多这样的抖动库支持指数退避机制,这也有助于避免潜在的大量 API 错误同时发生(Brooker,2019)。

3.8.3　更高的服务水平协议(SLA)

为了扩大工作队列调用的核心服务规模,通常的策略包括使用方法来允许更大规模的处理请求。首要方法是利用其他已经可扩展并由云供应商管理的云原生服务。对于 SDS 内部的服务,可能的话,以高可用性(HA)模式运行也有用,但通常意味着更高的成本。对于低级别的服务,采用自动扩展的方法运行它们,并将其置于弹性负载均衡(例如 AWSELB)服务之后,也可能有所帮助。最后,一个更简单的尝试方法是启用 API 速率限制器,它限制了服务每单位时间可以处理的请求总数。这可以防止服务陷入困境或彻底崩溃。客户端通常会遇到速率限制超出错误,当与抖动和指数退避机制结合使用时,综合效果能够使 SDS 的规模扩大。

3.8.4　看门狗(Watchdogs)

在启用这些缓解策略后仍然存在的任何错误,可以通过向服务、工作人员和作业添加看门狗来进一步缓解。看门狗可以帮助自动监控残余故障并提醒操作员。看门狗服务可以像 AWS Lambda 函数那样简单,它定期检查特定条件。看门狗的关键概念是,它们应该在监控的服务之外实施,以便监控残余故障。

3.9　云 SDSes 示例

3.9.1　在云中的 SMAP

土壤湿度主动被动卫星(Soil Moisture Active Passive,SMAP)是一颗于 2015 年 1 月 31 日发射的美国环境研究卫星。SMAP 从接近极地的同步太阳轨道上提供土壤湿度及其冻融状态的测量数据,每 2 至 3 天覆盖全球一次。

为了支持科学目标,SMAP 任务从 0 级数据(重建的、未处理的仪器和有效载荷数据,全分辨率)生成数据产品,逐级至 4 级数据(通过将低级数据同化到陆面模型中而得到的地球物理参数)。如我们所知,SDS 从 GDS 接收的数据中生成更高级别产品,SMAP 向科学团队和社区交付数据产品的数据延迟要求如下:从获取后的 12 小时内交付 1 级产品,24 小时内交付 2 级产品,50 小时内交付 3 级产品,以及在获取 7 天内交付 4 级产品土壤湿度和 14 天内交付碳净生态系统交换量。

除了上述延迟要求外,SMAP SDS(Wool-lard et al.,2009)还以近实时(NRT)模式运行,其中将产品交付至 1 级的延迟时间在 3 小时以内。当前 SDS 数据生成量为每周 2.2 TB,不包括对辅助文件和丢失的雷达仪器所需的存储。最初的任务要求是每天 135 GB 原始数据和 485 GB 处理数据。由于 SMAP 是一个全球性的绘图任务,需要连续、近实时地生成产品,因此 SDS 系统需要依靠复杂的软件自动化来减轻由硬件问题引起的任何延迟。

实现这一目标的一种方法可以是迁移到云端。如今,主要的云服务供应商提供高可用性保证,有助于消除系统管理员需要全天候 24/7 待命的需求。图 3.10 展示了 SMAP SDS 系统的整体架构,该系统可以遵循图 3.7 的架构迁移到云端。

SMAP 是首批在喷气推进实验室云端实施 SDS 系统的任务之一。目前正在开发两种处理模式,即 NRT 和再处理模式。再处理模式架构包括一种真正的混合模式运行,在本地运行一些工作节点,同时在云端运行其他节点。

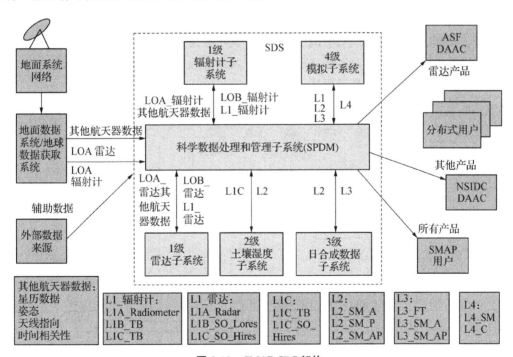

图 3.10 SMAP SDS 架构

将现有系统迁移到云端所面临的最初挑战如下:
(1) 将现有的 PGEs 包装在 Docker 容器中运行,并验证生成的产品在科学上的准确性;
(2) 为了适应云范式,重新实现所有 PGEs 的工作流程和前置条件逻辑;

（3）培训人员熟悉云服务供应商的术语和功能。

尽管任务的 SDS 在数据量或延迟要求方面没有变化，但转向混合方法的主要驱动因素是：

（1）通过使用像自动扩展组这样的功能提高可用性，这些功能提供目标跟踪以保持系统处于期望状态；

（2）减少现场硬件占用，从而降低旧硬件故障的风险，并减少在升级和维护中占用人员时间；

（3）在进行现场再处理和数据重放时实现弹性扩展，防止操作系统资源匮乏；

（4）对计算、网络、存储等指标进行详细分析，可以帮助操作员发现和调试异常情况；

（5）利用商业云服务提供商提供的托管服务，降低开发和维护成本；

（6）部署到 NASA 地球观测系统（EOS）的陆地与大气层近实时能力（LANCE）时的冗余要求（https://earthdata.nasa.gov/earth-observation-data/near-real-time）。

3.9.2　NISAR SDS

NISAR 任务将生成从 0 级到 2 级的数据产品，以下是延迟要求（NISAR Science Team，2018）：

（1）完全校准的 L0 产品：在接收到所有必要输入后的 24 小时内（使用低精度辅助文件的最佳估计：12 小时；紧急响应，2 小时）；

（2）完全校准的 L1 产品：在观测后的 30 天内，所有必要输入已经接收（使用低精度辅助文件的最佳估计：1 天；紧急响应，4 小时）；

（3）完全校准的 L2 产品：在观测后的 30 天内，所有必要输入已经接收（使用低精度辅助文件的最佳估计：2 天；紧急响应，6 小时）。

为了支持满足这些要求，NISAR SDS 是从零开始开发的，以在 AWS 云中运行，并与 NISAR GDS 和阿拉斯加卫星设施（ASF）DAAC 共同定位。图 3.11 提供了 NISAR SDS 基线架构和数据处理工作流的高级概述，以及它与 GDS 和 DAAC 的交互情况。

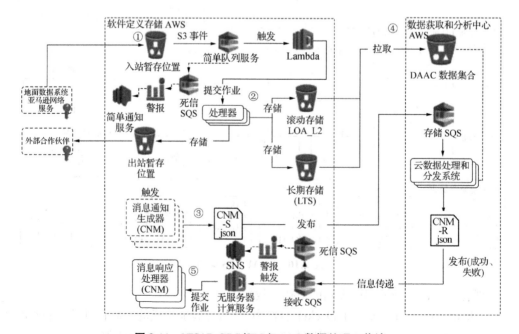

图 3.11　NISAR GDS/SDS/DAAC 数据处理工作流

3.10 结 论

随着越来越多的地球观测任务,我们需要处理日益庞大的数据,需要新的 SDS 架构方法来适应数据量、速率和延迟需求。一些传统的本地 SDS 可能不仅无法支持日益增长的数据量,还可能无法支持与前向保持处理相结合的周期性批量处理的潜在弹性需求。与 DAACs 共同定位并共享存储的额外变化也有助于消除 SDS 和 DAACs 之间的大量网络数据传输需求。完全转移到云原生环境也将有助于满足现代地球科学任务的大规模和弹性需求。但是在大规模 SDS 操作中,需要考虑成本因素,以优化云利用成本。云服务,如 AWS 的竞价实例,可以被利用来显著节省数据处理成本,但需要额外考虑终止的问题。在大规模数据量下,数据系统的弹性和稳定性也必须被考虑在内。例如惊群效应可以通过抖动 API 调用来缓解,分散对 SDS 内核服务的影响。许多云 SDS 的实例采用这些策略来处理大规模数据量。

参考文献

[1] Brooker, M. (2019). Timeouts, retries, and backoff with jitter. *The Amazon Builders' Library*. https://aws.amazon.com/builders-library/timeouts-retries-and-backoffwith-jitter/.

[2] Cohen, J., & Agram, P. (2017). *Leveraging the usage of GPUs in SAR processing for the NISAR mission*. 2017 IEEE Radar Conference (RadarConf). https://doi.org/10.1109/RADAR.2017.7944253.

[3] Dufour, A., & Hua, H. (2016). December. auto scaling the Fleet Management Solution for planet Earth. *AWS re: Invent* (CMP201).

[4] Hua, H., Manipon, G., Linick, J. P., Malarout, N., Karim, M., Dang, L. B., et al. (2018). Lessons learned from getting ready for NISAR: Large-scale science data systems with machine learning and disaster sresponse from the cloud. *AGU Fall Meeting Abstracts*, *2018*, IN54A-03.

[5] Hua, H., Manipon, G., Starch, M., Dang, L. B., Southam, P., Wilson, B. D., et al. (2015). High-resiliency and auto-scaling of large-scale cloud computing for OCO-2 L2 full physics processing. *AGU Fall Meeting Abstracts*, *2015*, IN43B-1733.

[6] Hua, H., Manipon, G., Wilson, B. D., Tan, D., & Starch, M. (2015). On the faceting and linking of PROV for Earth science data systems. *AGU Fall Meeting Abstracts*, *2015*, IN33F-08.

[7] Hua, H., Owen, S. E., Yun, S. H., Agram, P. S., Manipon, G., & Starch, M. (2017). Large-scale Sentinel-1 processing for solid Earth science and urgent response using cloud computing and machine learning. *AGU Fall Meeting Abstracts*, *2017*, G33A-02.

[8] Hwang, K., Dongarra, J., & Fox, G. (2011). *Distributed and cloud computing: From parallel processing to the internet of things*. San Francisco: Morgan Kaufmann Publishers Inc.

[9] Irons, J. R., Dwyer, J. L., & Barsi, J. A., (2012). The next Landsat satellite: The Landsat data continuity mission. *Remote Sensing of Environment*, *122*, 11-21.

[10] Juan-Verdejo, A., & Surajbali, B. (2016). XaaS multi-cloud marketplace architecture enacting the industry 4.0 concepts. In *Technological innovation for cyber-physical systems*, *2016*, *Vol. 470*. https://doi.org/10.1007/978-3-319-31165-4_2.

［11］Khandelwal，V.，Chaturvedi，A.，& Gupta，C.（2020）. Amazon EC2 spot price prediction using regression random forests. *IEEE Transactionson Cloud Computing*，8（1）：59 - 72. https：//doi. org/10. 1109/TCC.2017.2780159.

［12］LaHaye，N.（2012）. *Pleiades and OCO-2：Using supercomputing resources to process OCO-2 science data final report*. NASA Undergraduate Student Research Program（USRP），Pasadena，California.

［13］Leung，K.，Nguyen，Q.，Cheng，T.，& Tung，W.（1997）. Parallel computing implementation for ScanSAR mode data. *Proceedings of SPIE 3217，Image Processing，Signal Processing，and Synthetic Aperture Radar for Remote Sensing，22 December 1997*.

［14］NISAR Science Team（2018）. *NASA-ISRO SAR（NISAR）Mission science users' handbook*. NASA Jet Propulsion *Laboratory*. https：//nisar.jpl.nasa.gov/system/documents/files/26_NISAR_FINAL_ 9 - 6 - 19.pdf.

［15］Pham，T.，Durillo，J.，& Fahringer，T.（2020）. Predicting workflow task execution time in the cloud using a two-stage machine learning approach. *IEEE transactions on Cloud Computing*，8（1），256 - 268. https：//doi.org/10.1109/TCC.2017.2732344.

［16］Ramapriyan，H.，Manipon，G. J. M.，Aulenbach，S.，Duggan，B.，Goldstein，J.，Hua，H.，et al.（2015）. *Provenance of Earth science data sets：How deep should one go?* AGU Fall Meeting Abstracts，2015，*IN21C-1700*.

［17］Sajay，K. R.，& Babu，S.（2016）. A study of cloud computing environments for high performance applications. *Proceedings of 2016 International Conferenceon Data Mining and Advanced Computing（SAPIENCE）*.

［18］Schweiss，R.，Daniel，N.，& Derrick，D.（2000）. *Landsat 7 science data processing：A systems overview*. https：//doi.org/10.1117/12.410353.

［19］Tanaka，M.，& Murakami，Y.（2016）. Strategy-proof pricing for cloud service composition. *IEEE Transactions on Cloud Computing*，4（3），363 - 375. https：//doi.org/10.1109/TCC.2014.2338310.

［20］Woollard，D.，Kwoun，O. I.，Bicknell，T.，West，R.，& Leung，K.（2009）. A science data system approach for the SMAP mission. *2009 IEEE Radar Conference*，1 - 6.

［21］Wu，C.，Barkan，B.，Huneycutt，B.，Leang，C.，& Pang，S.（1981）. *An introduction to the interim digital SAR processor and the characteristics of the associated Seasat SAR imagery*. NTRS - NASA Technical Reports.

4 NOAA 开放数据传播(原 NOAA 大数据项目/计划)

Adrienne Simonson[1], Otis Brown[2], Jenny Dissen[2], Edward J. Kearns[3], Kate Szura[4], 和 Jonathan Brannock[2]

1. 美国国家海洋和大气管理局首席信息官办公室,阿什维尔,北卡罗来纳州,美国;

2. 北卡罗来纳气候研究所 / 美国国家海洋和大气管理局卫星地球系统研究合作研究所, 北卡罗来纳州立大学,阿什维尔,北卡罗来纳州,美国;

3. 第一街基金会,布鲁克林,纽约,美国;

4. 互动有限责任公司,富兰克林,马萨诸塞州,美国

美国国家海洋和大气管理局(NOAA)的研究到运营(R2O)实验,名为大数据项目(BDP),被设想为一种可扩展的方法,使用商业云服务向公众传播指数级增长的 NOAA 观测、模型和研究数据集。项目开始时,在概念发展阶段,具体如何操作还不清楚,因此采用了螺旋式开发方法。预计数据集的数量会增加,数据范围会扩大以覆盖某些资产的完整记录,并且需要进行格式化实验以确定最佳云服务。这种传播模型需要 BDP 和 NOAA 以一种新的方式与终端用户互动,这些用户可能从大型企业到小型企业再到个人不等。BDP 预计将改变游戏规则,不仅通过触及广泛和多样化的用户群,而且还鼓励新用户的加入。正如BDP 开始之初,前 NOAA 管理员、Kathryn Sullivan 博士指出,"该机构的目标是'激发创新',并探索如何在全球范围内创造经济回报"(Konkel,2015,Paragraph 6)。本章描述了 BDP 的发展历程,介绍它是如何从一个研究实验转变为 NOAA 的一个运营企业功能,即现在所称的 NOAA 开放数据传播(NODD)。

4.1 公众使用 NOAA 环境数据的障碍

NOAA 的使命是理解和预测气候、天气、海洋和海岸的变化,与他人分享这些知识和信息,并保护和管理沿海和海洋生态系统及资源。该机构认真对待传播 NOAA 的研究、数据和信息的需求,以供国家的企业和社区使用,以便为我们自然系统的突发或长期变化做好准备、响应和恢复。这包括气候预测和预报;天气和水文报告、预报和警告;海图和导航信息;以及持续提供一系列地球观测和科学数据集,供公共、私营和学术部门使用(NOAA,2021)。

因此,NOAA 收集、创建、存档并分发数以千计的数据集,正如截至 2021 年 9 月,在美国联邦政府的在线目录中可发现的超过 200 000 个数据集所证明的那样(Data. Gov,无日期)。但是,有效公共使用 NOAA 环境数据面临两大障碍:(1) 当前的数据访问和分发模型,包括成本以及与增加的数据量、网络安全和带宽限制相关的次要挑战;以及(2) 公众理

解数据的能力,包括科学格式、访问方法、适当的文档、词汇和用例描述。

根据 NOAA 的一般数据分发范式,每个请求者都会收到所请求数据的副本,最常见的是通过互联网交付。与以前的数据交付范式相比,例如邮寄印刷出版物或交付物理数字媒体,如磁带和光盘,这是一个受限的模型,受到交付机制容量的限制。例如数据库、子集服务和托管在 NOAA 计算机基础设施上的图形用户界面等数据服务,在规模和可扩展性上有限,它们的使用通常会被限制,以确保公平且公正地向公众提供,同时防止在高峰期间NOAA 的系统过载。

除了当前分发模型的局限性外,理解和利用 NOAA 数据的含义通常不是一项简单的任务。提供数据的格式通常是标准化的,但这些标准大多是环境科学界在过去 30 年里采纳的,它们已经过时或不一定被该社区以外的人广泛理解或采用。然而,真正实现 NOAA数据的公共使用意味着数据应该能够被具备地理数据和时间序列基础的人使用,但这个人可能没有气象学、海洋学、大气科学或渔业科学的博士学位。用户可能希望将数据应用于跨领域的应用,例如与社会和统计数据科学应用的整合。然而,NOAA 在完成其联邦授权的任务过程中收集数据,并使用科学格式来支持 NOAA 的数据分析和信息服务要求;这些格式不一定为了便于公众解读而优化。格式将在第 4.8 节"挑战与机遇"中更详细地讨论。

在 2019 年初,基于证据的政策制定法案(证据法)(Foundations for Evidence-Based Policymaking Act of 2018,2019)的第二部分,此前被称为开放数据法案,修订了美国法典第 44 标题的 3504(b)节,要求所有美国政府数据默认为开放。该法案包括指导将每个公共数据资产以开放格式提供,以及其他指导,包括协助公众扩大使用公共数据资产。证据法加强了 NOAA 数据愿景的法律基础。实际上,NOAA 一直是开放数据政策的长期领导者,作为国际努力共享开放数据以造福社会(World Meteorological Organization,无日期)的一部分,以及作为更广泛的天气、水和气候企业(NOAA National Weather Service,2021b)和蓝色经济(NOAA National Ocean Service,2021)与行业合作伙伴的先锋。NOAA继续在如何交付其主要任务特定信息产品,以及如何为完成该主要任务而收集或创建的数据可供公众使用方面进行创新。NODD 是提供后者的创新型企业服务。

4.2　NOAA 数据的公共获取为该机构带来挑战

允许用户访问其数据也为 NOAA 带来内部挑战。这些数据存储在 NOAA 联邦安全系统上,这些系统受到法律要求的重大安全政策和实践的约束,导致机构成本增加以及对公众访问服务速度的限制。

此外,基于一对一分发模型生成的多份数据副本会反复在 NOAA 的网络服务中传输,消耗大量带宽。NOAA 的观测和模型结果的体量、多样性和速度一直在上升,并且预计将来会呈指数级增长(见图 4.1)。由于观测系统和计算机模型输出分辨率的提高,通过当前NOAA 网络传递的体量、多样性和速度也呈指数级上升。这种增加的需求无意中给当前网络和系统带来了技术负担,导致数据访问延迟。

当前数据分发方法中的所有这些限制,例如容量、网络安全和带宽,都伴随着对 NOAA

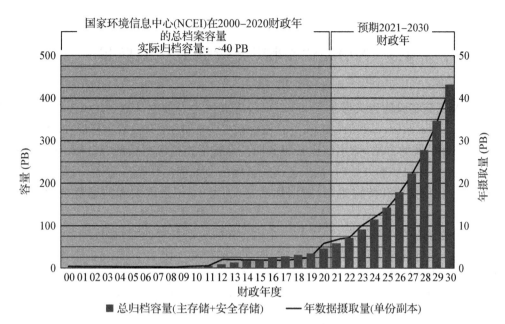

图 4.1 由国家环境信息中心(NCEI)管理的数据的实际总档案容量(主存储和安全存储),以 PB (皮字节)为单位,截至 2020 年。2021—2030 年的数据量是截至 2020 年的预期数据量。数据量的迅速增加是来自太空天气、海洋学和大气来源的贡献,例如卫星、无人系统、观测、产品和模型。

成本的持续和成比例的上升。传统上,云存储的所有出口流量都由持有者或访问数据的用户支付。如图 4.1 所示,NOAA 的数据存储量呈指数级扩张,而使用量在过去一年中已从每月约 1.2PB 增长到约 2.8PB。这种当前的服务模式不仅难以预算,而且鉴于数据量的急剧增加,可能会带来财务挑战,并且可能影响用户利用数据的能力。例如,国家环境信息中心(NCEI)目前托管并提供访问超过 40 PB(40 000 TB 或 4 千万 GB)的数据(主数据和安全副本),并预计到 2030 年数据管理的需求将增加到超过 400 PB(见图 4.1)。

对于 NOAA 来说,为了满足所有这些数据的用户需求预期而进行数据出口是财务上的挑战,而且,鉴于商业、太空、自然资源、农业和其他机构内潜在的大量开放数据在联邦政府范围内也是如此。正如美国宇航局监察长办公室在其 2020 年 3 月报告中指出的,"该机构面临着数据出口(即当最终用户从网络下载数据到外部位置时)成本大幅增加的可能性……每次数据出口时,将由机构而非用户承担费用"(NASA Office of Inspector General Office of Audits,2020,p.3)。正如美国国家科学院所指出的(文本框 4.1),数据架构需要既有效又灵活,而且需要探索新的数据传播策略,以促进更多跨学科合作。实际上,这些正是 BDP 实验旨在解决的问题。

4.1 美国国家科学院最近的十年调查包括向美国机构提出的有关数据架构和传播策略的建议(National Academies of Science,Engineering, and Medicine,2018,p.178)。

建议 4.3:NASA、NOAA 和 USGS 应与科学/应用社区合作,通过(1)确定数据质量和可用性的最佳实践,(2)开发有效和灵活的数据架构设计,以及(3)探索新的数据存储/传播策略以促进更多跨学科合作,继续将数据科学作为其组织内的持续优先事项。

4.3 NOAA"奇特"大数据方法的愿景

NOAA 研究实验称为大数据项目（BDP），后来作为大数据计划（NOAA Office of the Chief Information officer，2021）实施，并且已经演变为 NOAA 开放数据传播（NODD），这被设想为一个可扩展的方法，使用商业云服务向公众传播指数级增长的 NOAA 观测、模型和研究数据集。在项目实验开始时，这项工作的具体细节如何运作还不清楚，因此采用了螺旋式开发方法，允许配置和传输机制、数据集丰富度、大小、记录周期和数据复杂性等随时间演变。

作为这种方法的一部分，NOAA 与一个由合作研究所托管的"数据代理"建立了合作伙伴关系。这个代理承担了几个关键功能（例如克服障碍和连接 NOAA 与云合作伙伴之间的不同文化），促进数据传输和云机制，并成为实验性基础设施需求的来源。鉴于螺旋式开发范式，预计数据集的数量将增长，数据范围将扩大以覆盖某些资产的完整记录，并且需要进行格式化实验以确定最佳的云服务产品。

不断增长的用户需求一直是一个重要的驱动因素；BDP 先驱者们明白，这种传播模式将需要 NOAA 以一种新的方式与其最终用户互动，这些用户的范围可能从大型公共或私人企业到小企业和个人。了解用户是谁，他们如何使用数据，如何与他们互动，以及如何理解他们的需求，与技术方面一样具有挑战性。

NOAA 通过几次正式的信息请求向公众和行业征求对 BDP 的反馈，以了解如何最有效地提供对 NOAA 开放数据的访问。使用商业云服务成为主要建议之一。NOAA 在这次实验中的合作伙伴包括亚马逊网络服务（AWS）、谷歌云平台（GCP）、IBM、微软 Azure 和开放共享联盟（OCC）。这些实体通过签署多年合作研究与开发协议（CRADAs），（NOAA Technology Partnerships Office，无日期）同意托管选定的 NOAA 开放数据，并使这些数据集在不对 NOAA 或公众产生净成本的情况下公开可用。虽然 NOAA 的开放数据对所有人免费，但 BDP CRADA 合作伙伴可以通过基于 NOAA 提供的开放数据的服务和衍生产品来实现商业化。以往联邦政府在开放数据与封闭数据源方面的经验表明，开放数据具有更大的经济潜力，例如通过 Landsat 卫星数据利用的历史得到了验证（Exploring Commericial Opportunities to Maximize Earth Science Investments，2015），但这些公私合作伙伴关系对云服务提供商和机构的价值程度仍有待确定（文本框 4.2 和 4.3）。

> 4.2 NOAA 尝试"奇特"的方法来利用大数据（Konkel，2015，paragraph 8）。
>
> 前美国国家海洋和大气管理局局长 Kathryn Sullivan 说，该项目仍处于早期阶段，目前还没有明确的路线图。"我们真的不知道这将走向何方，"Sullivan 说，"对于政府机构来说，这是一种奇怪的做法，对于那些看不到投资回报的可靠途径的公司来说，这也是一种奇怪的做法。但我们的努力是基于这样一个假设：随着时间的推移，对这种环境情报的需求将继续增长。"

4.3 2015 年 8 月 21 日,美国商务部长 Penny Pritzker 宣布开展新的合作,以释放 NOAA 数据的力量(U.S. Department of Commerce,2015,paragraph 3)。

"作为美国的数据机构,我们对这些合作以及它们带来的推动经济增长和商业创新的机会感到兴奋,"Pritzker 部长说,"商务部的数据收集范围从海洋深处一直延伸到太阳表面,这一声明是我们持续致力于通过改变商务部的数据能力和支持数据驱动型经济,为美国企业提供经济增长和机会基础的又一例证。"

4.4 NOAA 合作研究所
数据代理提供研究和运营灵活性

2015 年,NOAA 位于北卡罗来纳州的气候与卫星合作研究(CICS-NC;现在的卫星地球系统研究合作研究所,CISESS)(North Carolina Institute for Climate Studies,2019),作为北卡罗来纳州立大学的一个单位,在 CRADA 实验阶段开创了数据代理角色,并在 NODD 的运营阶段继续承担此功能。如今,CISESS 是 NODD 信赖的数据代理,并担任技术数据传输和监控负责人,以及 NODD 用户参与的负责人。

作为 NODD 信任的数据代理,CISESS 被允许进入联邦安全边界以检索 NOAA 数据集,从而减少了多个实体寻求数据访问的网络风险(见图 4.2)。CISESS 随后将数据移至三个云服务提供商(CSPs):Microsoft Azure、Google Cloud 和 AWS,这些平台进而为广泛的公众和私营部门提供免费访问,使他们能够进行创新的数据分析和决策。

尽管 NODD 计划已经提供数据集的运营服务,但其许多技术流程和其他元素仍在开发中。作为 NOAA 合作研究所(CI)的 CISESS,具备提供所需敏捷性和创新性的能力,能够支

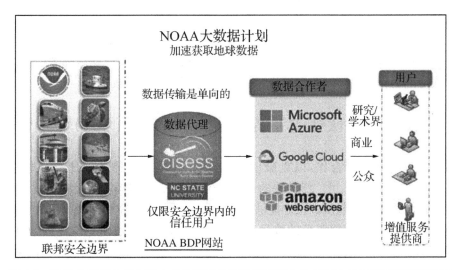

图 4.2 BDP 的数据分发方案由单向传输单份数据集副本从 NOAA 的联邦系统到可信数据代理来主导。数据代理将该数据集的多份副本分发到 BDP CSP 平台,在那里以可扩展的方式为指数级数量的用户提供公共访问。来源:NOAA 国家环境信息中心(NCEI)视觉传播团队。

持并响应 NODD 计划持续发展的需求(文本框 4.4)。CISESS 通过战略、技术、数据和参与活动,创新、激励并加速 NOAA 和 NODD 的任务目标,包括 NOAA 向云端的过渡。CISESS 还直接支持与 NOAA 任务紧密相关的研究和行业努力,特别是在 NOAA 内部没有足够能力或容量的方面。

4.4　NOAA 行政命令 216-107A 为所有 NOAA 合作研究所(CIs)制定了运营政策。

NOAA 合作研究所是由 NOAA 支持的非联邦学术和/或非营利机构,在与 NOAA 任务相关的一个或多个领域建立了杰出的研究项目;CIs 是在拥有强大的教育项目和与 NOAA 相关科学的学位课程的研究机构中建立的。CIs 从事与 NOAA 长期任务需求直接相关的研究,这些研究需要研究机构内一个或多个研究单位的大量参与,以及一个或多个 NOAA 项目;一个 CI 可以包括多个研究机构。CIs 在所有非政府合作伙伴之间提供重要的资源协调,并促进学生和博士后科学家参与 NOAA 资助的研究。CIs 每十年进行一次竞争,并在第五年进行审查(NOAA Office of the Chief Administrative Officer, 2021)。

数据代理在 NOAA 和 CSPs 之间扮演了一个实际、有价值的和必要的角色。代理协调 NOAA 数据从联邦系统到所有云平台的发布,这消除了 NOAA 内部各专家需要开发将其数据推送到不同云平台的专业知识的需求。数据代理还为 CSPs 提供了单一的联系点和报告,简化了数据操作和安全问题。而且,数据代理连接了两种非常不同的企业文化。

如今,数据代理的角色是 NODD 数据传输功能的支柱。数据代理监控数据从源头到目的地的流动,并解决运营问题,支持通过数据分析软件开发统计和度量标准以监控数据集使用情况(例如体积和获取量),并帮助开发和实施方法以确保端到端数据完整性并认证选定的云服务提供商持有量。在许多情况下,数据代理正在用 NOAA 档案馆的选定数据集的完整记录期持有量(从 NOAA 近实时(NRT)源获取)回填近实时(NRT)云持有量。

为了贯彻其专注于研究到运营(R2O)的核心任务,CISESS 作为数据代理研究并应用相关的 R2O 选项,以更高效的方法进行数据传输(例如 Globus、GridFTP、Apache NiFi),并协助对选定数据集进行数据格式转换或转化。数据代理还与云合作伙伴就随着时间的推移使用情况的演变而合作开发新服务和架构,这符合国家科学院的建议。

4.5　公私合作伙伴关系提供了(数据或资源的)输送管道

NODD 也在与工业界合作,以克服使用 NOAA 数据的障碍。云计算和数据即服务(DaaS)行业建立在现代的、可广泛扩展的计算架构之上,这些架构能够无缝克服与数据使用增加和数据量增长相关的限制。用户能够与这些平台或利用这些平台的第三方服务提供商合作,以获取他们需要的数据服务的数量和类型。如今,任何拥有笔记本电脑、互联网连接和信用卡的创业者都能获得以前仅限于拥有数百万美元投资资本的大公司的计算基础设施的规模和类型。

为什么政府不直接从商业服务提供商那里获取云计算能力,并使其向公众开放呢? 与此类服务相关的成本将随着新的观测平台和其他数据收集方法的增加而成比例增长,导致数据量增加和用户数量呈指数级增长。对于某些类型的 NOAA 服务,例如为了保护生命和财产而提供的信息产品的传递，采购此类基于云的服务是完全适当和有效的。例如，在 2017 年飓风季节，NOAA 国家气象服务（NWS）国家飓风中心的网站及其产品通过与 AWS 签订合同，使用其 CloudFront 服务进行加强，以确保可扩展性（AWS Public Sector Blog Team, 2017）。这项服务能够在风暴季节高峰期无缝承受每天超过 10 亿次的公众访问，确保公众能够获得其进行关键决策所需的信息。

然而，NOAA 很难预测数据外流的程度，或者公众的访问量，因此很难预测成本，特别是针对其所有的数据存储，而不仅仅是为了在紧急情况下保护生命和财产的天气数据。此外，这些成本需要国会的批准和资金支持，这要求各机构提前几年预测他们的需求。政府内有许多机构拥有开放数据可以共享；然而，纳税人无法支持对激增需求所产生的所有数据提供无限制的访问。可以限制或者节流用户，但这也会抑制开放数据所创造的经济引擎。

相反，NODD 通过公私合作伙伴关系来利用各方利益相关者的兴趣，这通常围绕着一个双方都有价值和共同利益的资产。在政府中，这些通常是公共工程或基础设施项目，其中成本和风险由合作伙伴共同承担。但在基于开放数据的合作伙伴关系中，共享的利益和风险在哪里？而价值的来源是什么？

起初，数据的价值似乎在于开放数据本身。但对于 CSPs 来说，NOAA 的数据是开放且可用的，并不是一种本质上稀缺的资源。数据的有效传递可能是一个限制因素，但由于数据是按照联邦法规和政策规定以公平和公正的方式对所有人开放和可用的，因此数据本身并不具有独特的价值。相反，价值在于 CSPs 与 NOAA 专家的关系，这种专家关系对于理解、分析、翻译、可视化、利用和应用数据到有用的综合产品、评估或信息中是必要的。通过 NODD，NOAA 为 CSPs 提供（1）支持的访问，（2）质量控制的数据，以及（3）专业知识。作为回报，CSPs 为 NOAA 提供至少 5PB 的免费存储空间，并且为所有用户提供数据的出口，这些数据在提供、质量和有用性方面的风险由合作伙伴共同承担：否则 NOAA 的劳动力和声誉岌岌可危，而 CSPs 在基础设施和劳动力上的财务投资也同样面临风险。

托管 NOAA 数据能够吸引用户使用 CSPs 平台，这些用户通过支付计算和分析服务费用或在这些平台上的新衍生产品来产生收入，使 CSPs 能够收回其数据托管成本并实现利润。用户可以向 CSPs 索要特定的 NOAA 数据集，并且因为 CSPs 托管其他机构和环境数据，用户可以更容易地整合和分析跨机构数据集。NODD 还为最终用户提供了策划和对公共数据持有情况提供反馈的机会。例如，在 CRADA 阶段，一个外部用户在不到 10 天的时间内检查了完整的 NEXRAD Level II 数据集，并发现了 10 000～15 000 个数据块要么无法读取，要么没有数据或数据不完整。然后数据代理会根据 NOAA 的档案持有情况检查这些数据块，并适当进行补救。这是开放数据版的开源软件。

如果某些数据集非常受欢迎且有价值，或者需要特殊服务以及时提供信息，或者新的人工智能算法需要立即可用的 PB 级数据进行整合，或者平台用户更喜欢新的格式，那么行业可以响应并构建它需要的服务以达到最佳效果。与此同时，NOAA 可以将其有限的资源集中在其任务上，包括开发和维护观测网络，生产权威的、高质量的数据集和模型预测，以及基于科学专长提供客观信息。

基于共享的私有或公共数据源的数据合作越来越受欢迎，但通常是针对正在共享的数据的一个或多个特定目标（Data Collaboratives, 2021）。一个更通用的公私合作伙伴关系，具有广泛定义的数据应用，例如 NODD 所体现的，仍然是一种合作，但也可能是一系列数据合作组织、实践社区和私营公司寻求创建新应用程序或信息产品的组织功能。如果合作关系，在这种情况下是 NODD，能够支持亚马逊网络服务所说的"无差别的繁重工作"，这对合作伙伴关系或合作组织内的所有成员都是有益的，那么这种关系对所有人都是有益的。NOAA 提供的管理服务确保了数据的良好组织和高质量，由于 CSP 和用户可以信赖这种管理，NODD 允许他们在数据价值链的更下游投入他们的劳动力，释放新的经济潜力和社会效益。请参阅文本框 4.5 中学到的经验教训。

4.5　大数据项目的经验。

BDP 在合作研究与开发协议（CRADA）阶段吸取的最重要的经验早在 2017 年就已确定，但此后已被反复证明，并为 NOAA 范围内的企业服务提供了坚实的基础，使所有利益相关者受益。

（1）对 NOAA 数据存在着可衡量的潜在需求，这些数据代表着尚未开发的经济和社会价值。

（2）合作伙伴的云平台为公众访问 NOAA 数据提供了优势，包括大大提高了用户服务水平，将地球科学数据转换为更易于消费的形式，轻松处理不断增加的用户数量和指数级增长的数据量，同时改善了 NOAA 的网络安全态势。

（3）云访问 NOAA 数据的副本在技术上是可行的。然而，大数据项目（BDP）面临的经济和文化挑战比技术挑战更多。这个项目是一项耗时的工作，主要基于人际关系。

（4）中间"数据代理"的角色已经成为一种有价值的功能和可能的企业服务，可以支持 NOAA 向商业云提供数据。这个受信任的代理本身访问 NOAA 联邦数据服务，并将数据重新分配给非联邦系统供公众访问，从而大大降低了联邦系统的暴露风险。CSD 还认识到数据代理角色和工作的价值。

（5）更广泛、更深入的用户对 NOAA 数据的更多使用也导致了对 NOAA 数据异常的更快速识别。虽然众所周知，来自用户的社区反馈可以可靠地促进开放数据集的改进，但通过在云平台上提供 NOAA 数据，可以加快这种改进的速度，从而实现更快、更广泛的使用。

（6）在商业云上提供数据对于 NOAA 数据的民主化具有巨大的潜力。没有强大的本地网络、存储和计算能力的小公司可以购买所需资源来处理 NOAA 数据，以生产增值产品和服务。

4.6　BDP 超出预期并演变为企业运营

2019 年，NOAA 将之前的大数据项目 BDP，通过与 Microsoft Azure、Google Cloud 和 AWS 签订独特合同，正式运营化。到 2022 年，BDP 通过 FY22 综合拨款法案，成为 NOAA 开放数据传播（NODD），一个通过云提供公共数据访问的运营企业服务。这些独特的合同纪念了 NODD 的公私合作伙伴关系，提供了免费、便捷的访问 NOAA 开放数据的途径，且不会给纳税人带来额外成本。根据内部 NODD-CISESS 分析，成本减免在 2021 年保守估计为 500 万美元。

这些独特的合同通过使用户易于访问 NOAA 数据来实现民主化，并且通过提供与云平台计算能力相配套的工具,数据分析变得更加容易。NODD 使得行业和研究社区加快新产品和服务的开发速度,并创造了新的经济活动和研究机会。NODD 提高了 NOAA 数据的使用和可用性,特别是对于中小型企业和初创公司,从而支持公平和平等机会,同时也允许对棘手问题,如野火探测,采用新的见解和新的方法。

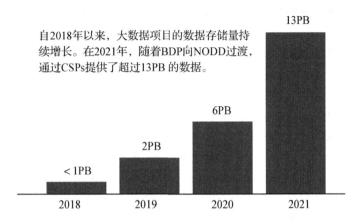

自2018年以来,大数据项目的数据存储量持续增长。在2021年,随着BDP向NODD过渡,通过CSPs提供了超过13PB 的数据。

例如,一家名为 Mayday.ai 的初创公司,起初只有一台笔记本电脑和 CSP 账户,一直在使用 NODD 数据训练其分析引擎,该引擎运用机器学习技术穿透部分云层;这使得 Mayday.ai 能够在火灾发生后最多 15 分钟内检测到大量的野火事件,并且远早于 911 电话报告事件。Mayday.ai 还提升了其部分云层检测技术,包括每 10 分钟进行一次闪电定位。这使得 Mayday.ai 能够迅速识别由闪电引起的火灾。如今,Mayday.ai 能够在 911 电话报告之前最早 4 小时从海拔 22,000 英里的高空监测到野火事件。

此外,NODD 提供了全球范围内轻松获取气候和环境信息的途径,提供了显著增加国家在获取数据方面的投资回报率(ROI)的机会。需要明确的是,所期望的 ROI 是使用数据来解决由气候变化引起的复杂社会经济挑战和机遇。为了支持这一结果,NODD 加速了在用途和应用方面的创新;鼓励创新的数据分析;并增加了地球系统科学的计算能力,这允许识别和弥补数据问题和空白;并支持全球范围内灵活的气候模型。NODD 还鼓励来自扩大的实践社区的反馈。自 2018 年以来,大数据项目数据存储容量持续增长。随着 BDP 向NODD 过渡,目前有超过 13PB 的数据和 220 多个数据集,包括气候数据记录(NOAA National Centers for Environmental Information,2021a)、气候常数(NOAA National Centers for Environmental Information,2021d)和 NclimGrid(NOAA National Centers for Environmental Information,2021c),这些都存储在三个云服务提供商上。此外,NODD 提供的数据和产品来自美国联邦管理的四大高影响力政府观测系统中的两个(Colohan & Stryker,2014)。云中 NODD 数据集的完整列表可在 https://www.noaa.gov/information-technology/big-data 上查看。

当这些数据和产品在云中公开可用时会发生什么? 不出所料,用户数量和用途都增加了。例如,下一代雷达(NEXRAD),在 362 个高影响力的美国联邦管理政府观测系统中排名第二,自 2015 年 10 月以来通过 NODD 提供服务(NOAA National Centers for Environmental Information,2019)。NEXRAD 数据现在比以往任何时候都有更多的用户。2016 年 7 月,仅 AWS 一个云平台的 NEXRAD Level Ⅱ 数据访问量就比 NCEI 同期的历史月均率高出 2.3 倍。向 NCEI 请求 NEXRAD Level Ⅱ 数据的数量减少了 50%,现在 80% 的

NEXRAD 数据订单由 AWS 提供（Ansari et al.,2018 BAMS）。在 NODD 上,超过 95％的 NEXRAD L2 访问是针对不到 5 分钟的数据,被认为是近实时的。

此外,将 NEXRAD 产品移至 NODD 已经产生了新的和独特的应用,这些应用以未预料的方式使用数据。例如,通过将数十年标准化的地面鸟类统计数据与 143 个本来用于探测雨量但能够捕捉穿越天空的"生物量"的雷达数据相互参照,研究人员确定北美在 50 年内损失了 30 亿只鸟类（Brulliard,2019）。

NOAA 的其他数据集也经历了类似的使用量增加,这清楚地表明 NODD 正在满足潜在需求,并且还改善了已经在云中或正在向云迁移的用户的数据传递。一个例子是来自地球静止业务环境卫星 R 系列（GOES-R）（NOAA & NASA,2021）的数据,这是国家最先进的地球静止气象卫星舰队,在 362 个高影响力的、由美国政府管理的观测系统中排名第四,这些数据在所有三个 NODD CSPs 上都可以获取。从 2020 年 10 月到 2021 年 7 月,超过 10PB 的 GOES-R 数据在 NODD 上被访问。2021 年 7 月,每传输一个字节,至少有 30 倍的数据量被云中的用户访问。此外,NODD 是公众免费访问 NOAA 近实时 GOES-R 系列数据的唯一来源。GOES-R 数据可以通过 NCEI、NOAA 档案访问,但不是近实时的。购买地面站或地面站的订阅也是一种选择,但可能成本过高。

2021 年 5 月至 7 月期间,NODD 与美国国家气象服务（NWS）合作,进行了针对三个 NOAA 操作模型归档与分发系统（NOMADS）模型数据集的云端访问演示项目:全球预报系统（GFS）、快速更新（RAP）和高分辨率快速更新（HRRR）。NWS 的目标是测试从一般可用性角度访问数据,并了解用户对云数据交付的兴趣,同时可能减少对 NOMADS 基础设施的需求（NOAA National Weather Service,2021a）。

这次示范显示对 GFS 模型数据的访问请求不断增加,以及 HRRR 的获取率保持稳定。该示范还证明了 NODD 能够在单日内处理 14 亿次 HRRR 的访问,而不减少任何其他用户的容量。NODD 鼓励用户进行交流,并且他们分享了极为积极的反馈。用户喜欢事件驱动的通知,例如 AWS 上的简单通知系统,它使得用户在数据到达时得到通知,而不是反复检查源系统,从而减少了用户和源系统的压力。用户还喜欢 NODD 对 NOMADS 数据结构的镜像;他们喜欢访问的便利性,数据下载的效率,包括云对云传输,以及他们喜欢三种不同云服务提供商的选项。NOMADS 示范吸引了来自多元化领域的用户,包括各种解决方案提供商和创新者。这些用户中有许多显然非常欣赏近实时的交付。

尽管在演示过程中确实出现了挑战,但这些挑战是可以解决的,它们为改进服务提供了机会。NODD 已经解决了最初的数据流程问题,并且在问题出现时继续审查和改进传输流程。每个数据集都有一点不同。由于目前获取数据的方法,延迟可能是一个问题;NODD 正在与 NWS 和其他机构密切合作,开发解决方案以减少云中的延迟和潜在延迟。NODD 正在评估当前 NWS 本地功能的替代方案,例如 GRIB 过滤器（数据解析）,它在云中不可用,导致文件须完整下载而不是选择性下载。

NODD 曾经被认为仅仅是通过云提供存档数据的服务,现在它显示出作为 NOAA 近实时数据来源的真正潜力。这包括 GOES-R 和选定的 NOMADS 数据集,以及到目前为止约 95％的 NEXRAD Level Ⅱ 数据。联合极地卫星系统（JPSS）是继苏奥米国家极地轨道伙伴关系（S-NPP）卫星之后的项目,该卫星在高影响力联邦管理的观测系统名单上排名第 14 位,并且应该在 2022 财政年的 NODD 上可用。

4.7　云用户参与

NODD 为公众、私人和学术部门的多样化用户群提供免费的公共访问权限,这些用户能够通过云体验到改进的 NOAA 数据访问,从而实现创新的数据分析和决策制定。

在与 CSPs 合作并在合作研究所数据代理 CISESS 的协助下,NOAA 已经开始了用户参与活动,以了解数据使用和访问模式、高度感兴趣的数据集、用户需求和应用、用户对基于云的数据的体验,以及从用户的角度看基于云的数据访问价值。迄今为止,NODD、CSPs 和 CISESS 之间的合作使用了多种方法和模式来接触用户并使用户基础多样化,包括以下几点:

(1) 社交媒体通知,包括每周数据集;

(2) 协作博客开发,记录用户的经验和应用;

(3) 共同开发教育研讨会、网络研讨会、圆桌会议和专项活动;

(4) 参与专业、行业和科学会议、工作坊和圆桌会议,以及与用户和 CSPs 的其他合作;

(5) 通过电子邮件直接支持用户关于数据请求、信息、中断或一般咨询,这使得 NODD 能够识别最感兴趣的数据集,解决用户对延迟的担忧,回答用户问题,处理格式转换请求,并发现数据的行业用例,同时适当地涉及 CSP 或 NOAA 数据科学家或程序员。

4.7.1　用户参与的早期洞察

上述列出的协作模式和方法在验证基于云的访问价值主张方面具有意义,并且在数据格式、访问方法和数据规模等其他主题上产生了反馈。这些反馈的早期洞察显示用户更喜欢包括数据层和云分析能力的定制化分析。用户还强调了快速、临时分析数据的重要性,以及整合和应用多种数据类型的能力。用户不希望搜索、查找、下载、重新格式化、子集和合并数据类型。相反,用户更喜欢有助于在云中加速分析的云友好格式的环境数据。用户希望数据格式能支持数据仓库,如 Parquet 格式,或栅格数据的表格版本。其他来自用户和云合作伙伴的反馈表明,他们希望对数据交付有更强的承诺,并降低数据交付的延迟,以及对其他数据集的简单兴趣。

NODD 用户参与支持 GOES-R 卫星系列的程序化,其中 NODD 正与 CSPs 合作,通过博客、访问教程、协调活动和社交媒体信息,提高对 GOES-R 数据使用的认识并增加能力。GOES-R 程序化参与方法是根据数据传播和分析监控来制定的。

如前所述,NODD 活动迄今为止已经在云合作伙伴上提供了大约 2.2 PB 的 GOES-R 数据。CISESS 的数据监控和指标显示,从 2020 年 10 月到 2021 年 7 月,已经有超过 10 PB 的 GOES-R 数据从云中被访问。NODD 的数据分析和监控还揭示了 2021 年 7 月,每传输一个字节的数据代理,云中的用户至少访问了 30 倍的数据量。

GOES-R 数据是从云中访问的热门数据产品。虽然定义为 5 分钟以上的旧数据可以从 NCEI 访问,但唯一的近实时公共访问这些数据且不收费的方式是通过 NODD。CISESS 为用户提供了订阅 AWS 上的简单通知系统(SNS)或 Google 上的 PubSub 的选项。这些订阅允许用户在数据到达时得到通知,而不是不断地查询数据源,减轻了用户和数据源系统的压力;截至 2021 年 9 月 7 日,有超过 440 个活跃的订阅 GOES-R 数据的 BDP 用户。云合作伙伴也注意到了数据集的受欢迎程度,并愿意接收数据,而不将其计入 NOAA 云存储的配额。NODD 正在进一步扩展 GOES-R 用户参与目标,与来自其他国家的用户以及国内的新兴用户合作,举办教育研讨会或其他专项活动,以多样化 GOES-R 用户群。GOES-R 用户参与努力帮助 NODD 了解用户社区与数据的互动,哪些数据集最受关注和优先,数据格式偏好,延迟问题以及其他需求,这反过来又改善了传播途径。

4.7.2 数据分析与衡量用户参与度的指标

用户参与策略和战术性用户互动需要努力开发数据传播路径,以及分析用户在云端对数据的访问、行为和互动模式。高效数据传输和数据流路径的开发取决于数据集的类型、数据来源的 NOAA 系统、NOAA 各行业部门的技术基础设施,以及来自用户和云合作伙伴关于数据需求的反馈。技术数据传播方法包括对诸如 Globus、GridFTP 和 Apache NiFi 等方法论的持续研究,提供用户通知订阅,以及理解数据格式和转换,包括源系统提供的格式和用户所需的格式。

目前,NODD 和 CISESS 通过一个数据分析工具进行数据分析,并提供数据使用指标,该工具监控云存储和数据传输,并在仪表板上进行可视化。虽然每个 CSP 都有专有的方法,但 NODD 数据分析工具提供了一个跨平台(云)架构,用于编译和显示有关选定数据模式的信息,例如存储和导出。这正在被推广,以便为 NOAA 合作伙伴对其数据持有情况、传输状态、导出统计和其他指标提供更深入的理解。

NODD 利用数据分析工具的洞察来理解数据使用模式,并寻找用户参与的潜在机会。然而,由于用户无需注册或认证即可在云上访问数据,因此需要采用不同的方法来开发用户分析,并且管理云合作伙伴的隐私政策严格限制了他们使用用户的个人身份信息,因此限制了 NOAA 和 CISESS 获取任何用户信息的能力,所以获取用户分析信息以获得深入的洞察见解是有限的。

尽管存在限制,NOAA 认识到并重视基于用户互动和沟通,理解用户需求的使用模式的重要性。CSPs 有支持用户的需求,这与 NOAA 的需求相关联,因此他们有动力支持 NODD 的用户参与努力。NODD 继续与每个 CSP 合作,了解他们能提供哪些与用户相关的数据,这些数据是多样的。然后,这些信息将被用来评估云访问数据对用户的价值,以及参与互动本身的价值。预算同时也限制了 NODD 设计和开发有效且可操作的数据分析和度量工具。

4.7.3 NODD 支持可持续性方面的行业挑战

用户正在请求 NODD 的云合作伙伴提供环境数据,以应对他们的可持续性以及其他环境、社会、治理、公平和社会挑战。行业部门的用户正在寻求与云合作伙伴的接触,并且也有兴趣与 NOAA 建立联系,以提高他们对数据持有情况的理解,以及如何通过云服务使这些数据可用。在这些协同合作伙伴关系中,由 NODD 提供了 NOAA 数据支持行业的环境、社会和治理(ESG)风险指标,而云合作伙伴则使数据传播的深度和广度的扩展以及用户参与成为可能,所有这些都提供了 Kathryn Sullivan 博士所设想的全球投资回报潜力。

ESG 这个术语经常被用来描述一种新兴的投资理念,或者与可持续投资这个术语可互换使用。许多公司和组织在做出投资和其他决策时会考虑环境、社会和治理因素,与财务因素并重。在这个背景下,"环境"通常包括气候、自然资源使用、污染和废物、清洁技术和可再生能源。"社会"包括人力资本、产品责任、数据隐私、健康和安全。"治理"涉及会计实践、所有权、董事会独立性和伦理。

由于气候对投资、运营或估值造成风险,越来越多的公司开始或被要求披露和透明化其 ESG 指标(Lee,2021)。这不仅对风险管理至关重要,而且许多客户和投资者也期望这样做,甚至在某些领域是必须的。那些衡量和报告其可持续性和 ESG 指标的公司,除了披露其排放进展外,通常具有更高的估值。在云端访问环境数据,促进了分析能力的提升,它连接和整合了大量异构数据,帮助公司和行业投资者在各种决策中将 ESG 因素与财务因素并重考虑。这种整合和高级分析通过在云中容易发现的 NOAA 环境数据变得更加可行。

NODD 是支持建立气候变化与可持续性之间跨学科关系所需复杂系统分析的关键一步。和适应及韧性策略一样基于云的环境数据访问,支持"异构数据和模型的整合,以及环境与社会因素之间关系的探索在气候挑战和减缓方面可以发挥关键作用"(Viktor et al.,2021,p.20)。

4.7.4 推进 NODD 用户参与

气候变化的影响日益显著和广泛,尤其在服务不足和脆弱社区其影响更为严重。韧性、适应和减缓策略需要民主化、可靠和持续地获取相关数据,以便能够进行高级分析和计算方法,从而开发出创新的解决方案。对于公共和私营部门来说,开放、免费的公共获取健全、可靠和全面的环境数据是创新和应对气候相关风险能力的关键和基本组成部分。NOAA 数据在云中的可用性通过民主化和多样化的访问加速了这一能力。这为各种规模的用户提供了独特的机会,特别是小型企业、初创企业和服务不足的人群,他们可以通过云访问数据进行创新,特别是在地球观测能够提供对环境压力因素(如野火、热带气旋和极端降水)洞察的领域。

NODD 正在支持 NOAA 向云计算的转型,并且是一个已经推动了 NOAA 作为权威数据提供者和数据用户双方范式转变(R2O)的成功实验。这种向云访问和分析的转变要求 NOAA 在用户参与努力上也进行转变。NODD 认识到,以数据为驱动的用户参与意味着对用户交互进行动态、迭代和持续的强调。NOAA 和 CSP 合作伙伴已经认识到,环境数据通过动态的、迭代的、不断发展的持续参与模式实现增值,这对 NOAA、数据提供者和用户都有益。

展望未来,NODD、云合作伙伴和 CISESS 旨在利用多边和行业聚焦的参与策略来扩大 NOAA 环境数据的使用、应用和价值,并开展活动,以加强和多样化与 NOAA 其他部门、其他联邦机构以及传统黑人大学(HBCUs)的伙伴关系和合作。NODD 专注于更广泛的覆盖范围和有意向的用户参与,响应用户和云合作伙伴关于其他联邦机构数据的查询,提供更多海量数据的访问,支持开发云端可用格式和数据字典,以及其他推进与综合数据集一起进行计算分析的主题。

4.8 挑战与机遇

4.8.1 格式转换与基于云的工具

除了当前分布模式的局限性外,理解和利用数据的含义通常也不是直截了当的。提供数据的格式通常是标准化的,但这些标准大多是环境科学界在过去 30 年中采纳的,并不一定在该界外被广泛理解或采用。例如,这些社区数据标准包括 GRIB、NetCDF 和 HDF (National Center for Atmospheric Research,2020)这样的格式。其中描述的环境量,甚至用来界定这些量的词汇,对于目前这些数据的主要消费者——环境科学家来说,都是很好理解且精确描述的。然而,真正的公众使用 NOAA 数据意味着数据应该能够被理解地理数据和时间序列基础知识的人使用,但这个人可能不持有气象学、海洋学、大气科学或渔业科学的博士学位。NOAA 在执行其联邦授权任务过程中收集的数据是以支持 NOAA 的数据分析和信息服务要求所必需的科学格式存在的,并不一定为了便于公众解读而优化。

当 NOAA 数据发布到 CSPs 平台上时,这些数据通常作为对象存储在它们的云存储服务中。NOAA 的天气雷达和卫星图像已经以这种方式存储,用户可以直接从这些对象存储中访问数据。虽然 BDP 的使用方式有所增加,但它要求用户理解原始数据格式和他们量化的数据环境的复杂性。

格式转换的最简单例子是解压缩数据集,例如 NCEI 的全球历史气候网络(GHCN)每日产品(GHCNd)(NOAA National Centers for Environmental Information,2021b),该产品提供的是压缩形式。当一个数据块到达 CSP 时,这是一个无需用户支付费用的事件驱动过程,并且会提供逗号分隔版本。

格式和过程演变的另一个例子是紧急响应图像(ERI)(NOAA National Geodetic Survey,2020)的云存储,这是 NOAA 国家大地测量调查提供的产品。最初发布为 JPEG 图像,格式后来改为 GeoTIFF,最终基于用户需求改为 COG 格式。此外,目前的云数据是由国家大地测量局直接更新的,而不是由数据代理更新。因此,在经历严重天气事件后的飞机飞越数小时内,云数据就会被更新,允许更即时地评估影响和做出响应。这种演变改善了用户对 ERI 的访问,并最小化了访问延迟和云资源的使用。

一种替代或补充的方法是将 NOAA 数据集成到 CSPs 平台上的基于云的工具中。这种策略与仅仅在云上提供原始 NOAA 数据文件相比最有可能增加使用量,因为数据格式问题已经被解决,而且数据的含义至少部分地通过它们在工具中的上下文来传达。当 NOAA 数据被集成到用户已经习惯使用的那些现有基于云的工具中时,已经观察到了最有效和高效的利用,例如谷歌的 BigQuery 服务。消费者能够在一个熟悉的框架内发现并使用 NOAA 数据,因为它们出现在其他他们感兴趣的数据旁边。在 BigQuery 的例子中,谷歌为订阅者提供了一个免费但有限的服务层,以允许开放访问 NOAA 数据,而更高级的用户可能会支付费用来分析更大的数据量或更高的频率。然而,需要机构专家和 CSP 工作者来正确地将 NOAA 数据加载到任何此类工具中。

在 BDP 实验阶段,观察到 CSPs 采用了其他策略来鼓励使用数据和分析工具。其中一种方法是在一个公共的环境中布置所有部分,包括数据、代码、库和文档,构成了一种"需要一些组装"的方法。这对于至少对数据和主题内容有一定了解,并且希望创建定制产品和服务的研究人员和开发人员来说,似乎是有用的。开放共享联盟采用这种方法帮助记者使用复杂的 NOAA 卫星数据创建了一个故事地图,描述了 2017 年天气条件的轻微变化是如何阻止飓风艾尔玛成为一个更具破坏性的风暴,直观地突出了这些变化是如何防止佛罗里达州一些人口最多的城市发生更高水平的洪水和损害(Lash & Bedi,2017)。

另一种观察到的方法是通过在平台上提供数据和其他人可使用的低级工具来鼓励"数据生态系统"的增长;AWS 经常使用这种方法,例如在上述其成功托管的 NEXRAD Level Ⅱ 数据中就是这样做的。目前,笔记本,一种混合文本/代码构造(例如 Jupyter Notebooks;Jupyter,2021)被视为加速使用 NODD 的交付工具数据集。CSP 鼓励并激励其他方加入共同推动所需的实施工作,并将帮助组织专注于共同问题或感兴趣主题的用户社区。

在实验阶段产生了多种服务和接入点。然而,NODD 公共访问服务是由 AWS(Amazon Web Services,2021)、GCP(Google Cloud Platform,2021)和通过其行星计算机的 Microsoft Azure(Microsoft planetary Computer,2021)提供的。所有用户,包括公众以及其他商业和研究团体,都可以从这些平台上访问、使用和下载 NOAA 数据,而且不会产生出站费用。

Pangeo(Pangeo,2021)作为正在开发工具,主要以 Jupyter Notebook 的形式,用于对 NOAA 和其他基于云的环境数据进行转换。最近的一个例子是将国家环境预测中心高分辨率快速更新(NOAA Global sysfems Laboratory,2021)数据集转换为 Zarr 格式(Jupyter nbviewer,2021)。Pangeo 及其合作伙伴开发了转换和接入工具,旨在将 HRRR 从 GRIB2(FileInfo.com,2021)转换为 Zarr(Zarr,2021),这提高了访问性并最小化了云使用资源和出站量。

4.8.2 关注数据质量和来源

传统的 NOAA 数据用户信任这些数据是高质量的,因为它们是直接从 NOAA 的联邦数据服务中获得的。但如果用户是从 CSP 的云平台而不是 NOAA 资源中访问 NOAA 数据,他们还会信任这些数据吗? 用户如何确保这些平台上的数据未经更改,仍然与原始 NOAA 来源的数据同样高质量?

NOAA 作为环境数据的权威来源,有责任建立和支持数据质量。鉴于有多种技术解决方案,在 NODD 内部以及跨 CSP 平台建立 NOAA 数据的来源和真实性是可能的。NOAA 可以为其发布的每个数据文件计算校验和,用户可以通过检查这些校验和来验证数据的真实性和准确性。使用安全方法如加密哈希来验证文件级数据的准确性,或使用区块链技术来确定数据的来源等更复杂的方案是可能的,但也需要额外的计算工作。NODD 认识到,验证数据是否是文件级别的精确副本(如文件校验和)的价值将开始下降,因为数据从原始文件中提取出来并且插入到基于云的工具中。在这些情况下,工具本身可能会通过审查过程进行评估和认证,以保持输入数据的真实性。

NODD 还帮助识别并解决了 CSP 数据持有量与 NOAA 目录之间的不一致性。针对天气雷达数据的情况,用户对数据中明显的不连续性表示关注,数据代理能够独立验证超过 3 亿个文件,并在几周内与 AWS、GCP 和 OCC 上的整个天气雷达数据持有量与官方 NOAA 档案清单进行对账。由于 CSPs 平台的访问便捷且快速,因此可在短时间内对如此规模、包含多个基于云数据存储的 NOAA 档案进行对账。

如引言中所述,NODD 是一个不断发展的项目。在 CRADA 阶段早期,大多数数据传输是通过定制软件完成的。随着 NiFi(Apache NiFi,2021)这一开源数据流工具的广泛实施，这一范式已经演变，大多数数据代理传输都采用了 NiFi。NiFi 的实施提供了工作流定义和监控能力，并改善了溯源跟踪，是一种易于扩展的云实现，包括平滑恢复选项，并提高了弹性。由于每次数据传输都是一个事件，CSPs 可以提供事件通知，最终用户可以(也确实)使用这些通知来启动他们对数据集的使用。这改变了最终用户的范式，从寻找可用的数据变为被通知数据可用并启动他们特定的活动，这是对每个人资源更高效的使用方式。

4.9　未来的愿景

在不那么遥远的过去，仅仅拥有可以分发给他人的开放政府数据的访问权限就是一个重大的商业优势，本身就可以货币化。但现在，随着联邦开放数据通过许多不同的方式被广泛获取，信息服务社区是否会出现类似于开放软件普及后那样的转变呢？NOAA 与云计算和 DaaS 行业持续成功的公私合作伙伴关系的一个结果将是 NOAA 开放数据的无处不在和民主化，触及多样化的用户和创新者。获取那些开放数据将不会困难，但利用这些数据并提供可操作信息的能力将成为挑战。人工智能(AI)和机器学习(ML)工具已经作为大多数云基础设施平台上的商品，将被大量利用以便更好地理解 NOAA 环境数据以及社会经济、健康、商业和其他数据的大量信息。

跨学科数据的互操作性，这在过去几十年一直是一个持续的难题，通过 AI/ML 翻译和图形应用技术，这一问题可能会更容易解决，这些技术允许充分利用数据和应用程序之间的关系。由于这些数据同时将提供无处不在的处理能力，未来的数据合作将能够很好地定位，以提取这些数据和关系中的全部价值，并实现与其他数据源的整合。联邦机构和行业之间的其他数据合作已经开始发展，允许更容易、更快速地综合分析不同类型的数据。国家卫生研究院(NIH)已经与 GCP 合作，在一个名为 STRIDES(科学和技术研究基础设施用于发现、实验和可持续性)计划中，降低利用生物医学数据的经济和技术障碍。其他联邦机构也在效仿，并探索与行业的数据合作，以便更容易地访问和计算联邦公共数据。NOAA/NESDIS 目前正在通过其他交易权限(NOAA National Ewironment Satellite, Data, and Information Service,2021)与 GCP 优化特定的 NOAA 数据集，以便进行 AI/ML 分析。

云技术和开放数据的可用性必须利用有效的社会协作和综合系统思维来实现共同目标，以推进地球系统分析和可持续性目标。云计算和基础设施可以通过整合不同的和异构的社会、环境和经济数据来指导决策制定和激发创新。它使组织能够应对复杂的气候和公平挑战，并提供最小化电子垃圾和通过"绿色数据中心"优化能源消耗的可持续计算选项。基于云访问的 NOAA 数据加速了可扩展技术解决方案，如智能电网和智能建筑，这些解决方案可以进一步实现可持续目标。

NODD 的十年愿景包括将 NOAA 的计算和存储服务迁移到云端，为大量访问的数据集开发优化云的形式，为所有大量使用的数据集提供记录期数据持有，NOAA 产品生成器将数据直接推送到公共可访问的云存储中，开发基于社区的 NOAA 数据集管理模型，实施开源元数据方法用于 NOAA 数据持有，改善 NOAA 主题专家(SMEs)与用户的连接，通过参与和反馈，提高对最终用户信息需求的理解，以及提供一个随时可用的数据度量仪表盘显示数据可用性。这种多元化的愿景虽然具有挑战性，但可以在 NOAA 企业级别实现，并将显著扩大 NOAA 数据的使用范围，同时为国家的投资提供全球经济回报。

致　谢

NODD 团队衷心感谢自 2015 年以来参与这一创新公共数据访问机制贡献了技能和关注的各人员。他们的努力和奉献使 NODD 成为可能，并为本章节做出了贡献。感激激励并促成 BDP 的领导者们（前 NOAA 局长 Kathryn Sullivan；前美国商务部长 Penny Pritzker；NOAA 运营副部长 Ben Friedman；NOAA 首席信息官 Zach Goldstein）。在 BDP 成功中发挥作用的联邦雇员（David Michaud、Amy Gaskins（前）、Andy Harris、Ed Kearns（前）、Adrienne Simonson、Jon O'Neil、Patrick Keown、Jack Settelmaier、Jena Kent、Erin Wells、Natalie Donoho、Nancy Ritchey、Glenn Talia、Derek Hanson、Derek Parks、Marcelle Loveday、Eric Olmstead 和 Michael Conroy）；BDP 咨询委员会成员，以及许多提供支持的其他人士。在 BDP 早期分享行业最佳实践的总统创新研究员（Maia Hansen 和 Alan Steremberg）。支持还来自于 Sca Grant Knauss 研究员（Kate Szura 和 Matthew Chase Long）。在 BDP 上发挥作用的联邦承包商（前）（Shane Glass 和 Kevin Tukei）。我们不可或缺的 NOAA 卫星地球系统研究合作研究所（CISESS）的合作伙伴（Otis Brown、Jonathan Brannock、Jenny Dissen 和 Scott Wilkins）。云服务提供商人员众多，无法一一列举，但特别感谢来自亚马逊网络服务（Jed Sunderland、Ana Pinheiro-Privette、Joe Flasher、Zac Flamig、Conor Delaney（前））、开放共享联盟（Bob Grossman 和 Zac Flamig（前））、微软 Azure（Laura Dobbs（前）、Tim Carroll 和 Dan Morris（前））和谷歌云（Lak Lakshmanan、Shane Glass 和 Michael Hammoto Tribble）的团队成员。

参考文献

[1] Amazon Web Services (2021). *Open data on AWS.* https://aws.amazon.com/ opendata/? wwps-cards.sort-by＝item.additionalFields.sortDate&.wwps-cards.sort-order＝desc.

[2] Ansari, S., Del Greco, S., Kearns, E., Brown, O., Wilkins, S., Ramamurthy, M., et al. (2018). Unlocking the potential of NEXRAD data through NOAA's BigData Partnership. *Bulletin of the American Meteorological Society*, 99, 189—204.https://doi.org/10.1175/BAMS-D-16-0021.1.

[3] Apache nifi (2021). *Apache nifi.* https://nifi.apache.org/.

[4] AWS Public Sector Blog Team (2017). *NOAA keeps citizens informed of eclipses and hurricanes with Amazon CloudFront.* Amazon Web Services. https://aws.amazon.com/blogs/publicsector/noaa-keeps-citizens-informed-of-eclipses-and-hurricanes-with-amazon-cloudfront/.

[5] Brulliard, K. (2019). *North America has lost 3 billion birds in 50 years. Washington-Post.* https://www.washingtonpost.com/science/2019/09/19/north-america-has-lost-billion-birds-years/.

[6] Colohan, P., & Stryker, T. (2014). *The national plan for civil earth observations.* Presentation, National Research Council Committee on Earth Science and Applications from Space, Washington, D.C. https://sites.nationalacademies.org/cs/groups/ssbsite/documents/webpage/ssb_153133.pdf.

[7] Data Collaboratives (2021). *Data collaboratives creating public value by exchanging data.* https://datacollaboratives.org/.

[8] Data.Gov (n.d.). *The home of the U.S. government's open data*. https：//www.data.gov/.

[9] Exploring Commercial Opportunities to Maximize Earth Science Investments(2015). *Hearing of the House Committee on Science*, Space and Technology, Subcommittee on Environment. https：//docs.house.gov/meetings/SY/SY16/20151117/104181/HHRG-114-SY16-Wstate-PaceS-20151117.pdf.

[10] FileInfo. com (2021). *GRIB2 file extension*. https：//fileinfo.com/extension/grib2.

[11] Foundations for Evidence-Based Policymaking Act of 2018, 44 U.S.C. § 3504(b)(2019). https：//www.govinfo.gov/content/pkg/PLAW-115publ435/pdf/PLAW-15publ435.pdf.

[12] Google Cloud (2021). *BigQuery public data sets*. https：//cloud. google. com/bigquery/public-data/.

[13] Jupyter (2021). *Jupyter*. https：//jupyter.org/.

[14] Jupyter nbviewer (2021). *Explore the High Resolution Rapid Refresh (HRRR)model archive*. https：//nbviewer.jupyter.org/gist/rsignell-usgs/4edfff890a7a18f97-eaef42d647ec534.

[15] Konkel, F. R. (2015). *NOAA tries 'oddball' approach to harnessing big data. Nextgov*. https：//www.nextgov.com/analytics-data/2015/09/noaa-tries-oddball approach-harnessing-big-data/120821/.

[16] Lash, N., & Bedi, N. (2017, September 20). *A matter of miles*. Tampa Bay Times：https：//projects.tampabay.com/projects/2017/hurricane-irma/matter-of-miles/.

[17] Lee, A. H. (2021). *Climate, ESG, and the Board of Directors：You cannot direct the wind, but you can adjust your sails*. U.S. Securities and Exchange Commission. https：//www.sec.gov/news/speech/lee-climate-esg-board-of-directors#_ftn27.

[18] Microsoft Planetary Computer (2021). *A planetary computer for a sustainable future*. https：//planetarycomputer.microsoft.com/.

[19] NASA Office of Inspector General Office of Audits (2020). *NASA's management of distributed active archive centers. National Aeronautics and Space Administration*. https：//oig.nasa.gov/docs/IG-20-011.pdf.

[20] National Academies of Science, Engineering, and Medicine (2018). *Thrivingon our changing planet：A decadal strategy for earth observations from space*. Washington, D.C.：The National Academies Press. https：//doi.org/10.17226/24938.

[21] National Center for Atmospheric Research (2020). *Analysis tools and methods common climate data formats：Overview*. https：//climatedataguide. ucar. edu/climate-data-tools-and-analysis/common-climate-data-formats-overview.

[22] NOAA (2021). *About our agency：Our mission and vision*. National Oceanic andAtmospheric Administration. https：//www.noaa.gov/our-mission-and-vision.

[23] NOAA Global Systems Laboratory (2021). *The High-Resolution Rapid Refresh (HRRR)*. National Oceanic and Atmospheric Administration. https：//rapidrefresh.noaa.gov/hrrr/.

[24] NOAA National Centers for Environmental Information (2019). *NOAA Next Generation Radar (NEXRAD) level 2 base data*. National Oceanic and Atmospheric Administration. https：//www.ncei.noaa.gov/access/metadata/landingpage/bin/iso? id＝gov.noaa.ncdc：C00345.

[25] NOAA National Centers for Environmental Information (2021a). *Climate data records*. National Oceanic and Atmospheric Administration. https：//www.ncei.noaa.gov/products/climate.

[26] NOAA National Centers for Environmental Information (2021b). *Global Historical Climatology Network daily (GHCNd)*. National Oceanic and Atmospheric Administration. https：//www. ncei. noaa.gov/products/land-based-station/global-historical-climatology-network-daily.

[27] NOAA National Centers for Environmental Information (2021c). *NOAA Monthly U. S. Climate*

Gridded Data set（NClimGrid）. National Oceanic and Atmospheric Administration. https：//www.ncei. noaa.gov/access/metadata/landing-page/bin/iso? id＝gov.noaa.ncdc：C00332.

［28］NOAA National Centers for Environmental Information（2021d）. *U.S. climate normals.* National Oceanic and Atmospheric Administration. https：//www. ncei. noaa. gov/products/land-based-station/us-climate-normals.

［29］NOAA National Environmental Satellite，Data，and Information Service（2021）. *NESDIS/ Google artificial intelligence prototyping initiative.* National Oceanic and Atmospheric Administration. https：//www. nesdis. noaa. gov/about/documents-reports/nesdisgoogle-artificial-intelligence-prototyping-initiative.

［30］NOAA National Geodetic Survey（2020）. *Emergency response imagery.* National Oceanic and Atmospheric Administration. https：//storms.ngs.noaa.gov/.

［31］NOAA National Ocean Service（2021）. *NOAA strategy to enhance growth of American blue economy. National Oceanic and Atmospheric Administration.* https：//oceanservice. noaa. gov/economy/blue-economy-strategy/.

［32］NOAA National Weather Service（2021a）. *NWS partners webinar：Leveraging the cloud for numerical weather prediction data*［PowerPoint Slides］. National Oceanic and Atmospheric Administration. https：//www. weather. gov/media/wrn/calendar/FINAL_％20NWS％20Partners％20Webinar％20Discussion％20on％20Leveraging％20the％20Cloud％20for％20NWP_％20June％2030％2C％202021.pdf.

［33］NOAA National Weather Service（2021b）. *Weather-ready nation enterprise.* National Oceanic and Atmospheric Administration. https：//www. weather.gov/wrn/enterprise.

［34］NOAA Office of the Chief Administrative Officer（2021）. *NAO 216-107A：NOAA policy on cooperative institutes（Order 216-107A）.* National Oceanic and Atmospheric Administration. https：//www. noaa.gov/organization/administration/nao-216－107-noaa-policy-on-cooperative-institutes.

［35］NOAA Office of the Chief Information Officer（2021）. *Big data program.* National Oceanic and Atmospheric Administration. https：//www.noaa.gov/information-technology/big-data.

［36］NOAA Technology Partnerships Office（n. d.）. *Cooperative Research and Development Agreements（CRADAs）.* National Oceanic and Atmospheric Administration. https：//techpartnerships.noaa. gov/Partnerships-Licensing/CRADAs.

［37］NOAA ＆ NASA（2021）. *Geostationary operational environmental satellites-R series.* National Oceanic and Atmospheric Administration. https：//www.goes-r.gov/datarecords

［38］North Carolina Institute for Climate Studies（2019）. *The Cooperative Institute for Satellite Earth System Studies（CISESS）.* https：//ncics.org/programs/cisess/.

［39］Pangeo（2021）. *Pangeo A community platform for big data geoscience.* https：//pangeo.io/

［40］Viktor，S.，Czvetkó，T.，＆ János，A.（2021）. The applicability of big data in climate change research：The importance of system of systems thinking. *Frontiers in Environmental Science*，70. https：//doi.org/10.3389/fenvs.2021.619092.

［41］U. S. Department of Commerce（2015）. U. S. Secretary of Commerce Penny Pritzker announces new collaboration to unleash the power of NOAA's data. *Press release.* https：//2014—2017.commerce.gov/news/press-releases/2015/04/us-secretary-commerce-penny-pritzker-announces-new-collaboration-unleash. html.

［42］World Meteorological Organization（n.d.）. *Home page.* https：//public.wmo.int/en Zarr（2021）. *Zarr.* https：//zarr.readthedocs.io/en/stable/.

5 基于云的地球观测分析的数据立方体架构

Peter Wang[1], Robert Woodcock[2], Ronnie Taib[1], Matt Paget[2], 和 Alex Held[2]

1. 澳大利亚联邦科学与工业研究组织 Data61,悉尼,新南威尔士州,澳大利亚;

2. 澳大利亚联邦科学与工业研究组织地球观测中心,堪培拉,澳大利亚首都特区,澳大利亚

随着数据量的增加和公众成为增长最快的用户群体,地球观测数据和分析正在经历一个质的飞跃。开放数据立方体(ODC)通过将数据存储和管理的问题的关注点与用户及其分析分离,解决了这一挑战。ODC 最初是使用适合高性能计算(HPC)的基于文件的存储开发的。我们为部署在亚马逊网络服务(AWS)上的 ODC 实现了一个新颖的云数据存储和作业执行组件。ODC S3 Array IO (S3AIO)模块利用多个弹性计算云节点的横向带宽,使用并行数据传输和一种新颖的存储安排。我们的基准测试显示,S3AIO 模块是可扩展的,提供与网络通用数据表单文件相似的写入性能和相当或更快的读取性能。ODC 云实现为地球观测社区提供了跨多个计算平台的高效数据和分析基础设施的基础。

5.1 引 言

卫星地球观测(EOs)是独特的时空序列,它们提供了对地球表面的动态观察。研究和进展已经提供了一系列跨环境、经济和社会学科的 EO 应用,并且覆盖了从局地到整个星球的各种空间尺度(CEOS,2018)。从十年长期任务到实时更新的深度时间序列支持了林业、气候变化甚至经济趋势中各种历史和实时变化检测应用。

时间和空间分辨率更高的传感器、新型传感器的创建以及商业和政府 EO 任务的大幅增加,导致了 EO 数据获取速率和体量的大幅增长。人们的预期是,当 EO 数据与日益增加的、尤其是在云端的可用计算能力结合处理时,将会从 EO 中获得比如今更大的价值。为了满足这一预期,需要在 EO 价值链和应用开发中进行改进,以克服处理 EO 数据所面临的重大挑战(Woodcock et al.,2016)。

已经实施了多种解决方案,涵盖从复杂的数组数据库管理系统如 Rasdaman (Baumann et al.,1997)、SciDB(Stonebraker et al.,2014)和 EXTASCID(Cheng & Rusu, 2013)开始,这些系统支持包括但不限于 EO 的一系列基于数组的应用。其他努力如 GeoTrellis(Eclipse Foundation Inc,日期不详)和 Google Earth Engine 专注于面向用户的对地球观测数据的接口。

2014 年,澳大利亚地球科学局、联邦科学与工业研究组织(CSIRO)和国家计算基础设施(NCI)合作,创建了澳大利亚地球科学数据立方体(AGDC)(Lewis et al.,2017),这是一个集成的地球观测分析环境,用于大陆尺度的、十年时间序列分析,并部署在一个集成的高性能计算(HPC)和数据(HPD)系统上。整个澳大利亚大陆自 1987 年至 2015 年的 Landsat 数据,都可在一个高性能文件系统上作为可分析数据(ARD)获取,这些数据进行了几何和光谱

校正、无缝拼接、具有共同的空间参考系统以及一致的元数据。无需使用磁带存储,所有计算节点都可以直接访问数据。数据立方体应用程序编程接口(API)是用 Python 编写的,并提供对感兴趣的时空观测数据量的无缝访问支持,使用的语义类似于 NumPy 数组(Oliphant,2006)。

环境已经成功用于多种新颖的大陆尺度应用,包括对地表水到森林覆盖趋势的时间序列分析(Lehmann et al.,2013)。值得注意的是,使用该系统的 EO 科学家报告了改进的研究成果。这些改进归因于系统的易用性、与 Python 数据科学生态系统的兼容性,以及产品生成时间的大幅减少。

AGDC 和类似方法的积极经验促成了 2017 年初开放数据立方体倡议的形成。地球观测卫星委员会(CEOS)、澳大利亚联邦科学与工业研究组织(CSIRO)、澳大利亚地球科学局以及美国地质调查局(USGS)阐述了他们的使命。

提供一种对全球用户有价值并增加 EO 卫星数据影响力的数据架构解决方案。像澳大利亚地球科学数据立方体(AGDC)等这样的技术已经改变了 EO 卫星数据用户社区。为了响应用户需求,这类技术解决方案消除了数据准备的负担,提供快速结果,并培养了一个活跃且参与度高的全球贡献者社区(The Open Data Cube initiative,2017)。

5.1.1 ODC 架构

ODC 旨在管理数千亿次的观测(像素数据及其相关的观测质量属性),并允许应用程序通过其 API 访问和分析每个单独的观测(见图 5.1)。设计理念包括以下几点:

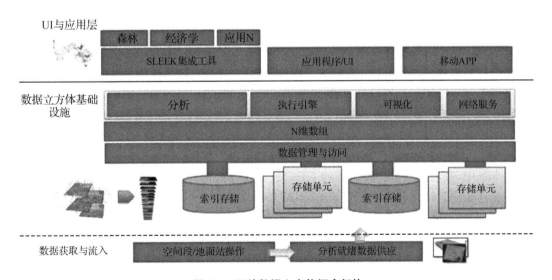

图 5.1 开放数据立方体概念架构

(1)支持可扩展的、高效的处理和交付大尺度、时间跨度长的数据集
(2)提供一个通用的、可扩展的系统,用于管理所有形式的多维、规则网格化数据,涵盖不同领域(例如 x,y,z,t)及其属性(例如波长、观测时间、太阳角度、海拔等)

（3）尽可能支持多种不同的访问模式和交付机制，包括开放地理空间联盟网络服务标准。

（4）提供灵活的部署方案，包括桌面（Windows、macOS）、高性能计算（HPC）和云端

用户界面(UI)和应用层

应用层代表提供给用户的所有第三方开发者的应用程序。

出于 ODC 设计的目的，这些被归类为一组从非常广泛的可能的应用领域范围中挑选出的常见用例模式。

数据立方体基础设施

以下是数据立方体技术的核心组件：

（1）数据管理与访问模块。这为数据立方体提供了

a. 索引存储：数据库包含可查询的索引和元数据信息，覆盖集合中的所有存储单元。

b. 存储单元：包含 EO 数据的实际文件。

c. 数据集合：索引存储和存储单元的组合。可以独立配置和管理多个集合。集合内的数据可以一起使用，通常在一个公共网格上，并由一个公共管理员管理。

（2）N 维数组接口。这是 ODC 数据处理中的关键抽象层。从分析角度看，整个 ODC 持有的是一个大型的多传感器、时空属性的 n 维数组（nd-array）。nd-array 接口的作用是隐藏底层分布式存储和计算的复杂性。

（3）执行引擎。它负责创建执行计划，使用可用的计算资源对指定量的信息进行分析。基本原则是将任务-数据分解与分布式执行解耦。

（4）分析。典型操作包括对属性进行像素级的数学运算、掩膜（例如云）、像素级时间序列分析、时空窗口操作、维度缩减（例如中位数）和合成。

数据获取与流入

这代表获取 EO 数据并将其准备成适合输入到 ODC 的 ARD 形式。数据的获取和准备由相应的数据管理者执行，并不是 ODC 的组成部分。因为通用摄取库有许多通用功能所以数据管理者可以使用它开发摄取工具。

5.2 云端开放数据立方体设计

在本章中，我们展示了一种新颖的 ODC 数据管理和访问模块设计，它是在以对象而非文件系统存储的云计算架构上运行。将 ODC 移植到云端运行，虽然并没有根本改变可以实现的分析，但为部署、集成 EO 分析和其他云服务提供了灵活性，并且与 HPC 相比有不同的成本模式。

最初的实现是在 AWS 云上，我们利用了 AWS 平台的特定能力，如简单存储服务（S3）。同时，ODC 数据管理和访问模块增加了一个插件驱动器功能，以支持在其他云平台上实现主要组件。ODC 特性的两个最显著的变化发生在数据管理、访问和执行特性上（表 5.1）。

表 5.1　高性能计算与云部署的不同操作特性

	高性能计算	云
数据管理与访问	基于文件的存储 串行访问每个文件 低延迟 I/O 每个流的高带宽 文件系统限制(每个目录中文件数量) 并行文件系统 成本一致性(较高)	对象 对象的并行访问 高延迟 I/O 每个流的低带宽 对象数量的高限制 通过多个计算和存储节点扩展时,非常高的横截面带宽 成本变化(非常低至高)
执行	基于队列的执行 计算节点之间低延迟、高带宽连接 节点的一致性	按需执行 更高的延迟,计算节点间更低的通信带宽 通信节点间可能存在异质性(更高效)

　　HPC 和云计算在运营成本上的差异以及它们各自不同的商业模式是需要特别考虑的重要因素,尤其是在大规模应用时。云弹性和操作成本的灵活性可以被用来支持一系列无法在 HPC 平台上实现的商业模式,主要是因为其成本不是弹性的。虽然在本章中不进一步探讨成本和商业模式的考虑因素,但这是我们 ODC 云设计中的一个考虑因素。

5.2.1　存储模型

　　本节描述了我们在云对象存储系统中对稀疏观测进行检索、存储和访问的方法。我们考虑了以下方法。

　　(1) 数据编排。将文件作为对象存储,并通过超文本传输协议(HTTP)下载,根据需要缓存到计算节点文件系统中(例如 http://mydatacube/landsat5.nc)。

　　(2) 模拟文件系统。将对象存储作为文件系统,限制对 ODC 现有基于文件的实现所需的更改(例如 S3fs-fuse(2018))。

　　(3) 修改现有驱动程序。将地理空间数据抽象库(GDAL)、网络通用数据格式(netCDF)和分层数据格式(HDF)驱动程序的低级文件查找/读取代码替换为 HTTP 字节范围获取,这样现有的驱动程序就可以原生支持 S3。

　　虽然这些方法每一种都有一定的优点,但没有一种能够提供大尺度地球观测数据分析所需的低级调优和优化。在 ODC 高性能计算环境中,花费了大量的努力优化 netCDF 文件的内部文件结构(例如分块、数组顺序),以支持最常见的访问模式。在具有对象存储的云环境中,调优特性有所不同。

　　像 HDF5、netCDF4 和地理标记图像文件格式(GeoTIFF)这样的文件格式,对数据如何在内部排例提供了相当大的控制。这种安排对存储访问模式以及获取数据所需的查询次数、读取次数等有着重大影响。这直接关系到数据从磁盘移动到内存目标位置的速度。

　　为了实现这种灵活性,这些文件格式包含:(1) 带有关于内容的元数据的头部信息,(2) 内部块的索引,以及(3) 按照所需访问模式对字节进行排序和大小调整的数据块。

5.2.2　ODC S3 原生存储驱动程序

　　我们的方法是将数组以原始形式作为对象存储,并通过并行 HTTP 字节范围获取来访问它们,以减少网络延迟的影响并利用 S3 对象存储的可扩展性。与常规文件不同,我们通过分离常规文件中的索引、元数据和数据块组件,去除了 S3 对象必须是文件的要求。我们的假设是这将减少索引和元数据的事务量,所有这些事务都受到高延迟的影响,并且提供更大的并行读取调优能力,从而可能获得更高的性能。此外,能够调整对象大小也很重要,因为对 S3 对象的任何大小的写入都需要完整上传 S3 对象。通过适当的尺寸调整,可以实现对存储在 S3 中的分布式数组部分进行可扩展的并行写入。

5.2.3　S3 数组结构

通常,在常见的 EO 文件格式(例如 netCDF/HDF/GeoTIFF)中,有一个包含元数据的头部,以及一个最重要的 b-树来索引一系列数据块中的原始字节。必须获取索引信息,以确定需要读取文件的哪些部分。在对象存储上,意味着确定所需的 HTTP 字节范围读取集合。虽然索引信息在对象存储上的体积相对较小,但涉及的网络请求的高延迟在大规模操作时会造成显著的开销。

我们的方法是将元数据和内部 b-树索引解耦,并将其存储在 ODC 现有的索引系统中,而不是与数组数据一起存储。这种解耦消除了从每个对象(如文件所需)读取头部信息的需要,以确定在 I/O 操作期间需要读取哪些块。

S3 和文件存储在一些关键特性上有所不同(表 5.1)。在磁盘存储中,目标是将要读取的数据保持在一起,最好是存储在一个连续的块中,以最大化吞吐量,同时最小化请求次数和驱动器移动。在 S3 中,目标是通过跨多个 S3 节点分布块来实现对数据的并行 HTTP 字节范围读取,从而利用可扩展的横向带宽。

底层的 S3 基础设施使用高度分布式的存储节点,并具有对象键名称的局部性,因此在前缀空间接近的键可能会被存储在同一个存储节点上。在我们的方法中,我们通过对键使用 MD5 哈希处理,在多个 S3 节点上分布对象,取哈希的前六个字符,并将它们作为前缀添加到 nd-空间键和版本 ID 上(<前 6 字节 md5 哈希>_<nd_spatial_key>_<version>)。是一个确定性哈希,很有用,因为如果索引失败,我们可以更容易地重建索引。值得注意的是,S3 的键空间非常广阔($2^{7\,168}-128$)。与文件系统不同,S3 允许存储大量独立对象,而不是必须将它们分组到文件中以限制文件系统上的文件数量。

实际上,这种方法的有效性受到用于计算的 EC2 节点数量及其配置的影响(例如增加节点数量会增加有效横向带宽)。在 5.3 节中,我们进行了一系列性能实验,以评估整体性能以及调优的影响,并将其与 ODC 默认的基于文件的 netCDF 驱动程序进行对比。

5.2.4　S3 阵列 I/O 模块的实现

ODC API 主要通过调用 datacube.load() 方法来访问数据。该调用接受一个查询过滤器,指定时空范围和观测类型(例如 Landsat5,Sentinel 2),并返回一个带有结果数据集的内存数组,包括维度和属性的元数据。如果感兴趣的数据量跨越多个文件,则将从多个文件中获取相应的数据子集,并将其拼接成一个无缝的数组。这使得用户的分析与数据存储结构隔离。

图 5.2 说明了使用 ODC S3 阵列 I/O(S3AIO)模块通过调用 datacube.load 进行数据请求的执行流程。一个数据请求将在 EC2 节点上的内存中产生一个 nd-array。索引存储用于确定哪些 S3 对象包含必要的数据以及检索该数据的适当范围读取请求。在 EC2 节点上,

使用并行的 HTTP GET 请求来检索数据范围,并填充到内存数组的适当部分。此后,执行如常进行。

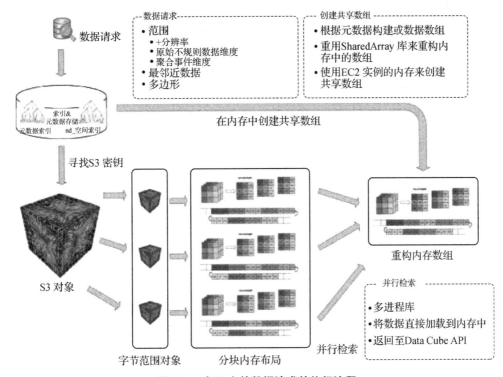

图 5.2　对 S3 上的数据请求的执行流程

当与执行引擎一起使用时,存在一个例外,数组是计算集群上的分布式数组,内存跨多个节点分布。设计目标是用户不需要完全了解这些细节,只需像使用单个连续数组一样使用数组和计算集群。为了实现这一目标,数据请求被分割成为每个 EC2 实例检索的子卷。

值得注意的是,索引中关于各个数据块的详细信息允许一些有用的实现增强功能。

(1) 切片和子采样等操作可以优化为在 S3 对象读取之前只选择包含数据的块。

(2) EC2 节点可以推迟数据检索,直到数据在范围读取级别需要进行计算。这种类型的延迟检索对于支持探索性数据分析非常有用,在这种分析中交互性是关键,用户只查看整体数据量的一小部分。

Open Data Cube 的 S3AIO 库还支持写入功能,因此可以将计算结果发送回 S3。与读取一样,写入操作也是在集群中并行发生。在撰写本文时,正在实施 datacube.save(),用于那些计算结果本身就是一个数据立方体的情况,该数据立方体将用于后续计算。并行写入与并行读取的处理方式相同,修改后的 nd-array 子集被组织成一个独立的写操作列表,对 S3 对象执行并行操作。在独立模式下,写入授权通过用户的 AWS 凭证进行管理;在执行引擎模式下,授权则基于用户在作业提交时的权限。

5.2.5　执行模型

我们的目标是实现对任何大小数据的高性能分布式执行功能,并将结果映射回云中的分布式存储。

我们最初的实现允许提交 Python 函数以及数据查询以进行处理。它通过将选定的数据量分割成小的独立作业,在多个 EC2 实例上执行来进行处理。这是最简单的并行执行模型,并且不需要 EC2 实例之间的数据或计算共享。它非常适合云计算的扩展,尽管简单,但对 EO 应用来说是一个非常常见的需求。

这是用于测试和演示我们实现的基准案例。我们已经认真考虑了更复杂的函数,例如滑动窗口或需要邻域状态的算法。这些更复杂的案例中的每一个都可以分解成独立的组件。这将需要任务分解,而不仅仅是这里展示的"数据分解"案例。

5.2.6　执行引擎

执行引擎的系统图如图 5.3 所示。执行过程如下。

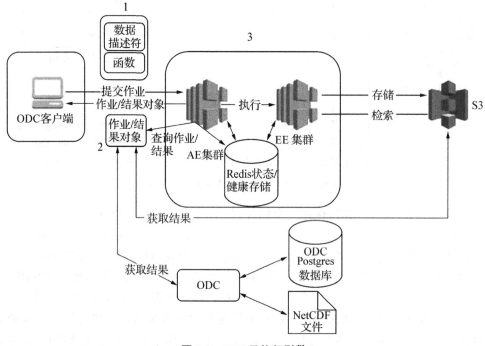

图 5.3　ODC 云执行引擎

作业提交(函数＋数据描述符)

作业是函数和数据描述符的配对。该函数可能被表示为

(1) 序列化的 Python 函数(通过 pickle)

(2) ODC 数组表达式语言字符串:数组表达式语言提供了像素级段数学运算和掩膜的简单字符串表示。这是一个非常常见的 EO 用例,并允许将像归一化差异植被指数这样的简单计算写成字符串,无需编写完整的 Python 函数(例如,(B1＋B2)/(B3－B4))。

(3) Python 函数作为原始文本

数据描述符指定了从数据立方体中检索的空间-时间查询和属性。它与 datacube.load ()中使用的查询信息一致,包括:空间范围、时间范围、数据集、传感器、属性列表。

作业结果对象

一旦提交了作业（函数＋数据），就会返回一个作业结果对象（JRO），以跟踪执行情况并检索结果。可以执行以下功能：（1）查询作业状态：获取关于跨 EC2 实例的子作业的信息，在 RedisState/Health 数据库中管理；（2）查询结果状态并访问结果。虽然结果分布在多个 EC2 实例上，但 JRO API 将其展现得就像是一个连续的 nd-array 数组。

执行

一旦返回了 JRO，执行就会以分析引擎（AE）集群为起点异步进行。

（1）AE 接受作业请求并执行数据分解，将数据描述符分割成更小的、完全并行的块。在未来，我们打算添加任务分解以支持更复杂的任务和数据依赖关系。

（2）为每个数据块和子数据查询创建一个子作业，并将分析函数提交给执行引擎（EE）集群进行并行执行。

（3）每当创建一个子作业并完成执行时，RedisState/Health 存储就会更新。如果有失败的子作业，AE 可以在必要时重新启动这些子作业。执行过程中的日志和错误都存储在此处，以便于调试。

（4）用户可以随时使用 JRO 来检索当前的进度信息和结果，这意味着他们不需要等待完整结果的生成。

5.3 S3 阵列 I/O 性能

5.3.1 实验设置

为了比较 S3 存储驱动与基于文件的驱动，我们设计了基准测试，专注于吞吐量（大小和速度）和数据检索（速度），并涵盖了一系列 AWS EC2 实例类型，以便读者确定最具成本效益的组合以满足他们的需求。比较了以下驱动程序：（1）netCDF：存储在 Elastic Block Storage（EBS）支持的本地文件系统上，索引在 Amazon Relational Database Service（RDS）中（大致相当于在 HPC 和桌面部署上使用的文件系统方法）；（2）S3：通过 HTTP 连接在 S3 中存储，索引在 Amazon RDS 中。

正在并行测试的四种 EC2 实例类型（见表 5.2）。

成本是 2018 年 3 月 Linux 实例的按需成本。

每个基准测试为每个驱动程序执行以下操作：

表 5.2　EC2 实例类型

EC2 实例类型	内存	vCPUs	存储(gp2)	I/O 性能	每小时成本
c4.×large	7.5 GB	4	60 GB	93.75 MB/s	$ 0.199
c4.2×large	15 GB	8	60 GB	125 MB/s	$ 0.398
c4.4×large	30 GB	16	60 GB	250 MB/s	$ 0.796
c4.8×large	60 GB	36	60 GB	500 MB/s	$ 1.591

（1）准备新环境：新的索引数据库、空的文件系统存储或 S3 存储桶。

（2）索引样本数据：13 GB 的 Landsat5 GeoTIFF 地表反射率（六个波段）和像素质量数据，跨越 12 个时间序列/切片。

（3）使用 ODC 多进程程序摄取数据，从而利用所有可用的 vCPUs。数据以 albers 投影摄取，默认瓦片和分块大小。执行一个初步实验改变了这两种大小，确认默认值对每个驱动程序来说都是最优的：netCDF，瓦片大小（1×100 000×100 000）和分块（1×200×200）；以及 S3 瓦片大小（1×200 000×200 000）和分块（1×2 000×2 000）。

（4）计算存储桶中所有已摄取文件或 S3 对象的总大小。

（5）检索一系列数据立方体，基于单像素、12 个时间切片上的像素深度分析、30 MB、100 MB、500 MB 和 1 024 MB 的立方体大小。这些大小是像素范围、时间切片数量、波段数量和数据字节大小的乘积计算得出的。对于每个目标大小，数据检索重复 10 次，并报告平均持续时间。

为了限制 AWS 内部条件变化的影响，整个过程重复 10 次，并对所有重复的值取平均。

成本表是表 5.3，本场景中有 13 GB 的数据和大约 3.4 GB 的压缩大小。

表 5.3　存储类型

存储类型	每月成本
S3 标准存储	$ 0.085
S3 标准-不频繁访问存储	$ 0.065
冰川存储	$ 0.017
EBS 通用型 SSD（gp2）卷	$ 0.408
EBS 预配置 IOPS SSD（io1）卷	$ 0.469＋每月每预配置 IOPS $ 0.072。

每个都有不同的定价结构和性能特点。不同存储模型的运行成本差异显著，是本研究的重要动机。

5.3.2　原始 S3 读/写性能

在设计阶段没有 S3 传输加速情况下，EC2 实例（在本例中 c4.8×large）与 S3 之间的最大点对点性能测试是为了回答以下问题：（1）最佳块大小是多少？（2）多少 I/O 流是最佳的？（3）EC2 I/O 与 S3 如何扩展？（4）如何构建读请求？

我们的结果显示，针对单个 S3 对象原始读取性能在 c4.8×large 实例上从 126 MB/s（256 kB 块读取）到 540 MB/s（410MB 块读取）不等。写入性能变化很大，每个流的范围从 17 到 27 MB/s，多流吞吐量最高可达约 250 MB/s。亚马逊已经为每种实例类型发布了最大吞吐量数据（见 https://docs. aws. amazon. com/AWS EC2/latest/UserGuide/ebs-ec2-config.html）。c4.8×large 的限制是 500 MB/s，我们已从 S3 达到了这个速度。

我们估计大约 4～10 MB 的块大小是理想的吞吐量。如果这是 S3 对象本身的大小，那么对分散在 S3 上的数据进行并行写入很可能会表现出良好的性能。写入到 S3 的操作是 S3 当前的弱点，因为对对象进行一点更改需要重新生成整个对象并删除旧副本，这是一个昂贵的操作。这是我们选择较小对象大小的部分原因。

5.3.3　数据立方体提取扩展（写入）

在摄取测试期间，我们尝试描述 S3 和 netCDF 驱动跨 EC2 实例摄取时间之间的关系。

观察到两者都表现出良好的扩展性和相似的摄取时间（见图 5.4）。有趣的是,尽管 S3 写入了 6,944 个对象而 netCDF 只写入了 312 个对象,但性能受到的影响却很小。由于 EBS 存储的距离较近,预计 netCDF 的性能会更好。

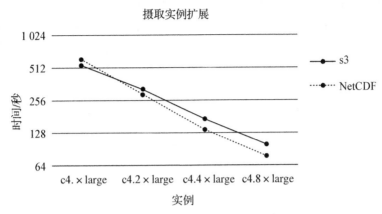

图 5.4　摄取时间（时间以对数刻度表示）

5.3.4　数据立方体加载扩展（读取）

在我们的实验中,我们改变了通过 netCDF 和 S3 驱动在 C4 EC2 实例上检索的数据大小。我们将结果绘制为每次数据检索操作所需的时间（见图 5.5）。

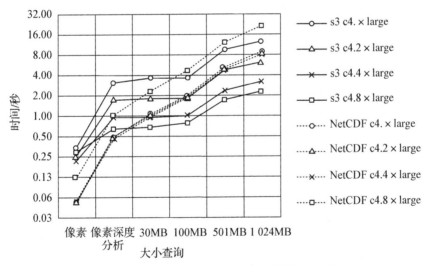

图 5.5　数据检索所需时间（时间以对数刻度表示）

可以观察到,随着实例大小的增加,S3 驱动的扩展性良好。对于 1 GB 数据检索,c4.×large 花费了 12.56 秒,c4.2×large 花费了 6.23 秒,c4.4×large 花费了 3.17 秒,而 c4.8×large 花费了 2.28 秒,时间几乎每次减半,实例大小大致翻倍。这对于 500 MB、100 MB、30 MB 和像素深度分析数据检索仍然成立。到达单像素检索时,扩展性消失,且接近最小的 S3 IO 延迟。

相比之下,netCDF 驱动在增加实例大小时没有显示出可感知的扩展性。对于 1 GB 数据检索,netCDF 花费了大约 8.1 秒。此外,在最大的 c4.8×large 实例上的性能更差,耗时 21 秒,尽管在写作时我们无法确定原因(这一过程重复了 10 次)。

鉴于 S3 在实例大小上展现出良好的扩展性,可以根据需要在性能和成本之间进行平衡,而且这种平衡可以根据需求随时改变,无需修改存储的数据。

我们发现,对象压缩是 S3 上可扩展性能的关键,因为 EC2 与 S3 之间的吞吐量是有限的,并且通过并行 IO 流很容易达到饱和。当我们接近吞吐量的极限时,由于压缩而节省的存储空间开始接近因 IO 传输节省的时间。通过实验,我们发现 Python z 标准库在解压缩时间和压缩比率上提供了最佳性能。与 netCDF 驱动使用的压缩方法相比,S3 的压缩大小为 3,370 MB,而 netCDF 的压缩大小为 3,655 MB,未压缩大小为 13 GB。

5.4　讨论与结论

5.4.1　S3AIO 的优势

在云环境中,存储和访问特性发生变化,由于点对点带宽和 HTTP 请求的延迟较低,需要不同的优化。我们的 S3AIO 模块旨在利用这些特性来最小化延迟的影响并最大化利用可扩展的横向带宽。通过分离常规文件的头部和索引,并将数组块作为对象存储,这使得 ODC 的 S3AIO 模块能够实现与使用 EBS 存储的原始文件驱动程序相当的可扩展性能。更重要的是,S3 存储的成本显著低于 EBS。因此,实现 S3 Array IO 模块为 ODC 提供了一个在云中能够以更具成本效益和灵活性的运营环境,性能影响在最坏情况下也是有限的。

5.4.2　S3AIO 的局限性

S3AIO 模块的一个缺点是存储的对象不再能被其他应用程序直接使用;必须使用 S3AIO API。文件仍然方便,因为可以将它们下载到文件系统并使用现有工具。鉴于此,已经做了一些努力,在云环境中使用现有文件格式的调优能力。云优化的 GeoTIFF(COG)是较新的例子之一。在这种情况下,GeoTIFF 内部存储模型被分块,以支持内部块索引的高效查找,并通过 HTTP 字节范围 GETs 请求检索数据块。与我们的方法主要不同如下:

(1) COG 数组的维度仅限于二维空间。

(2) COG 元数据和索引存储于对象内部,这对元数据级别搜索有影响,并且需要额外的 IO 来访问内部索引,以确定原始数据在对象中的位置。

(3) COG 文件仍然是 GeoTIFF 文件,每个文件存储在单个 S3 物理节点中。对 COG 的最大吞吐量是由访问同一 S3 物理节点的其他 EC2 实例共享的。

另一种方法,HDF Cloud,最近也宣布了。HDF 和 netCDF 文件格式大多数情况下是兼容的,因此这个方法直接与 ODC 相关。虽然在撰写本文时可用的信息有限,但它看起来在实现上与 ODC S3AIO 模块类似,将元数据分离成索引系统,将原始数据块作为对象存储。如同我们 ODC 的实现一样,HDF 数据访问的 API 得以保留,这样现有的应用程序在链接到新实施时可以直接利用 HDF 云存储。

这种直接互操作性限制可以通过使用"文件检索服务"轻松克服,该服务将使用 S3AIO API 访问数据并输出所需格式的文件。结合像 AWS Lambda 这样的服务,可以使用无服务器架构来完成这一操作,而且完全有可能使这些服务看起来就像标准的文件检索一样(例如http://mydata/LS5_Australia_NSW.geotiff)。考虑到 S3AIO 模块为 ODC 中更广泛的 EO 分析用例带来的性能和成本优势,我们认为直接文件使用的损失并不显著。

Pangeo(https://pangeo.io)是另一个用于 HPC 和云系统中地理空间数据分析的软件套件。其云数据信息显示它使用 HDF Cloud。它还使用并贡献了 Python Xarray 库,ODC 也使用了该库。这两个项目之间有共享和协调的空间。S3AIO 模型(以及 ODC)和 HDF 云(以及 Pangeo)之间方法的共性验证了本章描述的方法。

5.4.3　该研究的下一步

多用户以及多个 EC2 实例的执行引擎及其可扩展性是我们在云中 ODC 的下一个关键开发步骤。我们最初的应用是开发一个云部署的 EO 应用程序,用于推进分析和监测澳大利亚大陆湖泊中的藻华。该应用程序目前在 NCI 的 ODC HPC 部署上实施。S3AIO 模块是降低在云中存储大规模数据集的运营成本,同时保持性能的关键一步。当前执行引擎的实现对于实现整体计算性能同样至关重要,由于每个湖泊可以单独分析,我们期望能够利用云的弹性可扩展性来实现非常高的吞吐量,并降低成本。值得注意的是,藻华应用是更广泛决策管理工作流程的一部分,一旦在云端可用,预计将为政府和行业组织提供将它们的系统连接到藻华服务能力,并因此支持 ODC 从 EO 数据中获得更大价值和使用的使命。

参考文献

[1] Baumann, P., Furtado, P., Ritsch, R., & Widmann, N. (1997). The RasDaMan approach to multidimensional database management. In B. R. Bryant & ACM Digital Library (Eds.), *Applied computing 1997: Proceedings of the 1997 ACM Symposium on Applied Computing: Hyatt Sainte Claire Hotel, San Jose, California, February 28 - March 2, 1997*. New York, NY: Association for Computing Machinery.

[2] CEOS (2018). *Satellite Earth observations in the support of the sustainable development goals*. Retrieved from http://eohandbook.com/sdg/index.html.

[3] Cheng, Y., & Rusu, F. (2013). Astronomical data processing in EXTASCID. *Proceedings of the 25th International Conference on Scientific and Statistical Database Management* (SSDBM). https://doi.org/10.1145/2484838.2484875.

[4] Eclipse Foundation Inc. (n.d.). GeoTrellis. Retrieved from https://geotrellis.io.

[5] Lehmann, E. A., Wallace, J. F., Caccetta, P. A., Furby, S. L., & Zdunic, K. (2013). Forest cover trends from time series Landsat data for the Australian continent. *International Journal of Applied Earth Observation and Geoinformation*, *21*, 453 - 462. https://doi.org/10.1016/j.jag.2012.06.005.

[6] Lewis, A., Oliver, S., Lymburner, L., Evans, B., Wyborn, L., Mueller, N., et al. (2017). The Australian geoscience data cube: Foundations and lessons learned. *Remote Sensing of Environment*, *202*, 276 - 292. https://doi.org/10.1016/j.rse.2017.03.015.

[7] Oliphant, T. E. (2006). *A guide to NumPy*, USA, Trelgol Publishing: The open data cube initiative. (2017). Retrieved from https://docs.wixstatic.com/ugd/f9d4ea _ 1aea90c5bb7149c8a730890c0f791496.pdf.

[8] Open Data Cube Initiative (2017). Open data cube website: Purpose. https://www.opendatacube.org/about.

［9］S3fs-fuse (2018，March 4). Retrieved from https://github.com/s3fs-fuse/s3fs-fuse.

［10］Stonebraker，M.，Brown，P.，Poliakov，A.，& Raman，S. (2014). *The architecture of SciDB.* Retrieved from http://www.odbms.org/wp-content/uploads/2014/04/The_Architecture_of_SciDB.pdf.

［11］Woodcock，R.，et al. （2016）. *CEOS future data access and analysis architectures study.* Retrieved from http://ceos.org/document_management/Meetings/Plenary/30/Documents/5.2_Future-Data-Architectures-Interim-Report_v.1.pdf.

6 利用 NEXUS 开源探索性分析地球大数据

Thomas Huang，Edward M. Armstrong，Nga T. Chung，Eamon Ford，Frank R. GreguskaIII，Joseph C. Jacob，Brian D. Wilson，Elizabeth Yam，和 Alice Yepremyan

美国加州理工学院，喷气推进实验室，帕萨迪纳，加利福尼亚，美国

几乎所有现有的地球科学数据分析解决方案都是建立在直接操作大型文件档案的基础上。由于大部分地球科学数据都是以文件形式存储并按时间组织的，这些解决方案在打开和子集化存储在常见文件系统中的文件时花费了大量时间。随着分析所需数据量的增加，这些传统的分析解决方案变得越来越慢。NEXUS 是一个数据密集型分析解决方案，它是 Apache 科学数据分析平台（SDAP）（https://sdap.apache.org）的一部分，采用了一种新的处理科学数据的方法，以利用并行分析架构方法和现代集群及云计算环境的弹性。大多数传统的地球科学分析解决方案都是为垂直扩展设计的，也就是说，购买更大更快（有时是专用的）计算机为了处理更多数据并提高执行速度。NEXUS 旨在通过将地理空间数组数据分割成小块，并将计算分布到所有网络连接的计算节点上，实现水平扩展。使用水平扩展计算模型，如 MapReduce，NEXUS 能够比传统分析解决方案快数百倍。本章将讨论 NEXUS 的设计，以及一些基准测试比较和这项开源技术的应用。

6.1 引 言

我们当前和未来的任务，以及我们的社区，正在挑战我们，要求我们提供工具和服务，以快速捕获、处理、传递和分析数据。传统的数据摄取方法，包括从任务中获取数据、移动数据、计算/处理、分发和分析，都受到了迅速增长的观测和模型数据收集的现实挑战，以及对快速回答科学问题的需求。科学家们通常使用以下数据搜索、下载、子集和计算程序：

（1）开发软件以爬取文件传输协议（FTP）端口和/或发出时间地理空间查询，以识别要下载的观测文件列表；

（2）将相关文件下载到本地计算机；

（3）开发软件以对感兴趣区域进行空间子集划分；

（4）开发算法分析子集数据集合。

虽然这个过程在处理低分辨率数据以及有足够本地计算和存储资源的情况下相对运行良好，但将这样的过程应用于涉及交互式数据挖掘、多变量分析、高分辨率测量以及广泛的时间和空间覆盖的情况则较为困难。当今为地球科学社区提供的许多工具主要集中在数据访问和检索上。然而，因为涉及大量的数据移动和计算，对于 PB 级别的分析在时间和成本上都是昂贵的。真正的挑战是如何扩展架构，使其能够充分利用可用的计算基础设施，以应对我们服务的数据量呈指数级增长的情况。当今的大多数地理空间测量数据都存储和分发

在分层数据格式(HDF)或网络通用数据格式(netCDF)文件中,而且当今的许多分析解决方案都是围绕处理这些格式设计的数据文件。在他 2005 年著名的论文《即将到来的十年中的科学数据管理》中,Jim Gray 表述道。

HDF、NetCDF 和 FITS 等科学文件格式可以表示表格化数据,但它们提供的用于搜索和分析表格化数据的工具非常有限。……在大型数据集上使用传统的程序化工具进行这种过滤然后进行的数据分析,随着数据量的增加,运行速度会越来越慢(Gray et al.,2005)。

NEXUS 是一项创新,通过完全采用云计算的水平扩展来解决这一技术差距,用于地理空间多维科学数据。

6.1.1 云计算

云计算是解决我们大数据分析挑战的工具之一。它是我们时代许多颠覆性创新背后的大脑,能够根据用户和项目需求进行扩展,允许不同地点的用户和系统通过共同的接口进行前所未有的协作,共同处理相同的数据,并分享他们的发现。云计算提供了流线型交付最新软件解决方案的新方法。所有这些对于解决我们当前的大数据分析挑战都非常重要。在处理 PB 级别及以上规模的数据时,另一个限制因素是存储成本。我们再也不能轻易地复制数据了。让用户和系统在相同的数据和服务上协作,可以减少甚至消除对额外数据复制的需求。随着云计算资源的易于获取,大数据架构师正在寻找设计用于规模化的方法,以赋予项目在部署时决定计算配置的能力,而不仅仅是专注于专用硬件。大数据架构必须解决的三个要素是:(1) 计算和数据管理的水平扩展,(2) 消除/减少大量数据传输,(3) 将运营总成本控制在预算内。

6.1.2 MapReduce 编程模型

基于 Jim Gray 的论文,论文中指出:"面向集合的文件处理将使文件名越来越不重要:分析将应用于'具有这些属性的所有数据',而不是在文件/目录名列表或名称模式上操作。"MapReduce(Dean & Ghemawat,2005)(图 6.1)是一个集群框架,用于使用一组松散耦合的计算节点并行处理大量数据。云的弹性补充了这一框架,在这个框架中,应用程序可以根据问题的大小和项目的预算限制,增大或缩小计算集群的规模。MapReduce 背后的基本概念是拥有多个 map 进程,每个进程负责处理一小部分数据。reduce 进程负责收集每个 map 进程的结果,以呈现最终结果。在本文写作之时,有两个流行的 MapReduce 方法进行了开源实现,Apache Hadoop 和 Apache Spark。

MapReduce 框架提供了一种简单、计算上合理的方法来应对大数据挑战。然而,这种范式与时间序列、地理空间阵列型数据不兼容。它们被打包成 netCDF 和 HDF 格式,这是地球科学界习惯的格式。首先,这些文件格式被设计用来打包表格数据,而 MapReduce 方法要求使用键/值方法来分区和分布式处理跨计算节点集合。基本假设是这些数据分区的大小大致相同,以确保所有并行过程将在大致同一时间完成。直接将 MapReduce 方法应用于一系列文件,并不能保证所有处理都能在大致相同的时间完成。这些文件的大小各不相同,从几兆字节到几千兆字节不等。根据用户输入,某些分析操作可能涉及数百到数千个这样的文件。

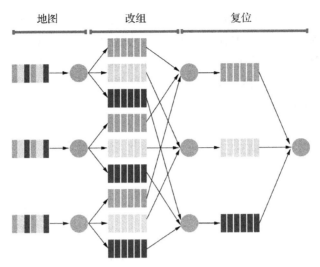

图 6.1   MapReduce 集群计算框架

Apache Hadoop 是围绕 Hadoop 文件系统(HFS)设计的,作为计算阶段之间重用数据的手段。它由于数据复制、磁盘输入/输出(I/O)和序列化而产生了大量开销,这些开销可能占据了应用程序执行时间的主导地位(Zaharia et al.,2012)。弹性分布式数据集(RDDs)架构通过在内存中保持数据来解决 Apache Hadoop 在数据重用方面的开销问题。RDDs 是用并行数据结构实现的,用于容错和在内存中持久化中间结果。有一套丰富的操作符供用户操纵优化数据的不同分区(Zaharia et al.,2012)。Apache Spark 是 RDDs 的流行开源实现。图 6.2 展示了在大规模时间序列应用中使用 Spark RDDs 的一个示例。

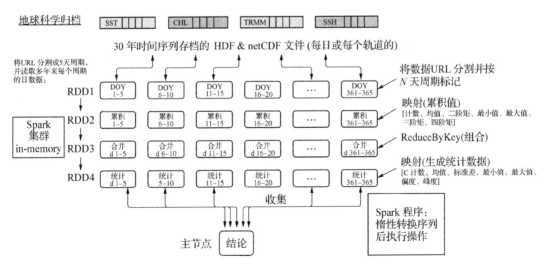

图 6.2   使用 RDD 框架生成 30 年时间序列

6.2   架   构

NEXUS 是一个新兴的数据密集型分析框架,采用了一种新的处理科学数据的方法,能够进行大规模数据分析。它是开源的 Apache 科学数据分析平台（SDAP）（https：//sdap. apache.org）的一部分，一个为云环境设计的由社区驱动的数据分析解决方案。NEXUS 在处理基于文件的观测时间序列、地理空间观测数据方面采取了不同的方法，充分利用了云计算环境的弹性。NEXUS 不是执行实时的文件 I/O 操作，而是将分块数据存储在云规模存储中，例如 NoSQL 数据库或对象存储，配合高性能的空间查找服务（见图 6.3）。

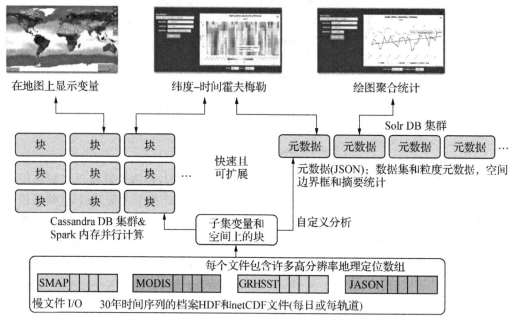

来源：Nexus

图 6.3　NEXUS 数据平铺架构

NEXUS 是第一个提供科学数据与水平扩展数据分析之间桥梁的系统。与 NEXUS 的应用程序接口是基于 RESTful 的，所有响应都打包在一个轻量级的数据交换格式中，即 JavaScript 对象表示法（JSON）。这种架构决策是为了确保 NEXUS 的应用可以用任何编程语言实现，包括从通用的 Python 和 Java 到特定领域的 IDL 和 Matlab。NEXUS 使用了双数据存储架构。

（1）地理空间和索引搜索元数据存储。地理空间和索引搜索元数据存储可用于快速检索有关测量的元数据以及时间空间查找。应用程序使用 OpenSearch（http：//opensearch. org）标准来搜索相关测量。它还提供来自数据提供者的元数据，例如数据集元数据和颗粒元数据。此外，该服务根据用户提供的空间约束以及任何预计算的图块统计数据（如平均值、标准差、均值等）提供对相关数据图块的快速查找。Apache 可扩展数据网关环境（EDGE）（https：//github.com/apache/incubator-sdap-edge）提供了一个模板框架，用于将元数据映射到任何用户定义的规范，例如 OpenSearch（见图 6.4）。默认情况下，EDGE 使用 Apache Solr 作为其地理空间数据的自动分片的（称为 SolrCloud）后台数据存储。EDGE 也支持 Elasticsearch 作为其数据存储。EDGE 有几个运营部署，包括 NASA 海平面变化门户（https：//sealevel. nasa. gov）、NASA 物理海洋学分布式活动归档中心（PO. DAAC）（https：//podaac.jpl.nasa.gov）、JPL 的 GRACE 后续网站（https：//grace.jpl.nasa.gov）、国

家大气研究中心的研究数据档案（https：//rad.ucar.edu）以及佛罗里达州立大学的海洋-大
气预测研究中心（COAPS）（https：//coaps.fsu.edu）。

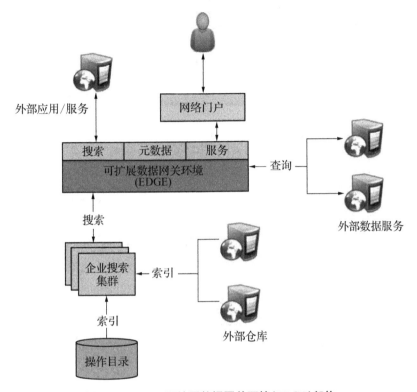

图 6.4　Apache 可扩展数据网关环境（EDGE）架构

（2）数据瓦片存储。数据瓦片存储提供了一个统一的后端存储，用于阵列式测量。正
如本章开始时提到的，处理项目提供的 netCDF 和 HDF 文件时面临的一个挑战是文件大小
的变化，这归因于大量的磁盘 I/O 和序列化。通过按时间组织全球观测数据（例如每天一个
文件），传统的分析方法需要处理全球文件，而不管感兴趣的覆盖区域大小。通过将文件分
解为一系列较小的地理参考数据瓦片，NEXUS 架构消除了进行区域分析时处理全球文件
的需要。双数据存储架构为用户提供了快速查找元数据的能力，并且只需处理用户选择区
域内的瓦片。NEXUS 支持两种类型的瓦片存储，NoSQL 和对象存储。对于 NoSQL 存储，
NEXUS 支持 Apache Cassandra（http：//cassandra.apache.org）和实时大数据数据库
ScyllaDB（https：//www.scylladb.com）。NEXUS 默认部署使用 Apache Cassandra，因为其
可扩展性、高性能和较小的存储占用。它需要附加存储以实现快速检索。在商业云环境中
部署 Cassandra 的 NEXUS 使用块存储，例如亚马逊网络服务（AWS）弹性块存储。对于云
中的大型数据中心，将所有数据存放在块存储上可能会遇到预算挑战。这是速度与成本之
间的基本权衡。对于云部署，NEXUS 还支持对象作为其后端瓦片存储。在本文写作时，亚
马逊网络服务上的对象存储成本约为其弹性块存储的一半。对象存储还提供无限存储，无
需额外的系统管理时间。

　　NEXUS 系统架构（图 6.5）正在不断发展和成熟。设计考虑了各种可能的部署环境。以
下是可能的 NEXUS 部署配置列表。

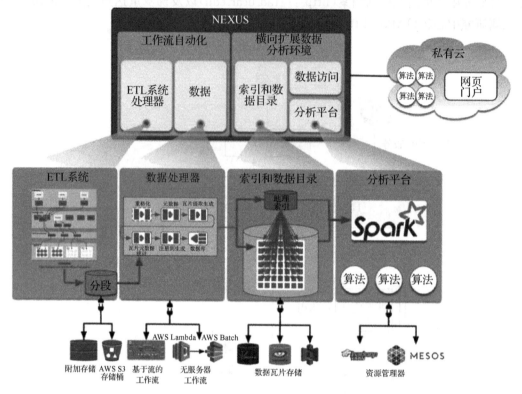

图 6.5　NEXUS 系统架构

（1）基于容器的部署选项：本地内部部署集群、私有云、亚马逊网络服务。

（2）自动化数据摄取与图像生成选项：基于集群，无服务器（亚马逊 Lambda 和 Batch）。

（3）数据存储选项：Apache Cassandra、ScyllaDB、亚马逊简单存储服务（S3）。

（4）资源管理选项：Apache YARN，Apache MESOS，Kubernetes。

（5）分析引擎选项：自定义 Apache Spark 集群，亚马逊弹性 MapReduce（EMR），并行 Map（PARMAP）（Wilson et al.，2019），Spark/Dask/无服务器。

NEXUS 是一个包含许多组件的系统。其架构可以分为三个子系统：（1）带预处理的摄取，（2）索引和编目，（3）分析型 Web 服务平台。

（1）带预处理的摄取子系统是一个自动化的工作流系统。该子系统将 netCDF 和 HDF 文件转换为一系列地理参考数据块。尽管 netCDF 和 HDF 是流行的标准文件格式，它们并没有采用相同的元数据和打包标准。并不是所有用于处理海面温度（SST）数据的工作流组件都可以用于其他观测参数，例如风向数据。工作流子系统是通过适应常见的设计模式实现的，如抽象工厂、外观、单例、观察者、责任链和策略（Gamma et al.，1994）。其目标是提供一个可扩展的和定制化的工作流架构，以简化新测量的引入，自动执行一系列操作，将每个数据集的输入数据粒转换为一组数据块。NEXUS 提供两个工作流子系统以适应不同的部署环境。它通过在一组计算节点上分配工作进程来实现基于集群的操作。在亚马逊网络服务下部署时，用户可能选择使用我们的无服务器工作流子系统。它是使用亚马逊 Lambda 和 Batch 实现的。无服务器方法的优势在于消除了在云上启动摄取集群的需要，并且只在有数

据需要摄取时才支付计算费用。NEXUS 是 NASA 海平面变化门户数据分析工具(DAT)
(https://sealevel.nasa.gov/dataanalysistool/)背后的数据分析引擎。DAT 提供了集成的
用户应用程序,用于可视化和分析。为了简化新数据导入门户网站的流程,NEXUS 工作流
子系统被扩展以包括图像生成(图 6.6)和部署,以集成 NASA 的开源 OnEarth (https://
github.com/nasa-gibs/onearth)解决方案。OnEarth 是开放地理空间联盟(OGC)网络地图
瓦片服务(WMTS)规范的一种实现。

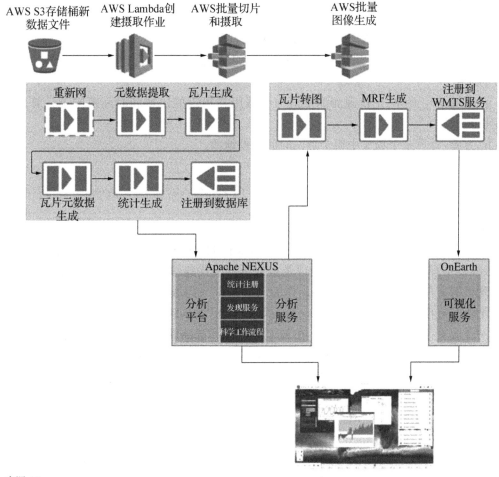

来源:Nexus

图 6.6　NEXUS 无服务器数据摄取和处理工作流子系统

　　(2) 本节开头讨论了索引和数据目录子系统。数据存储架构是使 NEXUS 在云环境中
成为处理地球科学数据如此强大的解决方案的关键。双数据存储方法的三个主要目标是:
① 提供快速的地理空间查找,② 通过仅传输相关的数据瓦片来减少数据移动量,以及③ 启
用快速并行检索相关测量数据。

　　(3) 数据分析网络服务平台是一个不断增长的科学算法集合,这些算法根据 NEXUS 数
据存储架构开发,并使用 Apache Spark 框架进行并行计算。目前,NEXUS 附带了以下科学
并行算法。

a. 时间序列：计算用户指定区域内给定变量在用户指定时间范围内的每个时间步长上的空间平均值。

b. 时间平均图：计算用户指定区域内给定变量在用户指定时间范围内的纬度/经度时间平均图。

c. 相关性地图：通过在每个网格单元内使用简单线性回归计算两个变量随时间的相关系数。

d. 气候图：为用户指定的区域和时间范围计算一个"准"月度气候学变量。

e. 纬度/时间和经度/时间 Hovmöller 图：计算每个时间步骤中纬度或经度的平均值，并为剩余的水平维度与时间创建一个二维彩色切片图。

f. 时间平均散点图：计算所有时间平均后的共位点的散点图以及显示散点图中数据对位置的地图。

g. 区域平均差异：比较观测测量值与根据用户指定的区域和时间范围预计算的气候学变量。

h. 方差：计算某个场 x 中每个点的时间方差地图。

6.3   部署架构

作为一个基于云的大数据解决方案，手动安装 NEXUS 并非易事。整个 NEXUS 软件栈已被容器化（Chung，2017）并使用 Kubernetes 和 Helm 进行部署。与完整的虚拟机镜像不同，容器是轻量级的，能够在云上以及本地机器上快速部署应用程序。所需的只是配置一系列机器实例以支持 Kubernetes。作为 NEXUS"入门教程"的一部分，软件附带了如何在单个亚马逊虚拟机实例上使用 Docker 部署 NEXUS 的说明，这涉及到部署 23 个容器，其中一个容器是 Jupyter notebook。在云上组装计算基础设施涉及大量的机器实例和不同类型的存储和配置。应我们的 NASA 赞助商，高级信息系统技术（AIST）计划和地球科学数据与信息系统（ESDIS）项目的要求，NEXUS 工程团队为 NEXUS 提供了一个自动化部署解决方案，以简化在 AWS 环境下的部署。这个自动化过程涉及 AWS CloudFormation 模板，该模板与亚马逊的弹性容器服务（ECS）和 Docker 集成。CloudFormation（https://aws.amazon.com/cloudformation/）是一种基于脚本的基础设施资源定义，它自动化了在亚马逊上的 NEXUS 计算环境的整合（Huang et al.，2018）。部署过程使用 Atlassian 的 Bamboo 持续集成和部署解决方案进行编排。通过这种基于脚本的自动化部署过程，项目可以快速启动在 AWS 上几分钟内新建一个 NEXUS 集群，无需手动配置单个容器和机器实例。这个自动化过程是版本控制的，并已成为 AWS 用户社区的标准 NEXUS 部署流程（见图 6.7）。

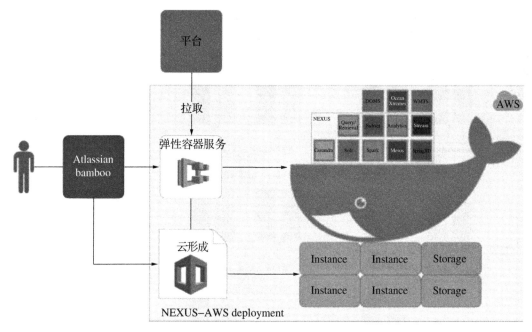

图 6.7　NEXUS 在 AWS 上的自动部署

6.4　基准测试与研究

  NEXUS 工程团队正在不断改进 NEXUS 架构和算法实现，以提高执行速度并减少资源消耗(Jacob et al.,2017)。2016 年,NASA 的 AIST 项目赞助了一个数据容器研究。这是一次尝试,旨在研究各种技术来重新组织和存储地球科学数据使它们更易于进行全面的科学分析。目的是理解不同大规模分析方法的优势和权衡。最初的研究结果在 2016 年美国地球物理联合会秋季会议上报告(Lynnes et al.,2016)。其中一个测试案例涉及在点、区域和全球范围内分析 16 年的 MODIS TERRA 550 纳米（暗目标）气溶胶光学厚度数据(Platnick,2015)。NASA 的 GIOVANNI(https://giovanni.gsfc.nasa.gov/giovanni/),一个流行的基于网络的大气科学数据分析工具,是比较的基准。GIOVANNI 代表了分析地球科学数据的当前方法。它涉及对 5,790 个每日文件(2.9 GB)进行子集划分,并对子集数据进行分析。在 2016 年的初步基准测试中,NEXUS 的性能比 GIOVANNI 快了 100 倍以上。

  自从数据容器研究以来,NEXUS 团队被要求开发 NEXUS 和 AWS 弹性 MapReduce(EMR)之间的集成。EMR 是亚马逊提供的 MapReduce 集群服务。在这项工作中,NEXUS 团队进一步改进了其数据检索和分析算法,实现了数百倍的速度提升(见图 6.8)。另一个普遍观察到的现象是 GIOVANNI 的性能相当平稳,基本上不受地理空间覆盖区域大小的影响。这进一步验证了我们最初的假设,即磁盘 I/O 和过度流式传输是主要的性能瓶颈。根据性能数据,它还显示了 NEXUS 执行时间随覆盖区域大小的增加而增加。另一个观察结果是,NEXUS 的定制 Apache Spark 集群与 AWS EMR 解决方案提供了类似的性能。

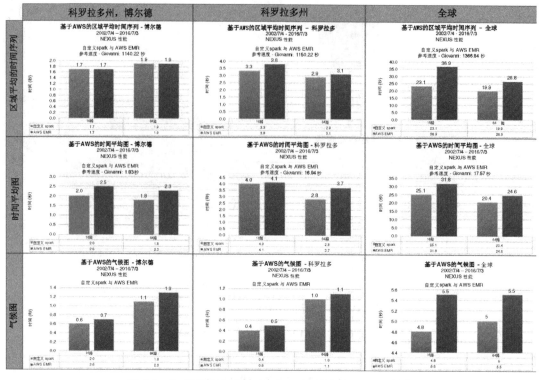

图 6.8　与 GIOVANNI 和 AWS EMR 相比的 NEXUS 性能

6.4.1　飓风卡特里娜案例研究

为了进一步展示 NEXUS 交付给气候研究人员的交互式多变量分析的速度优势，NEXUS 工程团队演示了如何重现来自一项关于飓风对海洋反应的卡特里娜飓风（Katrina）科学调查的研究结果，该研究题为"利用卫星观测和模型模拟研究飓风卡特里娜引发的浮游植物水华"（Liu et al.，2008）。我们能够使用 NEXUS 在几分钟内重现并验证发表的重要研究结果（见图6.9）。

2005 年 8 月 27 日，卡特里娜飓风经过佛罗里达州西南部。在佛罗里达大陆架区的 1×1 度区域内，海洋反应是被多颗卫星捕捉到的。最初的海洋反应是表层水域立即降温 2 ℃，并持续了几天。海表温度（SST）的下降与风和降水数据都有相关性。在此之后的几天内，出现了一次短暂而强烈的海洋叶绿素繁盛期。在这一事件之前，海洋可能已经被一个冷核涡旋和低海面高度"预控制"，但是叶绿素 A（Chl-A）数据的峰值比其他观测如 SST、风和降水滞后了大约 3 天，这表明卡特里娜飓风驱动的海洋混合作用和由此增加的营养物质可用性是造成这次水华爆发的原因。

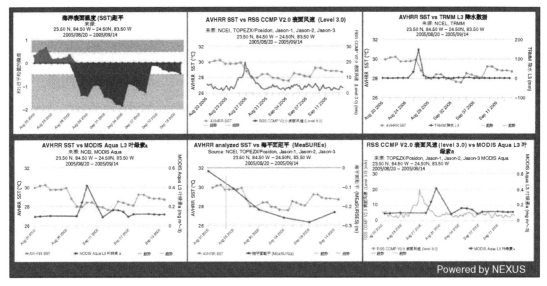

图 6.9　对飓风卡特里娜进行即时多变量分析

6.5　分析协作框架

分析协作框架（ACF）（Little et al.，2019）是一种架构概念，用于封装可扩展的计算和数据基础设施，并协调数据、工具和计算资源，以便能够进行科学研究。其目标是为研究人员和工具开发者创建一个 Web 服务平台，使他们能够发现、交互并分析大量相关数据，而无需通过互联网在系统之间移动数据。Apache 科学数据分析平台（SDAP）（https://sdap.apache.org）是一个由 NASA 资助的 ACF，通过其不断增长的项目组合正在积极发展（见图 6.10）。SDAP 以 NEXUS 为其大数据分析引擎，目前正在提供各种基于地理信息系统（GIS）的分析服务，包括统计算法、异常检测、原位与卫星匹配、搜索相关性。值得一提的是，2019 年 NASA 计算模型算法和网络基础设施（CMAC）项目为 SDAP 的 NEXUS 启动了一个新的插件架构，以支持大规模气候模型评估。这种插件架构使 NEXUS 能够支持云上可用的不同分析框架和服务。它们包括（1）分析存储在基于云的对象存储中的 NetCDF 和 HDF 的全球网格产品，（2）利用 Apache Spark 和 Dask 分析框架，（3）使用基于亚马逊的解决方案如 Lambda 的无服务器分析。

2019 年，NASA AIST 还资助了一项工作，开发 SDAP 与商业 Esri ArcGIS 平台之间的桥梁。其目标是使 ArcGIS 平台的用户能够访问不断增长的 SDAP 中心社区。在过去 3 年中，SDAP 的快速进展归因于其宽松的开源许可证以及建立一个可以在项目之间共享的生产级大数据解决方案的需求。

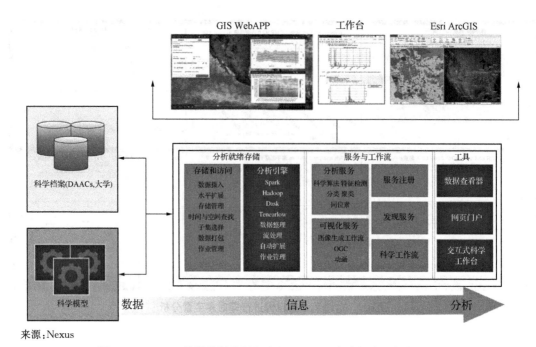

来源：Nexus

图 6.10　Apache 科学数据分析平台(SDAP)，一个分析中心框架(ACF)

6.6　联合分析协作系统

　　如果我们有一个 ACF 社区，共享通用的、语言中立的 RESTful API，并且每个 ACF 都在其拥有领域专长的数据上提供访问和分析服务会怎样？我们有一个 ACF 网络，研究社区可以交互式地利用它，而不必花时间下载和整理数据。更重要的是，这将显著降低数据复制和反复实施相同分析的成本。联合分析中心（图 6.11）是一种分布式架构，作为我们全球大数据挑战的解决方案，建立一个全球性的、可持续的、生产质量的开源 ACF 社区。自 2014年初次发布以来，于 2017 年完全开源给 Apache，NEXUS 已被各种 NASA 资助的项目采用，包括 NASA 海平面变化门户网站(https://sealevel.nasa.gov)，GRACE 后续科学门户网站 (https://grace.jpl.nasa.gov)，美国宇航局物理海洋学分布式活动归档中心(https://podaac.jpl.nasa.gov)，估算海洋循环和气候(ECCO)云服务（又名 ECCO-Cloud），地球观测系统协会(CEOS)海洋变量研究与应用促进计划(COVERAGE)，美国宇航局 CMAC 笔记本分析：并行模型评估项目。SDAP 也被选为美国宇航局 AIST-18 征集的多尺度甲烷分析框架(M^2AF)和云端按需地球光谱处理环境(GeoSPEC)的 ACF。这些项目和中心不仅贡献了源代码，还在提供服务端口可公开访问。全球的研究人员可以在这些实例之间分析和比较分析结果，而无需通过互联网传输大量数据。由于 SDAP 是一个并行分析平台，研究人员将能够在很短的时间内获得计算结果。这是通过 ECCO-Cloud 项目证明的。团队能够在 Jupyter notebook 上交互式地比较 ECCO-Cloud、海平面变化门户和 GRACE Follow-On 数据的分析，而无需将所有数据集汇集到 ECCO-Cloud 下。Jupyter notebook 只是简单地进行 RESTful 网络服务调用，并使用 matplotlib 绘制计算结果。

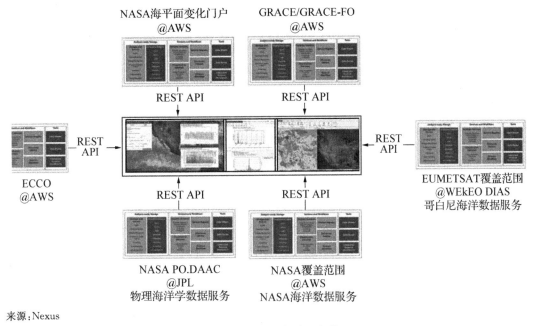

来源：Nexus

图 6.11　联合分析中心架构

6.7　结　论

我们的工作还没有完成。随着我们不断发现新技术和设计模式来改进我们的架构，NEXUS 和 SDAP 正在持续改进。解决大数据挑战需要专业、可持续的技术，建立一个共享通用 API 和信息模型的 ACF 网络是关键。SDAP 团队已经展示了新的 Web 服务架构，允许研究人员将他们的算法用 Python 和 Scala 推送到 NEXUS 中，使研究人员免于被云概念和分布式基础设施所压倒。2019 年，在 NASA 的 CMAC 项目支持下，Brian Wilson 博士及其团队向 Apache SDAP 引入了一种新的并行映射（PARMAP）架构。这种新架构提供了一个灵活的 MapReduce 编程模式抽象，可以在多个后端上运行，无需任何代码更改，包括多核、Apache Spark 集群、xarray/Dask 集群，以及一组按需的 AWS Lambda 函数（Wilson et al.，2019）。SDAP 社区正在探索通过与全球 GIS 标准组织如 OGC 和 ISO 紧密合作，改进 SDAP 与其他 GIS 系统的互操作性。社区还在积极工作，通过整合任何本地、预配的云解决方案来降低 SDAP 的运营成本，同时为其用户保持相同的通用 API。

参考文献

［1］Chung，N. (2017). Docker and container orchestration. *Proceedings of the 2017 Earth Science Information Partners（ESIP）Summer Meeting，Bloomington，IN*，2017.

［2］Dean，J.，& Ghemawat，S. (2005). MapReduce：Simplified data processing on large clusters. *ACM OSDI. Proceedings of the 6th Conference on Symposium on Operating Systems Design & Implementation*，6，10－10.

［3］Gamma，E.，Helm，R.，Johnson，R.，& Vlissides，J. (1994). *Design patterns：Element of reusable object-oriented software*. Addison-Wesley Professional.

[4] Gray, J., Liu, D. T., Nieto-Santisteban, M., Szalay, A., DeWitt, D. J., & Heber, G. (2005). Scientific data management in the coming decade. *ACM SIGMOD Record*, *34*(4), 34 – 41. ttps://doi.org/10.1145/1107499.1107503.

[5] Huang, T., Armstrong, E. M., Bourassa, M. A., Cram, T., Elya, J., Jacob, J., et al. (2018). Apache Science Data Analytics platform. *Proceedings of the 2018 Earth Science Information Partners (ESIP) Winter Meeting*, *Bethesda*, MD, 2018.

[6] Jacob, J. C., Greguska, F. R., Huang, T., Chung, N., & Wilson, B. D. (2017). Design patterns to achieve 300x speedup for oceanographic analytics in the cloud. *Proceedings of the 2017 American Geophysical Union Fall Meeting*, *New Orleans*, *LA*, 2017.

[7] Little, M. M., Duffy, D., Namani, R. R., Hristova-Veleva, S. M., & Huang, T. (2019). Four years of progress in analytics center frameworks: Lessons learned. *Proceedings American Geophysical Union Fall Meeting*, *San Francisco*, *CA.*, *2019*.

[8] Liu, X., Wang, M., & Shi, W. (2008). A Study of a Hurricane Katrina-induced phytoplankton bloom using satellite observations and model simulations. *Journal of Geophysical Research*, *114*, C03023. https://doi.org/10.1029/2008JC004934.

[9] Lynnes, C., Little, M. M., Huang, T., Jacob, J. C., Yang, C., & Kuo, K. (2016). *Benchmark Comparison of Cloud Analytics Methods Applied to Earth Observations*. In proceedings of the 2016 *American Geophysical Union Fall Meeting*, San Francisco, CA., 2016.

[10] Platnick, S. (2015). MODIS/Terra Aerosol Cloud Water Vapor Ozone Daily L3 Global 1Deg CMG, NASA Level-1 and Atmosphere Archive & Distribution System (LAADS) Distributed Active Archive Center (DAAC). Goddard Space Flight Center, Greenbelt, MD. https://doi.org/10.5067/MODIS/MOD08_D3. 006.

[11] Wilson, B. D., Jacob, J. C., Mestar, L., & Lee, H. (2019). PARGEO: Cloud-ready pervasively parallel analytics and climate science. *Proceedings of the 2019 American Geophysical Union Fall Meeting*, *San Francisco*, *CA*, 2016.

[12] Zaharia, M., Chowdhury, M., Das, T., Dave, A. Ma, J., McCauley, M., et al. (2012). Resilient distributed datasets: A fault-tolerant abstraction for in-memory cluster computing. Proceedings of the 9th USENIX Conference on Networked Systems Design and Implementation, Apr. 25 – 27, 2012.

7 云分析方法在地球观测中的基准比较

Christopher Lynnes[1], Michael M. Little[1], Thomas Huang[2], Joseph C. Jacob[2], Chaowei Phil Yang[3], Mahabaleshwara Hegde[1], 和 Hailiang Zhang[1]

1. 美国宇航局戈达德太空飞行中心, 格林贝尔特, 马里兰州, 美国;

2. 美国宇航局喷气推进实验室, 加州理工学院, 帕萨迪纳, 加州, 美国;

3. 乔治梅森大学, 费尔法克斯, 弗吉尼亚州, 美国

地球观测数据是研究长期变化的重要资源,但大数据量的分析可能具有挑战性。特别是时间序列分析受到典型的时间切片文件组织的阻碍。我们研究了几种潜在的解决方案,这些方案在很大程度上受到随着云计算出现的数据并行方法的启发。这些解决方案包括数据重组、空间索引、分布式存储和我们称之为分析优化数据存储(AODS)的预计算的各种组合。我们发现,即使是简单的解决方案(如数据立方体)也能产生超过一个数量级的改进;最好的解决方案能提供两到三个数量级的改进。性能最佳的解决方案在通用性或存储占用方面有所权衡,但在性能至关重要的数据分析框架中,它们可能仍然是有用的组件。

7.1 引 言

随着地球观测(EO)数据量的持续增长,从这些数据中进行分析和知识提取仍然是一项挑战。然而,云计算近年来的新发展带来了一些希望,分析可能变得可行。此外,任何人都能使用大规模并行云计算,这开启了以前只有授权超级计算机用户才能享有的可能性。不过,这种机会是有代价的,因为在云中进行大规模并行计算通常只有在数据能够轻松分区以进行并行处理时才可能。因此,一些问题,如紧密耦合的模型,可能永远无法在云计算中变得可行。然而,一大类问题,特别是那些空间区域或时间间隔可以独立计算的问题,非常适合云计算。尽管如此,仍然需要以这样一种方式分配数据,以便许多计算节点能够同时且高效地对其进行处理。

为了说明这一点,让我们观察一个现有的数据分析系统,以识别我们如何可能将一个对本地系统来说难以处理的问题转变为云计算的已解决问题。地理空间交互式在线可视化和分析基础设施(Giovanni)提供了一个在线功能,可以对来自 NASA 卫星的 EO 数据以及一些同化模型输出进行基本的统计分析(Liu & Acker, 2017)。它提供了 20 多种不同的分析功能,但迄今为止最受欢迎的两项服务是时间平均图和区域平均时间序列。Giovanni 拥有超过 30 000 名活跃用户,并在超过 1 700 篇出版物中被引用或致谢。然而,它的受欢迎有时也是一个缺点。Giovanni 当前的服务器由一个基本的 Linux 32 核多处理器组成。有时,用户负载超过了容量,减慢了所有 Giovanni 用户的速度,有时需要冷启动来恢复服务,这会终止用户的分析工作流程而没有结果。性能不仅仅受到固定的本地容量的限制,还受到所使用的粗粒度并行性的限制。

卫星数据集覆盖时间超过 20 年，一些同化模型的覆盖时间甚至超过了 65 年。卫星和模型数据集通常是按时间顺序产生的，也就是说，在给定时间段内计算整个空间范围。由于这种处理模式，地球观测和同化模型数据集往往在每个文件中包含较少的时间步长，通常只有一个时间步长。这意味着任何长时间序列分析都涉及打开和关闭大量文件。例如，在 39 年的北美陆地数据同化系统(NLDAS)模型输出中，存储了超过 340 000 个单独文件。由于存储格式分层数据格式(HDF)的复杂结构，这种时间切片的组织方式打开和关闭文件的开销稍微增加了。仅仅进行整个时间序列的点提取就可能需要几个小时，因此，Giovanni 限制了用户可以请求分析的数据值数量。对于 NLDAS 小时数据的全空间范围的区域平均时间序列，限制仅为近 40 年时间记录的 2 年，这显然限制了科学用户的操作范围。尽管更复杂的并行化代码可能在某种程度上有所帮助，但改进可能是有限的。高频的文件操作也可能会对磁盘子系统造成压力，无论是在硬件级别还是在内核/文件系统级别。

人们已经尝试改善这一情况，最值得注意的是构建数据集，每个文件代表单个网格点的整个时间序列，这被称为"数据棒"(Teng et al.，2016)，它本质上是将数据组织方式转了一个直角。数据棒在时间方向上的快速处理显示出了前景，但当然不适合于天气分析。此外，这种方法代表了一个数据管理挑战，不仅需要存储双份数据，还需要处理每天都在向每个数据棒文件追加的活跃数据流。

云计算提供了几种能力，显示出打破常规数据分析系统常面临的僵局的前景。最明显的是能够扩大处理分析工作流程的进程数量的能力。然而，如果初始数据检索本身就是一个瓶颈，这就没有多大价值。幸运的是，云计算还有几种方法可以突破这个瓶颈。最初的解决方案是高度分布式的文件系统，与数据附近的处理器相结合。MapReduce(Dean & Ghemawat，2008)和 Hadoop 分布式文件系统(HDFS)(Shvachko et al.，2010)的发展使得能够扩展到数千个处理器的能力变得可行，每个处理器都在处理代表云计算基本能力的一小部分数据。紧接着是云中的高度分布式数据库。例如，Hive 系统(Thusoo et al.，2009)提供了一个 SQL 接口，用于在像 HDFS 这样的分布式文件系统中处理数据的 MapReduce 框架。云生态系统中的其他数据库包括列式 NoSQL 数据库，如 MongoDB。数据库可以以两种略微不同的方式使用。在第一种模式下，数据库用于分发"数据块"以实现中等粒度的数据并行处理，但数据块会按原样检索以供代码处理。第二种模式，通过在数据库中存储单个数据值，可以实现超细粒度的数据并行处理，这允许一些处理在数据库查询处理过程中进行。

因此，有多种方式可以在云中分区、组织和存储数据，以实现高度数据并行处理。对于寻求提供分析能力的数据系统，这就带来了一些重大挑战。第一个挑战是承诺重新组织和写入数据，以优化结构以便于分析。第二个挑战是决定是否存储这个为分析优化的副本，以及存储多久；与本地数据存储硬件不同，云中的数据存储成本通常直接与存储时间长短有关。第三个挑战是分析软件通常需要编写(或重写)以适应特定的数据组织或存储格式。在某些情况下，可能可以通过使用如 Python 数据分析库(pandas)(McKinney & Team，2018)或 Xarray(Hoyer & Hamman，2017)这样的多功能数据结构框架来使代码与方案之间的变化隔离。然而，存储方案的多样性足以使得这些框架要么还没有覆盖它们所有，要么如果覆盖了，就会因为没有优化以适应特定的存储结构而丧失显著的性能。因此，了解各种形式的 AODS 的性能属性是有用的，以便决定哪种方案适用于特定应用，而且一旦为特定数据集和/或分析框架实施了 AODS,更改为另一个方案可能会产生显著的成本。我们描述了调查七种类型的 AODS 在三个不同地理范围内的性能的方法和结果。

7.2　实验设置

我们设计了一个简单的实验,以检验从各种 AODS 获得的处理改进有多大。使用了一个常见的分析问题,即区域平均时间序列,这对于本地分析来说是一个挑战。在这个计算中,地理投影的单元值与 cos(φ)的权重平均,其中 φ 是纬度。选定的数据集是来自搭载在 NASA 的 Terra 卫星上的中分辨率成像光谱辐射计(MODIS)仪器的每日网格化气溶胶光学厚度。数据变量可以从 MODIS/Terra 气溶胶、云、水汽、臭氧每日 L3 全球 1 度气候模型网格(Platnick,2015)中提取。选定的时间段覆盖了 2000 年 3 月 1 日至 2016 年 2 月 29 日。图 7.1 显示了这一时期的全球时间序列。为了区分数据检索与计算对所用时间的贡献,我们尝试了三种情况:全球平均;科罗拉多州的平均值;以及博尔德镇的平均值,后者基本上相当于一个简单的点时间序列提取。我们使用 Giovanni 系统建立了一个单线程的本地基线。算法计算时间仅来自于分析步骤中的数据衍生过程,并未包括构成典型 Giovanni 请求的数据查询、准备或可视化步骤,以便专注于数据组织和结构的效果。

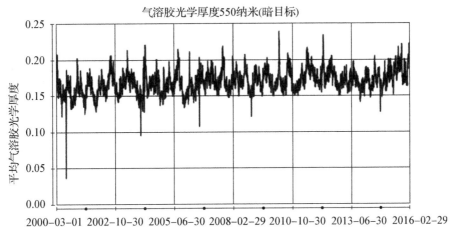

图 7.1　2000‑03‑01 至 2016‑02‑29 期间 MODIS/Terra 气溶胶光学厚度的区域平均时间序列

7.3　AODS 候选者

我们调查的 AODS 中最简单的,架构♯1,是将单个数据文件预先聚合成包含多个时间步的较大文件。这是 Google Earth Engine(Gorelick et al.,2017)和地球观测卫星委员会(Lewis et al.,2017)用于简化卫星扫掠数据时间序列分析的数据立方体方法的高度简化形式。在我们的案例中,不需要对任何数据进行插值或平均,因为 3 级 MODIS AOD 已经在一个规则的网格上。尽管如此,数据立方体方法潜在地可以通过大幅减少文件打开和关闭操作来提高性能。为了计算区域平均时间序列,我们使用来自 netCDF 命令操作符(NCO)的 ncwa(加权平均)和 ncrcat(记录连接)命令,这是一个用 C++编写的强大计算包,用于网络通用数据格式和分层数据格式文件(Zender,2008)。图 7.2 展示了在苹果 Airbook 上使用固态硬盘(SSD)对不同聚合级别进行的实验,其中 X 轴表示每个文件包含多少时间步长(对于1 000时间步长的情况,最后一个文件只有 789 个时间步长)。单个时间步长文件的性能与预期的同一数量级一致。

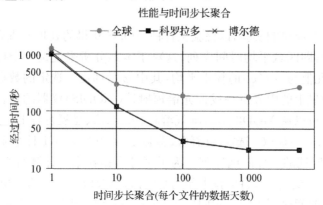

图 7.2　计算 MODIS/Terra AOD 全球平均时间序列的计算耗时(圆形代表全球,方形代表科罗拉多,X 代表博尔德)(后两个时间对于所有级别的聚合来说几乎是相同的)

随着聚合大小的增加,在全球情况下的性能改进几乎是一个数量级,对于空间子集情况下甚至更大,即使没有调用任何多进程能力。为了进一步提高多进程的改进,我们选择了1 000的块大小,并在云中的单个节点上执行了 6 路分叉(每个时间块一个),使用的是亚马逊网络服务云中的 r4_2xlarge 计算节点。然后将结果连接成一个时间序列,使用 ncrcat。

我们还调查了两个基于分布式文件系统的 AODS。架构♯2 是一个基于 HDFS 的简单系统,使用 Spark 进行分布式计算。架构♯3(图 7.3)基于 ClimateSpark(Hu et al.,2018),它将数据作为 netCDF 文件保存在 HDFS 中,但增加了数据的时空信息索引方案,允许更快的检索,特别是在处理空间子集时。

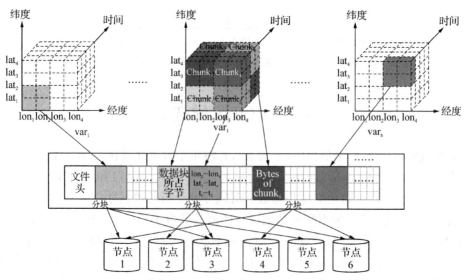

图 7.3　NEXUS 使用的 HDFS 上的数据块外部时空索引,有助于优化数据检索以进行分析

由于 netCDF 是 EO 数据的常用标准格式,这具有使用数据档案版本的潜在优势(尽管在这种情况下,为了便捷,数据是从 HDF 版本 4 转换为 netCDF 的)。我们还调查了四种不同的基于数据库的 AODS,其中两种是某种混合类型。架构♯4 使用 Hive(Capriolo et al.,2012)在 HDFS 之上,具有读时模式和 Spark 作为处理引擎。架构♯5 是 NEXUS 架构(图7.4和图 7.5),它使用 Cassandra 数据库,其中存储了空间-时间数据块,以便快速检索(Huang et al.,2018)。在上述以数据库为中心的架构中,数据库主要用于在 Spark 中进行存储和检索,计算则在其中发生。

在架构♯6 中,数据以 Parquet(LeDem,2013)格式存储在 Web 对象存储中。然后通过云中的 Athena 服务访问数据,该服务提供了一个基于模式读取的类 SQL 接口来访问数据。最后,在架构♯7 中,数据被存储为 MongoDB 中的单个值。在这种架构中,简单的处理实际上可以嵌入到查询聚合函数中。

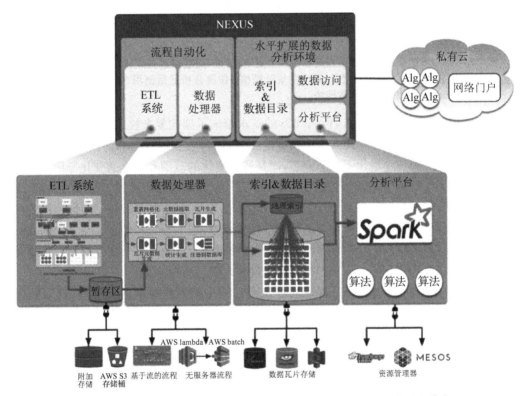

图 7.4 ClimateSpark 总体架构的描绘,它利用了 NEXUS 时空索引和检索

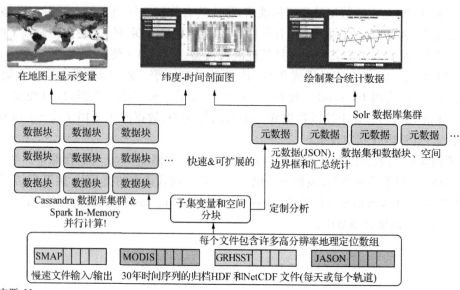

来源：Nexus

图 7.5　NEXUS 的高级架构。数据摄取由一个提取-转换-加载系统处理，该系统将输入数据文件分区成数据块，并预计算一些统计数据。按需分析然后使用 **Spark** 进行计算，从 **Cassandra** 数据库获取数据块。

　　显然在并行处理体系结构中运行 AODS 的需求带来了架构复杂性，这些复杂性可能难以处理。特别难以将计算算法与 AODS 架构方面分离，因为数据的分区和访问方式如此不同。然而，我们对于选择哪一个胜出不太感兴趣，而是调查变化的范围和可能的变化原因。硬件平台显示在表 7.1 中。请注意，即使本地的 Giovanni 运行在多处理器服务器上，我们也将节点和核心的数量列为 1，因为它以单线程模式运行。理想情况下，测试也应该在一套通用的硬件上运行。然而，不同的软件架构可能需要不同的硬件要求才能以高性能配置运行。基于 Athena 的架构代表了一个"纯粹"的 AODS，即计算硬件完全抽象化，实际上对于服务的用户来说是无法确定的。相反，客户按照响应请求扫描的数据量来计费。

　　AODS 中的一个重要方面是在提取转换加载过程中对数据执行的预处理，这可能包括一些预计算。例如，NEXUS 系统预先计算了一些区域统计数据。对于 Athena＋Parquet 架构，我们尝试了两种不同的方法。在第一种方法中，构建了一个空间索引（SI）以简化查询。在第二种方法中，计算了一个随纬度和经度变化的累计和（RS），然后存储在 Parquet AODS。这极大地简化了对区域平均时间序列的运行时计算，将其简化为结束时间和开始时间的运行总和之间的简单差分操作。这不仅能产生更快的响应，而且还减少了数据量，从 SI 案例的 350MB 数据扫描量减到 RS 案例的不到 4MB。然而，这在数据管理方面确实带来了重大缺点，因为如果源数据通过重新处理被替换，那么必须重新计算并更新 AODS 中的运行总和，而且其优化能力仅限于少数几种计算类型。

表 7.1　支持 AODS 架构的硬件系统

	架构	节点	核心/节点	总核心数	RAM/节点	存储
0	Giovanni	1	1	1	32	磁盘
1	Data Cube	1	8	8	61	SSD

	架构	节点	核心/节点	总核心数	RAM/节点	存储
					续　表	
2	Spark＋HDFS	19(1)	8	8	61	磁盘
3	ClimateSpark	19(1)	12	228(12)	24	磁盘
4	Spark＋Hive	19(1)	12	228(12)	24	磁盘
5	Spark＋Cassandra(NEXUS)	1	64	64	122	SSD
6	Athena＋Parquet		不可用			WOS
7	MongoDB	19(4)	12	228(12)	24	磁盘

注:括号内的数字表示作为头节点的节点数(总数中的)。SSD=固态硬盘;WOS=网络对象存储。

7.4　实验结果

图 7.6 展示了每种架构对三种地理范围的耗时。其中两种架构在两种不同模式下进行了测试:数据立方体分别测试了是否采用分叉多进程。对于 Athena＋Parquet 本地 Giovanni,三种地理范围所需的时间相似,表明主导因素是文件操作。然而,当文件预先聚合成数据立方体时,所有三种地理范围都取得了显著的改进,而架构复杂性几乎没有增加。此外,在单个节点上添加基本的基于分叉的多进程处理进一步节省了时间,使得全球案例节省了一个数量级以上的时间,而空间子集案例节省了两个数量级的时间。

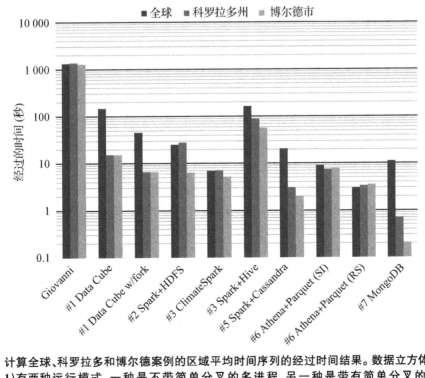

图 7.6　计算全球、科罗拉多和博尔德案例的区域平均时间序列的经过时间结果。数据立方体架构(♯1)有两种运行模式,一种是不带简单分叉的多进程,另一种是带有简单分叉的多进程。Athena＋Parquet 架构(♯6)用两种不同形式的数据填充,第一种是伴随空间索引的数据,第二种是使用数据的累计和而不是数据本身(由 NEXUS 提供)。

　　有趣的是,两种分布式文件系统并行架构在全球和科罗拉多地理范围内的结果相似,这表明在这些案例中文件操作仍然是一个限制因素。另一方面,各种数据库架构在地理范围上显示出相当程度的分离,这与这些架构中没有明确的文件打开/关闭操作相符。

　　总的来说,从全球案例中的表现来看,文件系统架构的性能大致等同于数据库架构。数据库架构在科罗拉多和博尔德案例中往往更高效,其中最大的改进是 MongoDB 案例,它在这两个小区域的所有其他架构中表现最佳。这表明,对于从更大的数据集中检索适量数据,将数据值单独存储在数据库中是最高效的。然而,需要注意的一点是,MongoDB 中数据集的存储占用空间是其他架构的 50 多倍。

　　最重要的结果是,所有架构相比于本地 Giovanni 案例都有显著提升,改进范围从一个到三个数量级以上,但大多数介于一个到两个数量级之间。因此,在许多情况下,它们之间的实施决策很可能同样受到成本、数据管理和架构考虑的驱动。例如,最快的架构 MongoDB,其存储占用空间也是迄今为止最不节省的,因此成本也最高。因此,它可能特别适用于速度至关重要且数据系统管理者愿意为此支付高价的情况,例如在高度交互式的数据探索或分析中应用。或者,数据管理者可能希望在 Athena＋Parquet 案例中维护两份数据副本,每份都有不同的累加和,这比单一副本更昂贵,但比 50 倍的溢价便宜。另一方面,数据立方体架构因其简单性和通用性而具有吸引力。创建数据立方体所需的软件非常简单,且可以通过多种语言和方法进行访问。大多数基于 Spark 的架构都介于这些极端情况之间。应当注意的是,本实验中使用的计算非常简单;可能更复杂的算法会从 Spark 及类似框架提供的大规模并行处理中获益更多。

7.5　结　论

　　地球观测和相关模型输出数据适用于依赖长时间序列的各种分析:长期趋势、物候学、气候学和昼夜变化等不胜枚举。因此,它们的生产方式往往与时间序列分析的需求背道而驰,这实在是讽刺。数据档案馆通常不愿意修改他们保管的数据。然而,云计算提供了一套灵活的存储和计算选项,为数据系统架构师提供了将数据的档案形式与分析形式解耦的可能性。这带来了许多挑战:验证分析优化数据是否代表与档案副本相同的内容;管理数据到达时的实时数据集;以及维护溯源链。此外,大多数 AODS 架构依赖于数据存储在相对昂贵的机械或固态硬盘上,而不是存储在档案副本可能驻留的 Web 对象存储中。因此,数据管理者需要有选择性地决定哪些数据变量应该以分析优化的形式呈现。鉴于云计算范式将数据存储成本作为驻留时间的函数,一些数据变量甚至可能被临时阶段性地转移到 AODS 中,在用户社区有机会利用它们之后,再为下一批数据变量腾出空间。这种特定变量的上阶段和下阶段甚至可以自动触发,例如在某些事件(例如火山喷发)发生时,或者与特定的资金周期绑定在某个给定主题上。甚至可以根据预期的社区或使用情况来选择特定的 AODS 形式。例如,如果要将数据与澳大利亚的一个数据立方体结合,那么一个数据立方体容器可能比在 HDFS 上运行 Spark 更有利于数据互操作性。随着科学家们结合来自不同组织、机构或国家的各种供应商的数据,这种情况变得越来越可能,这些供应商可能有不同的 AODS 首选形式。

参考文献

［1］Capriolo, E., Wampler, D., & Rutherglen, J. (2012). *Programming Hive: Data warehouse and query language for Hadoop*. O'Reilly Media, Inc.

［2］Dean, J., & Ghemawa, S. (2008). MapReduce: simplified data processing on large clusters. *Communications of the ACM*, *51*(1): 107 – 113. https://doi.org/10.1145/1327452.1327492.

［3］Gorelick, N., Hancher, M., Dixon, M., Ilyushchenko, S., Thau, D., & Moore, R. (2017). Google Earth Engine: Planetary-scale geospatial analysis for everyone. *Remote Sensing of Environment*, *202*, 18 – 27. https://doi.org/10.1016/j.rse.2017.06.031.

［4］Hoyer, S., & Hamman, J. (2017). xarray: ND labeled arrays and datasets in Python. *Journal of Open Research Software*, 5. https://doi.org/10.5334/jors.148.

［5］Hu, F., Yang, C. P., Schnase, J. L., Duffy, D. Q., Xu, M., Bowen, M. K., Lee. T., & Song, W. (2018). *ClimateSpark: An in-memory distributed computing framework for big climate data analytics*. omputers & Geosciences 115, 154 – 166. https://urldefense.com/v3/_https://doi.org/10.1016/j.cageo.2018.03.011 _;!! N11eV2iwtfs!pzE8i4O_- mndDeMhkA5BAm7F1jupfg5jKsLx2lvezg6tL8TxUEuf4XDV1_ohqGE3ULqb-R3A $"https://doi.org/10.1016/j.cageo.2018.03.011.

［6］Huang, T., Armstrong, E. M, Greguska, F. R., Jacob, J. C., Quach, N. T., McGibbney, L. J., et al. (2018). *High performance open source platform for ocean sciences*. 2018 Ocean Sciences Meeting, Portland, OR.

［7］Le Dem, J. (2013). Parquet: Columnar storage for the people. *Strata/Hadoop World*. New York City. https://www.slideshare.net/julienledem/parquet-stratany-hadoopworld2013.

［8］Lewis, A., Oliver, S., Lymburner, L., Evans, B., Wyborn, L., Mueller, N., et al. (2017). The Australian geoscience data cube: Foundations and lessons learned. *Remote Sensing of Environment*, *202*, 276 – 292. https://doi.org/10.1016/j.rse.2017.03.015.

［9］Liu, Z., & Acker, J. (2017). Giovanni: The bridge between data and science. *Eos*, 98. https://doi.org/10.1029/2017EO079299.

［10］McKinney, W., & Team, P. D. (2018). Pandas: Powerful Python data analysis toolkit. https://pandas.pydata.org/pandas-docs/stable/pandas.pdf.

［11］Platnick, S. (2015). MODIS/Terra Aerosol Cloud Water Vapor Ozone Daily L3 Global 1Deg CMG, NASA Level-1 and Atmosphere Archive & Distribution System (LAADS) Distributed Active Archive Center (DAAC). *Goddard Space Flight Center*, *Greenbelt*, *MD*. https://doi.org/10.5067/MODIS/MOD08_D3.006.

［12］Shvachko, K., Kuang, H., Radia, S., & Chansler, R. (2010), The Hadoop distributed file system. *2010 IEEE 26th Symposium on Mass Storage Systems and Technologies (MSST)*, 1 – 10. https://doi.org/10.1109/MSST.2010.5496972.

［13］Teng, W., Rui, H., Strub, R., & Vollmer, B. (2016). Optimal reorganization of NASA Earth science data for enhanced accessibility and usability for the hydrology community. *Journal of the American Water Resources Association (JAWRA)*, *52*(4), 825 – 835. https://doi.org/10.1111/1752 – 1688.12405.

［14］Thusoo, A., Sarma, J. S., Jain, N., Shao, Z., Chakka, P., Anthony, S., et al. (2009).Hive: A warehousing solution over a MapReduce framework. *Proceedings of the VLDB Endowment*, *2*, 1626 – 1629. https://doi.org/10.14778/1687553.1687609.

［15］Zender, C.S. (2008). Analysis of self-describing gridded geoscience data with netCDF operators (NCO). *Environmental Modeling & Software*, *23*(10 – 11), 1338 – 1342. https://doi.org/10.1016/j.envsoft.2008.03.004.

第二部分

地球大数据的分析方法

8　地球大数据分析方法简介

Christopher Lynnes

NASA 戈达德太空飞行中心,格林贝尔特,马里兰,美国(已退休)

地球大数据太庞大以至于无法通过简单的数据检查来处理。因此,通常需要模型来理解所有数据。适用于地球大数据的模型可能是基于物理的、统计的或机器学习的。虽然物理模型是理解数据的理想选择,但它们并不总是可行的,特别是当我们的观测能力在更细的尺度上超出了我们整合物理学的能力时。统计模型更为泛化,但对于许多地球观测数据集来说,计算强度很大。机器学习模型通常具有良好的扩展性,但有时在提供物理理解方面存在局限性。混合模型结合了两种或更多这些类型的特点和优势。

国家标准技术研究院(NIST)定义大数据为"在体量、速度、多样性和/或可变性方面具有显著特征的庞大数据集,需要可扩展的架构来高效存储、操作和分析"(Chang & Grady,2019)。到目前为止,这个定义的体量方面在地球工作中占据了主导地位。尽管随着时间的推移和数据来源的增多,多样性和可变性可能会超过数据量的挑战。这对大型地球观测数据分析意味着什么?

在计算机出现之前,分析数据的唯一实用方法是通过视觉观察,无论是单个数据点还是在某些情况下相对简单的统计模型。然而,人类的视觉能力只能扩展到一定程度,特别是当限于静态的、二维的数据表示,如科学论文时。解决这一限制的最常见方法是采用某种基于模型的分析。基于模型的分析可以视为三种不同类别的模型:物理模型、统计模型和机器学习模型(见图 8.1)。但正如我们将看到的,这些并不一定是相互独立的。

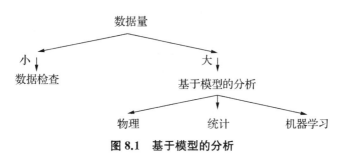

图 8.1　基于模型的分析

物理模型是基于我们对物理世界及其运作的理解而开发的。这包括地球物理、生物和生态模型。观测数据可以在这类模型中以多种不同方式使用:作为模型的初始条件或边界条件;直接同化到模型本身中;或作为模型的验证或证伪。因此,特别是在后一种情况下,基于物理模型的分析可以是我们对所研究的物理方面知识的一项特别严格的测试。然而,物理模型需要对基本原理有透彻的了解,这对于新领域或理解不充分的领域的研究可能是不可用的。在地球观测中尤其如此,因为仪器能够产生更细的空间和时间尺度的数据,此时物理学可能还不足以被完全整合到模型中。物理模型通常也编码在复杂的计算机程序中,这些程序容易出现错误,并且如果模型代码没有得到良好的文档记录、发布和可移植性,则其他人很难再现。

统计技术的范围从计算简单的平均值和标准差到复杂的、计算密集型技术,如克里金法和小波分析。虽然不总是显而易见,这些技术通常基于关于数据可能如何分布的基本假设,例如假设高斯分布是简单平均的前提。统计模型也可以是探索数据集重要特征的有力工具,特别是当我们超越简单平均,去看数据的其他方面,例如自然现象的极端值(例如Palharini et al.,2020)。极值估计和预测很可能对地球观测变得越来越重要,因为重要的环境测量,如降雨量和气温,已偏离历史平均值(Diffenbaugh,2020)。然而,如果数据的分布与假设的统计模型显著偏离,统计分析可能产生误导性的结果。此外,由于大多数统计方法需计算聚合量以减少数据量,聚合估计可能无法发现数据中的重要特征。地球观测统计的地理空间性质既复杂也是一个机会,正如第9章"海洋与大气中大数据分析的空间统计学:视角、挑战与机遇"中所讨论的。复杂性源于空间邻近性对统计分布的影响。所呈现的机遇是在指定的空间背景下识别有趣现象的能力,例如极端值,这些在特殊空间场景出现但更大的(例如全球)背景下可能不会出现的观象(Liu et al.,2017)。

扩展统计分析的一个挑战是潜在的耗时计算。地球观测特别容易受到这种影响,因为它们是按照时间切片收集和处理的,例如单个卫星场景,或者按小时或每日网格,然后通常以接收的形式由数据档案存储。这种数据的安排使得时间序列计算特别低效,因为需要开启和关闭每一个时间切片的文件。因此,计算全球(甚至是大区域)的时间序列可能需要花费大量的时间。云计算提供了使这些计算更易处理的可能性,只要数据也进行重新组织,或者在某些情况下部分预先计算,正如第7章"云分析方法在地球观测中的基准比较"中所描述的。

机器学习模型在某些方面是统计模型的延伸。实际上,一些最早的机器学习形式,如逻辑回归和朴素贝叶斯分类,有着明显的统计基础。虽然理论上机器学习算法可以处理无限量的数据,但大数据的有用性随着机器学习模型和数据特性的不同而变化。向偏差高的机器学习模型(过于简单或欠拟合)添加更多数据,对改善模型帮助不大。另一方面,向方差高的模型(过拟合)添加更多数据可能是有帮助的。然而,即使在这种情况下,仅仅获取更多的数据并不总是有用的;为了减少模型中的偏差,类别平衡和空间代表性至关重要(Elmes et al.,2020)。

在数据分析中使用机器学习模型的一个挑战是,许多模型是纯数学的,与潜在的物理规律没有明显的联系。因此,许多领域都出现了朝着机器学习可解释性的努力。一种常见的方法是检查结果对输入扰动的敏感性,例如使用蒙特卡洛估计(Sobol,2001),或者通过查看直接指示敏感性的模型视图,如雅可比矩阵(Maddy & Boukabara,2021)。

或许,通过混合模型从地球大数据中获取的知识最多,例如过程引导的深度学习,它结合了基于物理的模型和基于机器学习的模型。例如Read等(2019)结合了基于能量守恒的湖泊温度过程建模与深度学习模型。物理约束被用作每个训练周期中深度学习目标函数的计算部分。这种方法不仅可能产生更好的估计,而且还能扩展到更大的数据集,因此显示出了全球监测的前景。

参考文献

[1] Chang, W. L., & Grady, N. (2019). NIST big data interoperability framework: volume. 1, Big

Data Definitions [Version 3]. https://doi.org/10.6028/NIST.SP.1500-1r2.

[2] Diffenbaugh, N. S. (2020). Verification of extreme event attribution: Using out-of-sample observations to assess changes in probabilities of unprecedented events. *Science Advances*, *6*(12) https://doi.org/10.1126/sciadv.aay2368.

[3] Elmes, A., Alemohammad, H., Avery, R., Caylor, K., Eastman, J. R., Fishgold, et al. (2020). Accounting for training data error in machine learning applied to Earth observations. *Remote Sensing*, *12* (6): 1034, https://doi.org/10.3390/rs12061034.

[4] Liu, Q., Klucik, R., Chen, C., Grant, G., Gallaher, D., Lv, Q., et al. (2017). Unsupervised detection of contextual anomaly in remotely sensed data. *Remote Sensing of Environment*, *202*, 75-87. https://doi.org/10.1016/j.rse.2017.01.034.

[5] Maddy, E. S., & Boukabara, S. A. (2021). MIIDAPS-AI: An explainable machine-learning algorithm for infrared and microwave remote sensing and data assimilation preprocessing-application to LEO and GEO sensors. *IEEE Journal of Selected Topics in Applied Earth Observations and Remote Sensing*. https://doi org/10.1109/JSTARS.2021.3104389.

[6] Palharini, R., Vila, D., Rodrigues, D., Pareja Quispe, D., Palharini, R., Siqueira, R., et al. (2020). Assessment of the extreme precipitation by satellite estimates over South America. *Remote Sensing*, *12*(13), 2085. https://doi.org/10.3390/ rs12132085.

[7] Read, J. S., Jia, X., Willard, J., Appling, A. P., Zwart, J. A., Oliver, S. K., et al. (2019). Process-guided deep learning predictions of lake water temperature. *Water Resources Research*, *55*, 9173-9190. https://doi.org/10.1029/2019WR024922.

[8] Sobol, I. M. (2001). Global sensitivity indices for nonlinear mathematical models and their Monte Carlo estimates. *Mathematics and Computers in Simulation*, *55*(1-3), 271-280. https://doi.org/10.1016/S0378-4754(00)00270-6.

9 海洋与大气中大数据分析的空间统计学：视角、挑战与机遇

Kevin A. Butler[1] 和 Tiffany C. Vance[2]
1. 环境系统研究所,雷德兰兹,加利福尼亚州,美国;
2. 美国综合海洋观测系统,国家海洋和大气管理局,银泉,马里兰州,美国

在海洋和大气中,新型采样和建模的进步已将数据流提升至大数据领域。美国国家海洋和大气管理局(NOAA)每天收集 20 TB 的天气和其他数据(Vance et al.,2019),并拥有自己的内部大数据项目,利用云平台,可以使这些数据有效利用。气候-渔业模型使用区域海洋模型系统(ROMS)研究白令海的生态系统发现,模型运行 30 年需要 10TB 的存储空间来保存驱动文件和输出结果。单次渔业研究巡航的水声学数据可能是数百 GB,并包含数千个单独文件(https://www.ngdc.noaa.gov/maps/water_column_sonar/index.html)。这些数据集的分析挑战了传统的统计方法和 GIS 工具的使用。

9.1 空间数据与空间统计

空间统计是应用统计学和地理信息科学的一个子学科,专注于使用明确考虑空间和空间关系的数学方法(Esri,2018)。具体来说,空间统计使用距离、面积、体积、长度、高度、方向、中心或其他空间特征的度量直接计算统计量。尽管空间统计起源于 20 世纪 50 和 60 年代地理学的定量革命,即从区域描述到构建和测试理论模型的学科重点转移(Burton,1963),但这些方法的广泛采用直到二十世纪八十年代末和九十年代才发生,这是由于引入了开创性的教科书和实施空间统计的计算机软件(Griffith,2014)。

空间统计与传统统计类似,它们共享相同的目标,即抽样、总结、分析、解释和主要呈现数值数据。空间统计之所以发展,是因为传统统计方法要么不适用于空间数据,要么无法完整呈现一组数据的全貌。传统统计方法在应用于空间数据时往往不恰当,因为空间数据违反了独立性的假设。独立性意味着一个观测值不受其他观测值的影响。基于地理学的第一定律,即"一切事物都与其他事物相关,但近处的事物比远处的事物更相关"(Tobler,1970),空间数据违反了许多传统统计检验所需的独立性假设。传统统计也可能限制关于一组数据可以提出/回答的问题的范围。例如,一个记录成年人流感症状持续时间的样本数据集,可以通过计算流感平均持续时间来总结。假设每个观测值都有位置信息,那么空间问题"流感病例的中心在哪里"就可以得到回答。这两个问题都涉及中心趋势的度量,即最中心或最典型的值是什么。传统统计是计算流感最典型或最中心的持续时间,而空间统计是计算流感病例最中心或最典型位置。

近年来,另一种定量数据分析文化已经出现,即数据科学。根据数据科学协会(日期

不详)的定义,数据科学是"创建、验证和转换数据以创造意义的科学研究"。虽然经常采用传统的统计方法,数据科学家采纳了一系列更广泛的技术,这可能包括高级数据可视化、交互式探索性数据分析和机器学习。数据科学的目标是创造意义,并不局限于传统的数学或统计模型。

这三种范式之间的界限并不明确,方法经常在各范式之间共享。定量分析的所有三种范式,传统统计、空间统计和数据科学,都受到大数据问题的影响。

9.2　什么构成了空间大数据?

大数据这个术语几乎无法定义。对于一种分析来说可能是大数据,对于另一种分析来说可能是微不足道。相对而言,地理空间数据一直都很大(Lee & Kang,2015)。海洋和大气研究的是巨大领域,地球观测的数量和复杂性不断增加。例如 Argo 网络,一个全球性的自由漂浮的海洋剖面浮标阵列,2006 年仅有两个活跃的浮标,而在 2021 年接近4 000个(图9.1)。大气科学中的大数据是由日益精细的大气气候模型空间分辨率产生的。在二十世纪90 年代,一个典型的气候模型的空间分辨率大约为 500 公里。到了 2007 年,空间分辨率减少到大约 68 公里,并且模型从 10 个垂直层扩展到 30 个(UCAR,2011)。

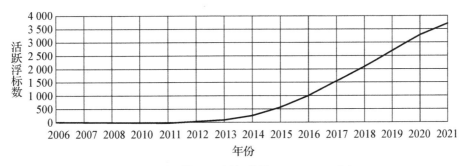

图 9.1　活跃的 Argo 浮标数量(1997—2021 年)

一个更实际的大数据指标是,当数据的获取、管理、分析和可视化变得非常繁琐时,无法仅用现成的商业计算软件和硬件来完成。从计算统计学的角度来看,进行分析所需的时间是将数据读入内存、执行数学计算以及将结果写入显示器或磁盘所需时间的总和。由于数据读取和写入计算机系统中所需的时间与数据量成正比,所以根据数据量进行统计的数学计算所需的时间在分析的整体运行时间中最具影响力。数学计算所需的时间与统计算法的复杂性成正比。描述算法运行所需时间的常见方式称为大 O 表示法(Black,2007)。大 O 表示法将观测数量(即被分析的事物数量)与所需的计算机操作数量相关联。大 O 表示法是一种相对度量,意味着它不指示算法完成的确切时间,但提供了一个数量级。例如一个被描述为 $O(n)$ 的统计算法,即 O 的 n 次方的数量级,完成它所需的时间与正在分析的观测数量成正比。计算统计所需的计算机操作数量与观测数量成正比。这种类型的算法是线性的。其他算法更为复杂,需要更多的计算机操作来分析每个观测。例如,一个被描述为 $O(n**2)$ 的算法需要对每个观测进行 $n**2$ 次计算机操作(计算)(见图 9.2)。

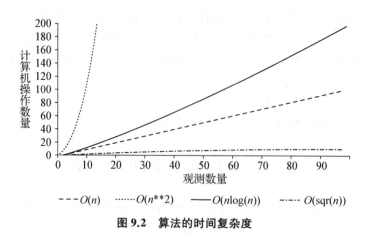

图 9.2 算法的时间复杂度

由此可见,使用大 $O(n**2)$ 级别的统计算法分析大数据所需的时间可能会迅速变得计算上不可行。表 9.1 提供了使用真实世界数据的统计算法的时间复杂度示例。尽管大 O 表示法是在单 CPU 时代发展起来的,但在多 CPU 环境中仍然相关,因为它仍然描述了必须在多个 CPU 之间分配的计算机操作的总数。

表 9.1 空间算法示例及其相关的时间复杂度

时间复杂度	文本描述	示例空间算法
$O(\sqrt{n})$	关于 n 平方根的数量级	k-d 树搜索(一种常见的寻找空间邻居的技术)
$O(n)$	关于 n 的数量级	平均中心
$O(n\log(n))$	关于 $n \log n$ 的数量级	Voronoi 三角剖分
$O(n^2)$	关于 n 平方的数量级	一些空间排序算法

9.3 空间大数据的四 V 统计含义

大数据通常被四个 V 特征化:体量(Volume)、多样性(Variety)、速度(Velocity)和真实性(Veracity)(Laney,2001)。体量指的是数据的规模,多样性指的是不同的形式,速度指的是数据流方面,真实性指的是测量的不确定性。这种对大数据的广泛定义是为商业或社交媒体应用量身定制的,但对于大气和海洋社区来说需要重新解释。

9.3.1 体 量

对于海洋和大气科学家来说,大数据并不是新事物,但数据的总体量肯定在增加。海洋科学中数据量的增加是由于从基于船的探险科学向基于分布式观测的方法转变(Liu et al.,2016)。此外,新型仪器允许在更细的时间尺度上采样,并且可以测量更多的属性。相比于沿着一个断面每 20 海里进行一次电导率-温度-深度(CTD)采样,一种在线采样器可能会在整个航行期间每分钟可进行多次测量。海底观测站可能在数月至数年的类似时间尺度上进行观测。海洋模型正在以更细的分辨率、更长的持续时间和多个变量上运行。在大气科学中,数据量的增加来自于更小、更便宜的仪器的增多以及日益复杂和精细化的数值天气模型。

大气模型与水和海洋模型的结合提供了另一个复杂性层次和更大的输出。数据量的大幅增加通常意味着统计分析会涉及数万甚至数千万的观测数据。这在统计假设检验框架中可能会引起问题。非常大的样本量可能会产生统计上的显著结果(即显著的 p 值),而实际上,潜在的效应大小几乎是无意义的(Sullivan & Feinn,2012)。

9.3.2　多样性

多样性指的是当今可用的数据的不同形式或来源。在海洋和大气科学中,历史上的数据通常意味着数值型的原位测量,如在特定空间和时间点捕获的温度、盐度或降水量。随着数值建模的出现,数据变得多维,具有位置、深度/高度和时间的数值。在现代,数据可以是多维的,并且代表测量场(连续表面),如侧扫声纳、图像或遥感卫星扫描的数据。大数据时代正在扩展数据本身的含义,使我们更接近于数据科学协会对数据的广泛定义,即任何"有形或电子记录的原始(事实或非事实)信息(如测量、统计或可以以数字形式传输或处理的信息)用作推理、讨论或计算的基础,并且必须经过处理或分析才具有意义"。大气和海洋研究数据来源多样性的一个例子是原位数据的众包观测。Overeem 等(2012)展示了使用智能手机电池温度传感器可以相对准确地估计城市气温,误差在 1.45 ℃以内。在大气和海洋研究中使用非传统数据源将要求研究人员探索额外的统计模型来分析这些新型的数据,并在其研究设计中密切关注数据的不确定性和准确性问题。

9.3.3　速　度

速度指的是数据可用的频率和速度。大数据时代意味着实地观测数据越来越多地能够实时或近实时获取。例如,美国国家海洋和大气管理局(NOAA)维护着运行模型存档和分发系统(NOMADS 和 OceanNOMADS)。该系统提供来自多个研究机构的实时和存档的大气和海洋模型输出。数据洪流使得组织、总结和传播科学数据的新方法变得必要,比如 dashboards。Tan(2015,p.401)将 dashboards 描述为一种易于阅读的通常是单页的实时用户界面,使数据能以视觉方式在非常高的层次上进行图形化展示。这样的 dashboards 正在成为信息管理和决策支持系统的集成。这已被证明是一种整合和展示空间天气产品的有用方式,也是 SWPC(Space Weather Prediction Center)向其用户社区传达摘要、警告和警报的首选模式。

9.3.4　真实性

在四个 V 中,真实性或数据的不确定性,是最影响统计分析的特征。简单地说,所有数据无论有 10 个观测还是 1 000 万个观测,都包含某种程度的不确定性。统计学是不确定性的科学,并且努力以各种方式量化和控制不确定性。在商业和政府的大数据社区中,明显缺乏合理的统计思维和最佳实践(Leek,2014)。Maugis(2016)观察到在大数据上使用统计方法时,由于系统误差(偏差)或更大的随机性(增加的方差),得出的结论的不确定性会增加。我们认为,大数据带来的关键挑战不仅仅是如何使用大数据解决新问题,而且是开发能够严格阐述其中新风险的工具和方法。

9.4　空间大数据统计分析的挑战

9.4.1　随机性和抽样

推断,即基于对总体的一个样本来断言总体的能力,是统计学的基础。许多统计测试的一个基本要求是,任何推断都是基于代表性和随机的总体样本。空间统计学家已经开发了确保样本位置在空间上是随机的方法,例如在研究区域内随机生成样本位置、按规律间隔系统抽样,或者基于研究区域的某种分层比例抽样(McGrew & Monroe, 2009)。然而,这些方法的实施对于海洋和大气研究来说是具有挑战性的。海洋和大气是如此广阔,以至于传统的生成随机样本的方法不可行。这个问题还因海洋和大气的动态性质而变得更加复杂。海洋和大气过程在空间和时间上是间歇性的,早在 20 世纪 70 年代就识别出了由此产生的采样问题(Baker & Gibson, 1987)。Robison(2009, p.848)认为尤其是在水中,样本的采集不足以及由此产生的样本代表性问题是十分严重的:"在这片广阔的中层水域生活着地球上最大的动物群落,由适应了没有固定边界的流体、三维世界的生物组成。这些动物可能比地球上的其他所有动物都要多,但它们是如此鲜为人知,以至于它们的生物多样性甚至还没有被估计过"。大数据的风险在于,由于观测数量如此之大,研究人员可能没有意识到潜在抽样设计的不足和任何统计分析中的结果偏差。

虽然在海洋和大气中,欠采样是主要的采样问题,但逆向问题也存在。有时研究人员拥有完整的枚举或总体数据,关于这些数据集是否适合推论统计也存在争议(McGrew & Monroe, 2009)。例如,随着现代卫星追踪技术的出现,美国东海岸飓风登陆的确切位置已为人所知。这个数据集是否表示某个总体的代表性样本? McGrew 和 Monroe(2009)将此描述为人工样本和自然样本方面。人工样本是传统的无偏且具有代表性的样本,它们通过真正随机的技术收集,并且是基于样本对总体进行信度推断的基础。自然样本假设"产生待分析空间模式的现实世界过程包含随机成分"(第 126 页)。在飓风登陆的情况下,随机成分,如风暴最初形成的位置和大西洋转向流的动态性质(Lyons, 2004),使得登陆地点的完整枚举成为所有飓风可能登陆位置的样本。随着大数据变得更大,研究人员应该意识到他们可能正在接近一个自然样本,并在做出推断时应谨慎行事。

9.4.2　高维度

大气和海洋数据本质上是空间性的。除了空间维度(即纬度和经度或 x, y),它们通常还包含有关深度、高度甚至时间的信息。多维性为大数据分析增加了概念上和计算上的复杂性。例如,假设我们有一个单一变量(例如温度),它可以取 10 个离散值中的 1 个。从概念上讲,这个一维变量需要 10 个数据分箱来存储其值。如果我们添加一个空间组成部分(x 和 y),假设 x 和 y 都可以取 10 个离散值,同一个变量将需要 100 个数据分箱(见图 9.3)。添加一个高程维度,假设有 10 个离散的高程级别,将需要 1 000 个数据分箱。添加一个时间维度(例如在特定 x, y 位置、海拔和时间的二氧化碳浓度),假设有 10 个离散的时间段,将需要 10 000 个数据分箱。随着额外维度的增加,所需的数据分箱数量呈指数级增长。这种数据分箱爆炸式增长的影响可以用空间统计中的一个常见任务来说明,即找到局部空间邻域。

许多空间统计方法(例如 Getis-Ord Gi*,Local Moran's I)会对数据集中的每一个空间观测值进行统计测试(Mitchell,2005)。这通常是通过将每个局部空间特征与其周围特征(即其邻域)进行比较来实现的。有几种方法可以确定哪些特征属于一个邻域,例如固定距离,共享边缘或边界的特征,或特定数量的最近邻域。通过特定数量的最近特征来定义邻域被称为 K-最近邻(KNN)。Keogh 和 Mueen(2011)概述了多维性对机器学习算法的影响,但这些影响也影响了寻找 KNN。首先,必须为数据集中的每个观测值识别出局部邻域。已经开发了高效且优化的算法在低维空间执行此任务,例如空间访问方法和 k 维树(KD 树)。在高维空间中,KNN 搜索的性能会下降。其次,随着维数的增加,所需的观测数量也会增加。这是为了避免数据箱中的稀疏性(图 9.3)。随着维数或维度长度(即位置数量或时间段数量)的增加,稀疏性(空箱数量)也会增加。在寻找 KNN 的背景下,邻域可能必须跨越空间和时间的长距离来找到最小数量的邻域。最后,当考虑多个维度时,概念化 k 最近邻域的大小(可能有助于理解生成数据的潜在空间过程)可能会很困难。例如在二维空间中,通过声明找到 k 个邻居所需的最小和最大距离来总结结果的邻域是直观的。总结一个多维邻域,在水平和垂直空间跨越时间,直觉上不那么直观,并且会引起水平、垂直和时间距离混淆的问题。

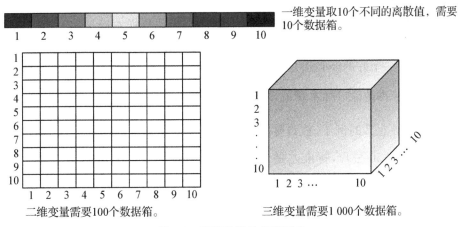

一维变量取10个不同的离散值,需要10个数据箱。

二维变量需要100个数据箱。

三维变量需要1 000个数据箱。

图 9.3　高维数据的存储需求

9.4.3　样本独立性与空间自相关性

许多经典的统计检验要求观测值彼此独立且同分布(IID)。同分布意味着观测值来自同一个概率分布,例如高斯分布或均匀分布。这些假设很少适用于空间数据,实际上,对这一基本假设的不遵守促成了空间统计学自身的形成。数据内部的模式和关系随空间变化而变化,这正是空间数据的有趣之处。空间数据违反了独立性假设,部分原因是由于托布勒的地理学第一定律:"所有事物都与其他事物相关,但近的事物比远的事物更相关"。通过量化空间自相关性可以捕捉到观测值受托布勒地理学第一定律影响的程度。空间自相关性被定义为"一组空间特征及其相关数据值倾向于在空间上聚集在一起(正的空间自相关)或分散(负的空间自相关)"(Esri,2018)。有几种统计方法可以量化空间自相关的水平,例如 Join Count、Geary's C、Moran's I 和 Getis-Ord G(参见 Anselin,1995,综述)。空间自相关是同时处理位置和属性信息的相对较少的技术之一(Goodchild,1986)。空间自相关的度量可以是全局的,即为整个数据集计算单一统计量,也可以是局部的,即为数据中的每个空间特征计算统计量。局部统计的优势在于它们可以被映射并揭示空间上变化的相似值群集。与第 9.4.1 节中概述的抽样假设类似,大数据并不确保观测结果会满足独立性和同分布的假设。研究人员打算将类统计测试应用于空间数据,以鼓励他们量化其数据中存在的空间自相关水平。

9.4.4 效应值

建立零假设并满足规定的 α 水平(例如 0.05)长期以来一直是统计分析的重要突破性的发现。然而,最近主要来自社会科学的一系列呼声要求放弃长期以来的拒绝或不拒绝零假设的范式(参见 Kirk,2003,社会科学的例子,以及 Nicholls,2001,大气科学的例子)。零假设是一种声明,即两个被测量现象或群体之间没有差异,例如来自两次不同捕捞的鱼的长度是相等的。在传统的假设检验中,如果 p 值达到规定的 α 水平,研究人员会说有足够的统计证据拒绝零假设,并可以自信地声明鱼的长度是不同的。越来越多的呼声要求放弃二分法的相同/不同决策,并声明两次捕捞之间鱼的长度有多不同。效应值的度量量化了两个被测量现象或群体之间差异的大小。一个简单的效应值度量,即绝对效应值,是两组均值之间的差异。在评估两次捕捞之间的平均鱼长时,研究人员将报告 p 值和绝对效应值。

在处理大数据时,计算和报告效应值尤为重要,因为如果样本量足够大,大多数统计测试都会显示两种现象或群体之间存在显著差异,即这种差异实际上为零。尽管影响样本量取决于几个因素,一个好的经验法是将其与样本的标准差相关联。两个样本之间可检测的差异大约是四个标准差除以样本量的平方根$\left(即\ \mu_0 - u_1 = \dfrac{4\sigma}{\sqrt{n}}\right)$ (Van Belle,2011,p.31)。作为一个具有指导意义的例子,假设你正在比较两个渔队每次捕捞的黑线鳕的平均重量。你的样本平均值是 50 公斤,标准差是 5。在 100 次观察中,2 公斤的差异是可检测的$\Big(即$ $\dfrac{4(5)}{\sqrt{100n}}\Big)$。在有 1 000 次观测的情况下,能够检测到 0.2 千克的差异。

9.5 空间大数据分析的机遇

9.5.1 生态海洋单元

尽管世界上大部分海洋仍未被充分探索,自动化观测平台每天都在产生大量数据。这些数据中的大部分被汇总、质量检查,并存档在 NOAA 的世界海洋数据库(WOD)(Boyer et al.,2013)。WOD 是一个庞大的收集自各种仪器的现场观测数据存档,部分观测数据最早可追溯至 1773 年 1 月,例如 WOD 包含超过 2.3 亿条溶解氧的观测数据。从这个庞大的数据仓库中创建有意义的信息产品是一个挑战。对于大规模 WOD 进行总结的一个值得注意的成功例子是世界海洋图集(WOA)(Locarnini et al.,2013)。WOD 数据被总结为十年一次的气候学数据,气候学平均值在垂直和水平方向上进行插值,以产生规则的网格化(0.25°或 1°)汇总,在 102 个标准深度水平上涵盖六个物理化学变量。WOA 以标准的科学数据格式(例如 netCDF)提供,显然比底层的 WOD 数据更易于管理。然而,对于六个常用变量(温度、盐度、溶解氧、硝酸盐、磷酸盐和硅酸盐),WOA 仍然拥有了超过 3.12 亿条信息。总结这些信息并从中提取模式既是计算上的挑战,也是算法上的挑战。

为了响应政府间地球观测组织(GEO, https://www.earthobservations.org)制作全球海洋生态系统地图的要求,Sayre 等(2017)重新构建并将 WOA 数据聚类成被他们称为生态海洋单元(EMUs)的 37 个独特生态区域(见图 9.4)。他们从海面到海底创建了一个三维点网格,并用 WOA 数据对其进行了属性赋值。点网格包含了超过 5 200 万个点。这些点使用了一种为大数据高度优化的 k 均值算法进行统计聚类(FASTCLUS, 2004)。EMUs 代表“全球海洋环境上不同的体积区域的客观划分”(p.101),并且可以作为“生物地理评估、生物多样性优先级设定以及生态系统核算和管理的资源”(p.102)。

图 9.4   生态海洋单元(EMU)的三维可视化

9.5.2   加利福尼亚最高温度的时空分析

马克·吐温的名言“如果你现在不喜欢新英格兰的天气,只需等几分钟”,突出了气象学和气候学中一个主要的数据挑战:可变性。虽然海洋科学家必须面对大量信息的挑战,气候学家则必须面对数据量和速度的双重挑战。日益精细的气候模型、卫星测量的可用性增加,以及微型分布式传感器网络的出现,已经造成了数据洪流,观测数据的收集频率高达每 15 秒一次。找到挖掘模式和可视化这些动态数据的方法,是大气数据科学家面临的一个关键挑战。应对这一挑战对于教育有时会怀疑气候变化的公众至关重要。

2018 年,加利福尼亚经历了有记录以来最大的野火,造成了重大的生命和财产损失。Westerling 等(2011)总结了气候与火灾之间的关系,他们指出“长期的温度和降水模式决定了可用于引发野火的植被生长的水分”以及气候变异性“控制这些燃料的易燃性”(p.S446)。

美国国家大气研究中心(NCAR)维护着一份美国长期运行、功能正常的历史气温和降水数据集(Climate and Global Dynamics Division, NCAR, 2010)。例如,从 1950 年到 2004 年的 55 年间,加利福尼亚州的 634 个气象站记录了每日最低和最高气温以及降水数据。使用传统技术总结如此庞大数据集的趋势和空间模式将是一项挑战。然而,使用基于 GIS 的时空模式挖掘工具(Esri, 2018),可以将大量数据总结到一张地图中。每日最高气温值被总结到一个时空超立方体中,并按年份进行总结。对于 634 个位置中的每一个,都计算了 Mann-Kendall 统计量,以确定最高气温是显著上升还是下降(见图 9.5)。为了确定是否存在显著的高值(热点)和低值(冷点)的空间聚类,对每个站点计算了 Getis-Ord GI* 统计量的时空适应。结合 Mann-Kendall 统计量(Mann, 1945; Kendall, 1975)和 Gi* 结果,可以总结

634 个站点每一个的空间和时间模式。例如,洛杉矶北部和圣克拉丽塔附近的地区,这些地区经历了野火事件,被分类为持续热点或加剧热点。在这项分析背景下,加剧热点是一个气象站在 90% 的时间步长间隔(50 年)内一直是统计上显著的热点,包括最后一个时间步长。此外,每个时间步长中最高气温的聚集强度总体上在增加,而且这种增加是统计上显著的。持续热点是一个气象站在 90% 的时间步长间隔(50 年)内一直是统计上显著的热点,并且在聚集强度上没有可辨识的趋势表明增加或减少。使用为大数据设计的时空模式挖掘技术,将大量的天气观测数据库转化为政策制定者和公民科学家能够理解和使用的信息产品。

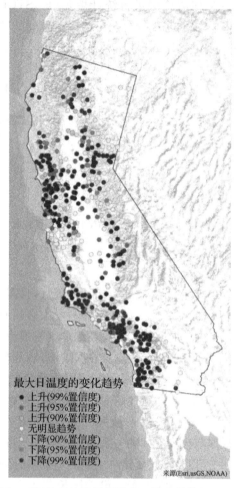

图 9.5　Mann-Kendall 统计用于最高日温度趋势(1950—2004 年)

9.6　结　论

大气和海洋科学家们正淹没在数据之中。这片风暴般的数据海洋既带来了机遇也带来了挑战,正如 Fan 等人(2014,p.293)总结的那样。

大数据为现代社会带来新的机遇,同时也给海洋和大气数据科学家带来挑战。一方面,大数据对于发现细微的人口模式和异质性具有巨大的潜力,这在小规模数据中是不可能的。

另一方面,大数据的巨大样本量和高维度带来了独特的计算和统计挑战。这些挑战是显著的,并且需要新的计算和统计范式。

幸运的是,大数据运动催生了计算机科学和信息学方面的研究,这些研究开启了这一新范式。这是一个为计算机、地球、海洋和大气科学家之间的协作、跨学科研究提供丰富机会的新范式。

参考文献

[1] Anselin, L. (1995). Local indicators of spatial association: LISA. *Geographical Analysis*, 27(2): 93 - 115.

[2] Baker, M. A., & Gibson, C. H. (1987). Sampling turbulence in the stratified ocean: Statistical consequences of strong intermittency. *Journal of Physical Oceanography*, 17(10): 1817 - 1836.

[3] Beyer, K., Goldstein, J., Ramakrishnan, R., & Shaft, U. (1999). When is "nearest neighbor" meaningful? *International conference on database theory*. Berlin, Heidelberg: Springer.

[4] Black, P. E. (2007). Big-O notation. *Dictionary of Algorithms and Data Structures*.

[5] Boyer, T. P., Antonov, J. I., Baranova, O. K., Coleman, C., Garcia, H. E., Grodsky, A., et al. (2013). *World ocean database 2013. Silver Spring*, MD. http://doi.org/10.7289/V5NZ85MT.

[6] Burton, I. (1963). The quantitative revolution and theoretical geography. *The Canadian Geographer/Le Géographe canadien*, 7(4): 151 - 162.

[7] Climate and Global Dynamics Division/National Center for Atmospheric Research/University Corporation for Atmospheric Research (2010). *Daily minimum and maximum temperature and precipitation for long term stations from the U.S. COOP data*. Research Data Archive at the National Center for Atmospheric Research, Computational and Information Systems Laboratory. http://rda.ucar.edu/datasets/ds510.6/. Accessed 29 Jan 2022.

[8] Data Science Association (n.d.). *Data science code of professional conduct*. http://www.datascienceassn.org/code-of-conduct.html Google Scholar.

[9] Esri (2018). An overview of the Spatial Statistics toolbox. https://pro.arcgis.com/en/pro-app/2.8/tool-reference/spatial-statistics/an-overview-of-the-spatialstatistics-toolbox.htm. Accessed 20 Apr 2022.

[10] Fan, J., Han, F., & Liu, H. (2014). Challenges of big data analysis. *National Science Review*, 1(2): 293 - 314.

[11] FASTCLUS(2004). *SAS procedure, SAS/STAT 9.1 user's guide*. SAS Institute Inc.

[12] Goodchild, M. F. (1986). *Spatial autocorrelation*. CATMOG, Vol. 47. Geo Books.

[13] Griffith, D. A. (2014). Reflections on the current state of spatial statistics education in the United States: 2014. *Geospatial Information Science*, 17(4): 229 - 235.

[14] Kaplan, R. M., Chambers, D. A., & Glasgow, R. E. (2014). Big data and large sample size: A cautionary note on the potential for bias. *Clinical and Translational Science*, 7(4): 342 - 346.

[15] Kendall, M. G. (1975). *Rank correlation methods*. London: Griffin.

[16] Kirk, R. E. (2003). The importance of effect magnitude. In S. F. Davis (Ed.), *Handbook of research methods in experimental psychology* (pp.83 - 105). Malden, MA: Blackwell.

[17] Keogh, E., & Mueen, A. (2011). Curse of dimensionality. In C. Sammut & G. I. Webb (Eds.), *Encyclopedia of machine learning*. Boston, MA: Springer.

[18] Laney, D. (2001). *3-D data management: Controlling data volume, velocity and variety.*

META Group Research Note，6 February 2001.

[19] Lee, J. G., & Kang, M. (2015). Geospatial big data: Challenges and opportunities. *Big Data Research*，2(2): 74 - 81.

[20] Leek, J. (2014). *Why big data is in trouble: They forgot about applied statistics*. Simplystats blog.

[21] Liu, Y., Qiu, M., Liu, C., & Guo, Z. (2016). Big data in ocean observation: Opportunities and challenges. In Y. Wang, G. Yu, Y. Zhang, Z. Han, & Wang, G. (Eds.), *Big data computing and communications*. *Lecture Notes in Computer Science*，*9784*. Springer Cham. https://doi.org/10.1007/978 - 3 - 319 - 42553 - 5_18.

[22] Locarnini, R. A., Mishonov A. V., Antonov J. I., Boyer T. P., Garcia H. E., Baranova O. K., et al. (2013). *World ocean atlas 2013*，*Vol. 1: Temperature*. NOAA. http://doi.org/10.7289/V55X26VD.

[23] Lyons, S. W. (2004). U. S. tropical cyclone landfall variability: 1950—2002. *Weather and Forecasting*，*19*(2): 473 - 480.

[24] Mann, H. B. (1945). *Nonparametric tests against trend*. Econometrica: *Journal of the Econometric Society*，245 - 259.

[25] Maugis, P. A. G. (2016). Big data uncertainties. *Journal of Forensic and Legal Medicine*.

[26] McGrew, J. C., Jr., & Monroe, C. B. (2009). *An introduction to statistical problem solving in geography*. Waveland Press.

[27] Mitchell, A. (2005). *The ESRI guide to GIS analysis*，*Vol. 2: Spatial measurements and statistics and zeroing*. Geographic information systems at work in the community.

[28] Nicholls, N. (2001). Commentary and analysis: The insignificance of significance testing. *Bulletin of the American Meteorological Society*，*82*(5): 981 - 986.

[29] Overeem, A., Robinson, J. C. R., Leijnse, H., Steeneveld, G. J., Horn, B. K. P., Uijlenhoet, R. (2013). Crowdsourcing urban air temperatures from smartphone battery temperatures. *Geophysical Research Letters*，*40*(15): 4081 - 4085.

[30] Robison, B. H. (2009). Conservation of deep pelagic biodiversity. *Conservation Biology*，*23*(4): 847 - 858.

[31] Sayre, R. G., Wright, D. J., Breyer, S. P., Butler, K. A., Van Graafeiland, K., Costello, M. J., et al. (2017). A three-dimensional mapping of the ocean based on environmental data. *Oceanography*，*30*(1): 90 - 103.

[32] Sullivan, G. M., & Feinn, R. (2012). Using effect size, or why the P value is not enough. *Journal of Graduate Medical Education*，*4*(3): 279 - 282.

[33] Tan, S. Y. (2015). Dashboard display of solar weather. In J. Pelton & F. Allahdadi (Eds.), *Handbook of cosmic hazards and planetary defense*. Springer Cham.

[34] Tobler, W. (1970) A computer movie simulating urban growth in the Detroit region. *Economic Geography*，*46*(Supplement): 234 - 240.

[35] UCAR. (2011). *Resolution of climate models*. Retrieved from https://eo.ucar.edu/ staff/ rrussell/climate/modeling/climate_model_resolution.html.

[36] UCAR. (2018). *Climate modeling*. Retrieved from https://scied.ucar.edu/longcontent/climate-modeling.

[37] Van Belle, G. (2011). *Statistical rules of thumb (Vol. 699)*. John Wiley & Sons.

[38] Vance, T. C., Wengren, M., Burger, E., Hernandez, D., Kearns, T., Medina-Lopez, E., et al. (2019). From the oceans to the cloud: Opportunities and challenges for data, models, computation and workflows. *Frontiers in Marine Science (21 May 2019)*. https://doi.org/10.3389/fmars.2019.00211.

[39] Westerling, A. L., et al. (2011). Climate change and growth scenarios for California wildfire. *Climatic Change*，*109*(1): 445 - 463.

10 让科学家重新找回他们的流程：在云端分析大型地球科学数据集

Niall Robinson[1,2]，Theo Mc Caie[1]，Jacob Tomlinson[3]，Tom Powell[1]，
和 Alberto Arribas[4,5]

1. 气象局，埃克塞特，英国；
2. 埃克塞特大学，英国；
3. 英伟达，雷丁，英国；
4. 微软，雷丁，英国；
5. 雷丁大学气象学系，英国

分析地球科学数据的工具正不断尝试跟上日益增长的数据量。如果不升级工具，分析者们就有花费太多时间等待计算完成的风险。此外，他们在实际操作中面临着一种隐性压力，例如基于先验假设对数据进行子集划分和降尺度处理，从而减少数据量。因此，不充分的工具会导致工作流程低效，而且关键的是，也不利于直观、探索性的分析。这有可能导致科学的渐进式发展存在风险。相反，我们需要朝着可以让科学家毫不费力地持续不断地跟随他们科学思维的方法前进：也就是说，让他们重新找回他们的"流"。在这里我们总结了近期地理空间大数据处理的发展情况，并描述了一个由云计算推动的未来。这意味着资源会根据分析者的问题进行扩展，而不是让分析者根据他们手头的资源来设计问题。因此，对于高度可并行化的问题，分析可以在没有额外成本的情况下以更快数量级的速度进行。计算资源只在使用时才付费，进一步提高了成本效率。这种方法是由 Pangeo（https://pangeo.io/）开发和倡导的，Pangeo是一个开源开发者社区，创建了一套用于地理空间分析的工具生态系统。

10.1 引 言

英国气象局是英国的国家天气预报机构，也是一个学术研究机构。它由大约 2 000 人组成，其中大多数人位于埃克塞特的总部。英国气象局的超级计算机集群目前每天生成超过200 TB 的归档数据，并预计很快将达到百亿亿次级。超级计算机用于运行地球系统的物理模型，无论是天气预报、气候预测，还是完全耦合的地球系统研究模型；实际上，生成的数据有四分之三来自研究。

超级计算机的输出与传统下游处理系统之间的差异正在不断增大。这主要是因为重复的超级计算机作业（如天气预报）的结构通常相对稳定，允许定制算法和基础设施，便于高效地分配作业。此外，这些超级计算机工作负载通常按照可预测的节奏运行，允许这些专业资源的最优使用。

这与许多下游数据任务形成了鲜明对比。特别是,调查研究工作的负载是不可预测的,这阻碍了这种事先优化。数据量庞大的问题被其他属性加剧:它是高度多维的,特征跨越多个长度尺度,而且通常以非常高的速度产生,就像天气预报一样。

在其他科学研究领域,一些问题已变得尤为严重。分析者被迫从一个以思考为主的工作流程转向一个以数据整理为主的工作流程。这显然是低效的,并且打断了分析者的思考过程。然而,这也在分析者身上造成了一种隐性压力,即基于先验假设来减少数据量,例如通过子集选择或降尺度处理。也就是说,它不可避免地造成了压力,使人们寻找他们期望在预期的地方看到的东西,这与创新研究的本质相悖。

在 2016 年到 2019 年间,我们调查了各种技术方法,这些方法可以让分析者重新获得他们的工作流。2016 年,我们构建了 Jupyter 和 Dask 环境(Jade)。这种方法利用云计算自动将分析任务分布到远程计算节点集群上,根据工作的大小来扩展容量。在 2017 年,我们将这项工作与 Pangeo(https://pangeo.io/)协作,这是一个开源开发者社区,他们创建了一套用于地理空间分析的工具生态系统。这个社区已经将这些方法发展成了一系列最佳实践和经过验证的技术架构(Abernathy et al.,2021)。大部分这样的系统正在被云计算提供商提供为"即服务"形式。

这些发展意味着分析者们能够更快地得到地球科学大数据查询的答案。我们在下面总结了最近的进展,并讨论了我们离实现科学家们所期望的"流状态"有多近。

10.2　机遇在哪里?

地球科学研究的传统工作流程通常基于以下步骤:

(1) 突出一个研究问题;

(2) 提交一个在高性能计算机上运行的实验模型,这可能会阐明这个问题;

(3) 将这些数据的一个子集从存档移动到某个计算资源;

(4) 执行对数据进行定制化简化以提取相关信息;

(5) 可视化信息;

(6) 获得洞察力。

然后重复部分或全部步骤,直到得出结论(见图 10.1)。

气象局的分析者们,他们主要是物理科学家,擅长理解物理系统(步骤 1 和 6)。然而,随着数据量的持续增长,他们可能会花费越来越多的时间在数据管理和处理上(步骤 3 和 4)。这激励分析者选择短期任务而不是长期任务。然而,这也打断了物理科学家们不间断地追随其科学思路的能力,从而导致科学创造力的下降。

10.2.1　过去 5 年典型方法的进展

过去 5 年间,大规模地理空间数据的分析方式发生了一场革命,如下所述(见图 10.2)。像英国气象局这样的组织有机会投资并发展这些能力。然而,应该注意的是,社区的许多部分在这一进程中处于不同阶段。本节旨在解释这些机会。

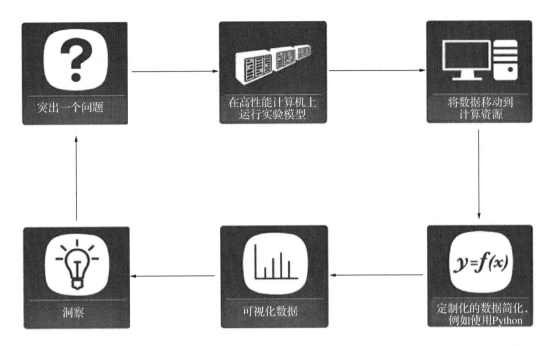

图 10.1 科学家的典型工作流程。科学家的典型工作流程是这样的：他们会先确定一个研究问题，然后花时间生成处理和可视化数据以获得深入的洞见，然后重复这个循环直到得出结论，然而当前的工具使得这种循环迭代过于缓慢。

10.2.2 本地部署方法

我们的云计算数据平台研究始于 2016 年。那时，分析通常在分析者的桌面计算机上进行。大型作业是通过 ssh 进入一些本地服务器来执行的。尽管工作站和服务器的规格不断提高，但它们在数据存档带宽、本地存储空间和计算核心数量方面，仍然无法跟上我们的高性能计算（HPC）所生成的数据量。分析变得越来越繁重，直到不得不将其重构为组件任务，这些任务通过临时脚本分布在服务器上。

到 2016 年，本地工作站被专用的现场计算集群所取代，例如英国气象局的科学处理和密集计算环境（SPICE），它提供了数千个核，跨越数十个节点。这极大地增加了可用的总计算能力，但工作流本质上是相同的：分析者必须等待他们的结果，同时他们的作业在调度器上排队。在过去的几年中，在远程服务器场上运行要求高的分析，例如 SPICE 已经成为标准做法。同时利用分析模块（如 Xarray 和 Iris）提供的自动并行化能力，也变得越来越普遍，它们都在底层使用了 Dask 分布式调度器。Dask 调度器不仅使分析的并行化变得更加容易，而且还努力实现"即时"运行作业，也就是说，作业是由分析者们引发的。例如，如果对一系列全球场进行平均，在分析者查询伦敦上空的点之前，只有伦敦上空的点会被分配用于平均。这通过确保只执行所需的作业来提高效率。通过脚本临时提交分析作业的做法正在被如 reference rose（http://metomi.github.io/rose）；reference cylc（https://zenodo.org/badge/latestdoi/1836229）这样的系统所取代，这些系统支持模板化、监控、版本控制等功能。

图 10.2　计算能力的进展。云计算预计将提供优势,有助于跟上数据量的增长。

然而,尽管取得了这些良好的进展,本地解决方案的静态容量仍然存在限制。理想情况下,分析者的计算需求是易变的,短暂的计算高峰会打断思考过程。这让我们有两个选择:(1)通过使用调度器排队分析者的工作来高效利用昂贵的计算资源,或(2)通过提供足够的本地计算资源来满足高峰需求,以高效利用分析者。两种选择都不理想,但通常选择的解决方案是前者。

10.2.3　离线解决方案:云计算

"即服务"带来的好处

越来越多的分析可以在云计算服务上运行,这些服务由超大规模运营商如亚马逊网络服务(AWS)或微软 Azure 提供。它们提供基础设施即服务(IaaS),在这种服务中,基础设施实际上是从与提供商的其他客户共享的集中设施中租用的。它们管理硬件的维护和日常运行,并在其上提供强大的服务,利用规模经济来降低成本。此外,消费者可以在云提供商发布最新技术时立即使用,而相比之下,本地设备则需要在其生命周期结束时才升级。云提供商通常可提供通用功能,使消费者能够专注于特定领域的问题:实际上,AWS 定义其角色为做"无差别的繁重工作"。

至关重要的是,通过大规模工作,云服务提供商可以吸收来自单个用户的需求高峰,这些需求高峰在其他租户的工作负载中往往会被平衡。因此,用户能够按需短期内申请资源,按比例收费:即 1 个节点使用 1 000 小时的成本等同于 1 000 个节点使用 1 小时,这意味着,对于可并行化的问题,可以在不增加额外成本的情况下实现巨大的性能提升。此外,计算节点的网络延迟和吞吐量也越来越接近极高性能水平。

分析就绪,云优化数据

随着地理空间数据量的增长,必须将其分割成越来越多的块。分析者通常操作单个数据块,而不是整个领域。分析者需要以更加友好的方式来与这些数据集交互。

虽然 IaaS 计算通常是相当容易识别的(一个可以以 ssh 进入的服务器,也是可以提交作业的调度器),但 IaaS 存储已经发生了根本性的变化。所谓的对象存储服务具有极高的可扩展性和鲁棒性,但不符合传统的类 POSIX 访问标准。因此,需要云优化的数据格式。

近年来的许多工作致力于使数据集成为分析就绪和云优化的(ARCO)。像 Zarr 这样的数据格式,以及像 Pangeo Forge 这样的项目,显示出巨大的潜力,有助于工业化地提供地理空间数据和释放云计算的性能(Abernathy et al.,2021)。

为"即发即弃"调度器和队列辩护

请注意,尽管按需洞察的愿景很吸引人,但目前对于"即发即弃"调度器和作业队列仍有一些实用的用例。最值得注意的是,当今的一些任务本质上是长时间运行的,例如许多机器学习(ML)任务目前难以并行化。此外,常见的做法是进行超参数搜索,计算不同的 ML 解决方案并比较它们的性能。批处理作业调度器已经成为这种工作流的常见解决方案。未来这些分析是否能够被足够优化以变得更加具有交互性,这还有待观察。

此外,创建的即发即弃型作业在定义上比交互式分析更具有可移植性,这意味着它们通常更容易作为操作数据流程的一部分来部署。需要创建工作实践和业务流程,以便促进从临时交互式分析到作为稳健过程部署之间的过渡。目前,通常更简单的做法是从一开始就开发即发即弃型作业,这忽略了前几节描述的交互式分析所带来的优势。

最后,作业可以排队并提交,以便提高基础设施即服务(IaaS)的有效使用。一些 IaaS 的价格会根据需求动态变化(所谓的现货定价)。随着时间的推移,有可能将这种动态调度与能源的日益高效使用联系起来,从而最小化碳排放。

越来越多的"即服务"

在前几节中,我们描述了 IaaS 的概念。当我们在 2016 年开始研究解决方案时,我们不得不在这些 IaaS 之上手动构建大量的数据平台。然而,云服务提供商越来越多地提供更高级别的功能即服务。例如,我们 2016 年的原型平台实现了基于 Kubernetes(http://Kubernetes.io)的自己的分布式任务调度器;到了 2018 年,AWS 推出了其所谓的平台即服务(PaaS)的 Elastic Kubernetes Service。同样,我们的原型依赖于向用户提供 Jupyter Notebook。2017 年,AWS 推出了所谓的软件即服务的 Sagemaker 笔记本。通过将我们的解决方案重构为使用此类 SaaS,我们可以创建更加稳健、高效和可维护的解决方案。高级服务的增加正在迅速降低技术的进入门槛。

10.3 未 来

采用云计算的最大障碍之一似乎是科学界普遍存在的根深蒂固的资金和运营模式。云计算的根本优势在于它允许在运营支出模式下(按需付费)实际上拥有无限的容量。然而,我们的资金和项目管理模式传统上是围绕资本支出模式(预先支付)来进行的。如果我们要充分利用云计算所提供的一切,我们最好能找到调整这些模式的方法。

另一个需要考虑的是数据重力,它表明数据集越大,移动起来就越困难。传统上,这种重力将分析基础设施拉到本地,使其与由专门的本地计算生成的大数据(如超级计算)共同定位。然而,现在越来越常见的做法是通过创建高容量数据管道来正面解决这个问题,这些管道将数据传输到云端。一旦到了那里,不仅可以访问 aaS 云服务,而且还可以将数据与其他多个数据集共同定位,这在一定程度上缓解了数据重力的影响,允许与其他数据集更自由地组合。

过去 5 年里,我们见证了云计算领域的许多发展,这些发展通过将我们的非差异化繁重工作转变为提供服务,降低了实施云分析平台的复杂性。我们应该尽可能与提供商紧密合作,以确保他们继续创造对科学界有用的越来越高级的产品。这种转变对科学分析基础设施的传统模式作出了深刻的改变。虽然还有更多工作要做,但我们越来越接近于让科学家们恢复他们的工作流程。

参考文献

[1] Abernathy, R. P., Augspurger, T., Banihirwe, A., Blackmon-Luca, C., Crone, T., Gentemann, C., et al. (2021). Cloud-native repositories for big scientific data. *Computing in Science & Engineering*, 23 (2): 26 - 35. https://doi.org/10.1109/MCSE.2021.3059437.

11 分布式海洋学匹配服务

Shawn R. Smith[1]，Mark A. Bourassa[1,2]，Jocelyn Elya[1]，Thomas Huang[3]，
Kevin Michael Gill[3]，Frank R. GreguskaIII[3]，Nga T. Chung[3]，Vardis Tsontos[3]，
Benjamin Holt[3]，Thomas Cram[4]，和 Zaihua Ji[4]

1. 海洋-大气预测研究中心，佛罗里达州立大学，塔拉哈西，佛罗里达，美国；
2. 地球、海洋和大气科学系，佛罗里达州立大学，塔拉哈西，佛罗里达，美国；
3. 美国国家航空航天局喷气推进实验室，加州理工学院，帕萨迪纳，加利福尼亚，美国；
4. 美国国家大气研究中心，博尔德，科罗拉多，美国

分布式海洋观测匹配服务(DOMS)提供了一种前瞻性的方法，支持按需、程序化地将卫星和现场观测数据进行位置匹配，以服务于各种用户群体。DOMS 提供了应用程序编程和图形用户界面，允许用户输入一系列卫星观测的地理空间参考，并接收与卫星数据匹配的现场观测数据，这些数据是在选定的搜索域内，并根据用户指定的匹配容差进行匹配的。通过利用 MapReduce、NoSQL 和分布式地理空间子集技术，DOMS 展示了一种新的大规模数据匹配方法，这种方法可以利用云计算环境的弹性。在其首个实例中，DOMS 支持使用来自多尺度超高分辨率(MUR)海表温度 4 级、土壤湿度主动被动(SMAP)2 级和高级散射计(ASCAT)-B2 级产品的卫星数据，分别进行海表温度、海表盐度和海洋风速的数据匹配。实地观测目前由上层海洋盐度过程区域研究(SPURS)1 号实验、国际综合海洋大气数据集(ICOADS)和船载自动气象和海洋系统(SAMOS)计划提供。分布式数据和软件设计允许在定义搜索参数时的灵活性，并且能够修改和更新搜索，而无需重新设计或重写一次性的数据匹配软件。本章总体描述了 DOMS 的整体水平扩展架构工作流程和初始配置，用于承担分布式和计算密集型的按需处理。作者指出了初始设计和实施的优势和局限，并概述了通过额外的集成项目增强和改进 DOMS 的计划。

11.1 引 言

分布式海洋观测匹配服务(DOMS)提供了一种前瞻性的方法，可以根据需求从分布式源中以编程方式协同卫星和原位观测数据，并且支持具有异构后端数据服务架构的用户社区。该服务旨在允许用户通过卫星(托管在美国宇航局喷气推进实验室(JPL))和原位(托管在国家大气研究中心(NCAR)、海洋大气预测研究中心(COAPS))数据集进行搜索，这些数据集分布在全国各地，用户可以选择可定制的地理空间/时间域和匹配容差标准，并接收一系列协同的原位至卫星数据(见图 11.1)。DOMS 提供了一个社区可访问的工具，可以动态地交付匹配的数据，并允许科学家仅处理存在匹配的数据子集。

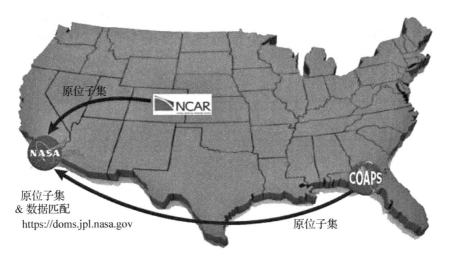

图 11.1 DOMS 支持对位于科罗拉多州的 NCAR、佛罗里达州的 COAPS 和加利福尼亚
州的 JPL 托管的原位数据子集的分布式访问。大数据匹配操作由位于 JPL
的基于 Apache Spark 的系统处理,该系统在 DOMS 用户需要时,查询远程原
位数据主机以获取原位数据(箭头)。

　　海洋大气和海洋数据的用户面临着一个挑战,即匹配来自各种不同空间时间尺度覆盖
范围数据量和多样性的数据集,所有这些都构成了地球科学大数据的挑战。由地球轨道卫
星进行的观测往往是非常大的数据集,数据沿着单个卫星扫描线、轨迹或全球网格化场可
用。对于单个卫星,这些数据集在测量参数、采样率、观测平台、传感器等方面相对同质。相
比之下,原位观测的总体数据量较小;而且,这些数据集在观测平台、仪器、观测方法、采样
率、数据质量、格式以及数据访问方式等方面更为异质。在近海表层环境中,通过各种平台
进行原位观测,这些平台展示了一系列空间时间采样几何特性。这些包括船只、漂流和锚定
浮标、固定平台(例如石油钻塔、海上塔架)、滑翔机、剖面浮标,甚至包括装配了专门海洋观
测传感器的海洋哺乳动物。

　　将不同优势的卫星和原位地球观测系统融合,可以创建更准确的参数估计,供广泛的地
球科学应用中的下游使用。卫星数据提供连续的全球覆盖,其空间尺度是原位观测系统无
法实现的。如果始终如一地应用校准和质量控制,原位系统通常具有很高的准确性,但它们的
观测在空间和时间上往往更为局部和稀疏。综合使用互补的卫星和原位产品,已经成为地球
科学分析工作流程中日益常规的特征。协调卫星遥感数据和原位测量之间的差异,可以促进
具有全球覆盖范围的参数估计,其准确性高于任一单独系统的独立测量。此外,原位地面真实
观测常被用于卫星校准或验证(cal/val)分析,旨在改进遥感产品并量化检索的不确定性。

　　多样化的用户群体需要匹配(或共位)卫星和原位观测的能力。卫星社区不断需要开
发、校准和验证,将卫星传感器的测量结果从工程量(例如后向散射、辐射度)转换为物理量
(例如风速、海温、盐度)的检索算法(例如 Bourassa et al.,2003;May & Bourassa,2011;
Donlon et al.,2002;Le Vine et al.,2015)。例如,为了评估任务精度要求并迭代改进检索算
法,卫星科学团队经常通过共位卫星和原位观测来计算检索到的卫星数据和地面真实测量
之间的偏差(图 11.2)。这些团队需要在全球范围内选择卫星观测数据(比如从 Aquarius 或

土壤湿度主动被动任务（SMAP）获取的表面盐度）与原位船只、Argo 浮标、锚泊、滑翔机或其他海洋平台收集的同时发生的表面（在海洋表面 5 米内测量的盐度）观测相匹配。同样，卫星和原位观测之间的差异可以提供对物理过程的洞察（例如 Kelly et al.，2001；May & Bourassa，2011）。

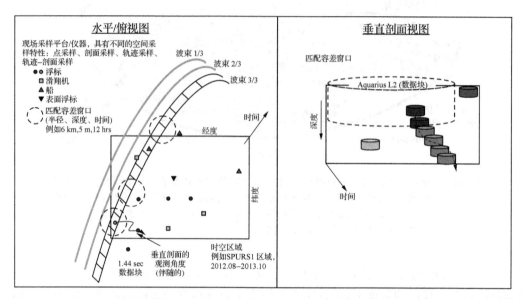

图 11.2 卫星与实地数据在三维中的配准示例。灰色框代表用户正在寻找匹配数据对的搜索域。波束代表卫星飞越域上空的路径，点代表来自不同平台的原位观测（见左侧面板）。虚线圆/圆柱代表在三维空间中围绕特定扫描线定义匹配数据对的空间容差窗口（在本例中为来自 **Aquarius** 的数据块）。

  海洋数据匹配服务的其他用例包括决策支持、科学调查以及在任务科学数据系统（SDS）的卫星数据处理中对辅助数据集进行配准。在后一种情况下，匹配是相对于用于处理的辅助数据集（其他卫星、模型、甚至原位数据集）。这些辅助场的配准值沿着轨道足迹提供给地球物理检索算法作为输入。决策支持可能包括通过识别在拟定研究区域内存在的卫星/原位数据来规划未来的实地活动，或检查匹配的卫星和原位数据以理解拟定活动期间要观测的参数（例如盐度）的结构。如果该服务能够实时摄取卫星和原位数据，那么用户可以识别匹配情况以提供情境感知来支持正在进行的实地考察（例如重新分配原位采样元素）或突出感兴趣的事件以支持运营决策。需要匹配数据的科学调查可以支持数据综合或过程研究（May & Bourassa，2011；Kilpatrick & Xie，2015）。尽管 DOMS 的开发侧重于将卫星数据与原位数据匹配，但从概念上讲，该服务可以支持卫星对卫星、卫星/原位对数值模型，甚至三点（定位所有满足容差标准的卫星、原位和模型值）数据匹配。这样的匹配可用于校准（Stoffelen，1998）、过程研究（Kelly et al.，2001）和模型评估（Ferraro et al.，2015）。

11.2　DOMS 能力

  DOMS 被设计来同时解决大数据的容量和多样性挑战，并通过创建一个通用的、可复用的、分布式软件解决方案来满足用户需求，该解决方案结合了现有的开源技术和专注于卫星到原位数据匹配问题的组件。DOMS 提供自定义查询服务,以从卫星和原位数据集中创建子集和匹配数据对,这些数据集可以通过应用程序编程接口(APIs)和基于 Web 的图形用户界面(GUI)进行编程访问。DOMS 方法的优势包括消除将大型数据集移入本地存储和计算环境的需要;减少定制(一次性)数据匹配软件的开发;以及支持创建、复制和共享定制数据匹配查询。此外,用户可以确保在 DOMS 中使用每个数据集的最新版本,因为这些数据集可以随时由各个数据主机更新,并随后自动链接到 DOMS 的分布式结构中。开源 API 方法不限制用户使用当前的 DOMS GUI,支持将 DOMS 集成到其他科学数据分析和卫星任务数据处理系统中。

DOMS 支持用户指定的水平距离、时间和高度(或海洋参数的深度)容差,以将任何给定的卫星和原位值定性为匹配的数据对。用户可以根据需要扩展匹配要求,例如只选择在卫星或原位数据值位于期望的测量范围内、具有期望的质量控制水平,或由特定类型的平台或仪器测量。在传统的研究环境中,这项匹配任务将由用户完成,他们需要将完整的全球卫星和他们希望匹配的原位数据集下载到本地计算机系统,编写自定义的数据匹配代码,创建包括满足特定容差的匹配数据对的数据子集,最后分析匹配的数据集以产生期望的统计结果。同样,卫星任务团队通常会开发一个自定义的数据匹配能力,以满足每个任务的需求(例如 Taberner et al.,2013;Tang et al.,2014;Watson-Parris et al.,2016)。如果团队或用户需要更改容差、使用不同的数据集,或改变他们的数据匹配标准的任何其他方面,可能需要将新的数据集下载到本地服务器和/或对自定义的数据匹配代码进行修改。此外,如果数据集的任何部分经历了版本更新,团队必须检测到这一变化,并根据需要升级集合(即本地对位系统很容易过时,重现结果可能是一个挑战)。

在这里,作者们描述了 DOMS 的总体设计和工作流程。2017 年初完成的原型用于展示 DOMS 的能力。从原型中学到的经验,包括最初方法的优势和局限性,将被讨论,并为后续开发基于云的海洋数据分析系统 Ocean Works(Huang et al.,2018)和基于云的数据匹配服务(CDMS,Chung et al.,2021)奠定基础。

11.3　系统架构

DOMS 的设计支持通过分布式数据主机网络匹配卫星和原位数据(图 11.3)。数据主机支持可以由集中式数据匹配服务按需查询的索引数据存储,目前该服务由 NASA JPL 托管。这个中央服务引擎还支持根据用户搜索标准创建原始数据集的子集。匹配服务与卫星数据存档共同位于 JPL 物理海洋学分布式活动归档中心(PO.DAAC),因为这些数据的体积远远大于原位数据集。原位数据集托管在全国各地的站点:一个在 JPL 内部,一个在佛罗里达州立大学的 COAPS,另一个在 NCAR。

DOMS 选择的软件栈使用现有的开源应用程序。必要时,新的软件组件将使用开源框架开发,以便最终的栈可以轻松分配。这种分布式架构的未来愿景是在云计算环境中实现数据索引、子集创建和数据匹配。这种环境将更好地支持通过利用自动扩展的计算资源和容易扩展的存储能力来获得生成更高性能结果。

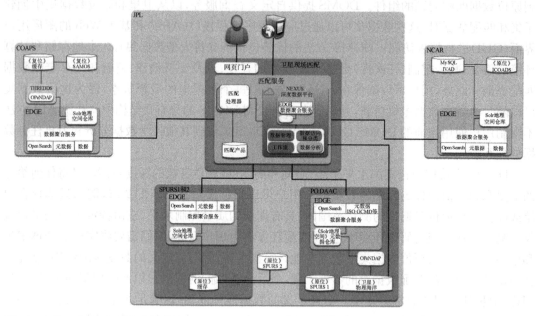

图 11.3 第一个 DOMS 原型的总体架构。主要服务 API、卫星数据和来自 JPL 的 SPURS 的原位数据。COAPS 和 NCAR 分别为 SAMOS 和 ICOADS 托管了两个分布式原位数据节点。

11.3.1 数据集

DOMS 的设计和实现是为了支持代表性的卫星和原位数据集。卫星产品包括条带（二级）和网格化（三级和四级）卫星产品。在原型中，这包括了 JPL SMAP L2B v2.0 盐度数据；ASCAT-B L2 沿海 12.5 km 的风数据；以及 AVHRR OI L4 GHRSST 0.25°和 MUR L4 1 km 每日海面温度数据。原位数据集包括短期现场实验，具有广泛变化的测量平台和仪器，一个高采样率（1 分钟间隔）的气象和海洋观测网络，来自研究船只，以及一个全球分布的历史海洋气候数据库。在原型中，现场数据来自传感器网络，该网络由 15 个观测平台组成，数据采集自 NASA SPURS 的两次行动（Lindstrom et al.，2015；https://podaac.jpl.nasa.gov/SPURS），研究船的观测数据来自 35 艘以上的船只，这些船只为船载自动气象与海洋系统（SAMOS；Smith et al.，2018）计划（http://samos.coaps.fsu.edu/）提供了每分钟间隔的观测数据。此外，国际综合海洋-大气数据集（ICOADS；Freeman et al.，2016；http://icoads.noaa.gov/）提供了多样化的海洋气候数据集，该数据集包含来自船只、系泊设备、漂流器、浮标、钻井平台等的观测数据，但观测间隔较长（通常大于 1 小时）。这些数据集提供了卫星产生的大数据量和代表地理空间数据离散几何形状范围的各种原位观测的案例。目标是确保 DOMS 的设计支持使用地球观测社区常用的多种数据集执行匹配操作。

11.3.2 原位数据

原位数据集可以通过多种方法存储并在分布式主机上提供服务。DOMS 的最初实现包括了通过以下方式提供服务的原位数据集：(1) 通过 THREDDS（主题实时环境分布式数据服务)目录(SAMOS)的 OPeNDAP(开源网络数据访问协议)协议;(2) 关系型 MySQL 数据库(ICOADS);(3) 以及传统的 FTP 方法(SPURS)。在每种情况下,都会提取并使用 Apache Solr 对数据值和元数据的子集进行索引,这些数据和元数据是识别匹配代表性卫星数据集所必需的。常见参数包括日期、时间、纬度、经度、平台类型、设备类型、任务标识符以及每个索引参数的值、高度/深度和数据质量标志(例如 SST(海表温度)、盐度、风)。这些数据转换使用的标准(见下文)确保所有索引值都以通用单位、约定命名等存储。除了 Solr 之外,还安装并使用了开源的可扩展数据网关环境(EDGE,原名为海洋学通用搜索接口;Huang et al.,2011)(https://github.com/apache/incubator-sdap-edge),每个原位数据主机都用它来提供一个通用的数据搜索和检索端口。EDGE 将原位数据打包成标准的 OpenSearch(https://developer.mozilla.org/enUS/docs/Web/OpenSearch)响应格式,并处理每个原位数据主机使用的词汇与搜索参数和响应中使用的共享词汇之间的映射。EDGE 在 JPL 进行了几个显著的生产适配,包括 PO.DAAC 的公共网络服务、NASA 海平面变化门户的内容和数据搜索,以及在几个海军研究项目中的应用。它提供了一个用于地理空间索引、元数据翻译和服务集成的插件框架。

11.3.3 卫星数据

卫星数据集都已编目,并通过一个名为 NEXUS 的数据平台提供服务。NEXUS(https://github.com/apache/incubator-sdap-nexus/;Huang,2016)是一个开源的、数据密集型分析框架,采用了一种新的处理科学数据的方法,能够进行大规模数据分析。它是专业开源的 Apache 科学数据分析平台(SDAP)(https://sdap.apache.org)解决方案的一部分。MapReduce 是一个广泛使用的范式,用于在集群或云环境中并行处理大量数据。遗憾的是,这种范式打包在各种大小文件中的地理空间数组的时间序列数据并不兼容。每个数据文件的大小可以从几十兆字节到几千兆字节不等。根据用户的请求,某些分析操作可能涉及数百到数千个这样的文件。MapReduce 模型期望数据被划分为大小相似的块,这些块可以在所有映射器进程中均匀分布,以确保它们能够在大致相同的时间内完成处理。

NEXUS(图 11.4)在处理基于文件的、时间序列的地理空间观测数据块时采取了不同的方法,充分利用了云计算环境的弹性。NEXUS 不是执行即时文件的 I/O,而是将瓦片数据存储在云数据库中并提供一个高性能的空间查找服务。NEXUS 提供了科学数据与横向扩展数据分析之间的桥梁。该平台通过桥接文件和 MapReduce 解决方案(如 Apache Spark)之间的差距,简化了大数据分析解决方案的开发。

现对 NEXUS 分析服务与一个流行的在线大气数据分析解决方案 GES DISC GIOVANNI(https://giovanni.gsfc.nasa.gov/giovanni/)进行比较。GIOVANNI 由 C/C++网络通用数据格式(netCDF)操作(NCO;http://nco.sourceforge.net)库支持,该库使用传统的基于文件的垂直扩展架构提供了接近最优性能。由于 NEXUS 被设计为水平扩展的架构,它可以利用额外的计算节点来加快处理速度。性能图表(图 11.5)显示,在计算 16 年的区域平均时间序列时,NEXUS 的速度几乎是 GIOVANNI 的 300 倍(Jacob et al.,2016)。NEXUS 用于基于数组的,EDGE 用于基于点的子集创建的组合,使 DOMS 能够以比当前解决方案快 10 倍的速度有效地识别每个分布式节点所需的数据,以进行地理/时间匹配。

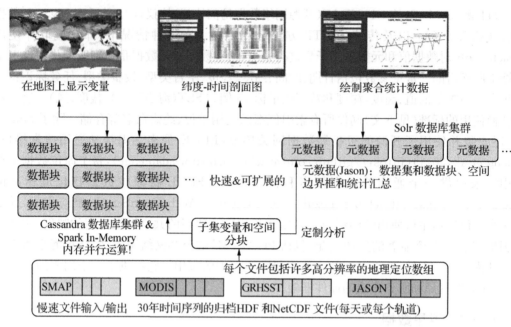

图 11.4 NEXUS 数据平铺架构。来源：Nexus。

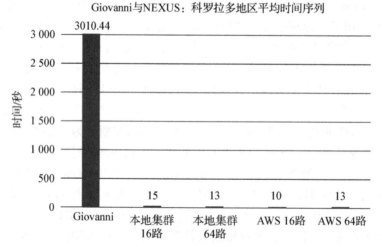

图 11.5 Giovanni 与 NEXUS 在 MODIS Terra 气溶胶光学厚度 550 纳米 (MOD08_D3v6)数据基于的区域平均时间序列上的性能对比(时间以秒计)。该时间序列是从 2000 年 3 月 1 日至 2016 年 2 月 29 日为科罗拉多州创建的。

在 DOMS 发展的过程中,应用了标准以支持数据节点之间的互操作性,并简化了结果子集和匹配数据集的使用。在 DOMS 原型中整合卫星和原位数据集是通过以下方式推进的:(1) 这些源数据文件符合互操作标准,包括 netCDF 气候和预测(CF)标准,以及数据发现属性公约(ACDD)元数据标准;(2) 这些数据通过标准的地球科学数据服务协议(如 OPeNDAP 和 THREDDS)获取。此外,每个数据节点将数据集特定的参数、平台类型和设备类型的术语映射到自然环境研究委员会(NERC)词汇服务器中建立的词汇中

(Leadbetter,2018)。具体来说,参数映射到 CF 标准名称(http://vocab.nerc.ac.uk/collection/P07/current/),平台类型映射到 SeaVoX 平台类别(http://vocab.nerc.ac.uk/collection/L06/current/),设备类型映射到 SeaDataNet 设备类别(http://vocab.nerc.ac.uk/collection/L05/current/)。这些标准词汇术语出现在 DOMS 输出文件和每个原位数据节点实施的 Solr 索引中。使用标准词汇对于简化将新数据集添加到 DOMS 中和提供用户友好的输出至关重要(见第 11.4.3 节)。

11.3.4 用户界面

用户对 DOMS API 或 GUI 的查询是通过一个中央处理节点进行控制的(见图11.3)。根据用户输入的选择(见第 11.4 节),中央节点将通过 EDGE 向各分布式节点提交查询,返回与查询参数相匹配的子集,然后将这些子集提供给用户,或者根据用户的请求运行数据匹配算法。匹配的数据随后被打包并提供下载。

DOMS 原型旨在满足卫星定标/验证社区的需求,以匹配卫星和原位数据。所选的软件栈对于匹配时间(即几周到几个月)或空间范围(即海洋盆地尺度)有限的查询被证明是有效的。需要进一步优化才能使 DOMS 能够在单个用户查询中匹配整个卫星任务的数据。作者设想,要实现满足多样化用户群体的可扩展性需求,需要将架构带入云端,在那里可以根据需求配置大数据量和计算。一旦优化,DOMS 将可用于扩展到更多的卫星和原位数据集,使该服务对研究和运营社区更有用。

11.4 工作流程

DOMS 的工作流程可以从两个角度来考虑,一是用户定义和完成匹配操作的方法,二是 DOMS 软件堆栈后端发生的步骤。从用户的角度来看,必须决定哪些参数(例如海温、风力、盐度)是匹配数据对中所需的,应该搜索哪些数据集以找到匹配项,应该使用什么空间和时间域来进行搜索,以及定义匹配数据对可以接受的时间和空间的容差。此外,用户可能希望根据数据质量、平台类型或其他要求来过滤数据匹配。基于这些决策,用户可以请求下载结果的匹配对。DOMS 还提供了一个选项,用于下载每个数据集中用于创建匹配对的数据子集。从后端的角度来看,DOMS 需要以一种可以在软件堆栈中传达的方式理解用户查询。查询的顺序和结构需要以一种最有效利用可用计算资源并在最短时间内返回准确子集和匹配数据结果的方式来管理。

在 DOMS 工作流程的初始设计中(见图 11.6),建立一个共同的词汇是至关重要的。关键术语包括以下内容:

主数据集。在每对匹配中必须出现的数据集,并且在识别匹配时,匹配容差度以此为中心。主数据集的日期时间和位置被认为是一个有限且准确的点,例如,卫星参数估计值是来自地理空间足迹的加权值。

匹配数据集。用户希望与主数据集匹配的数据集。

搜索域。用户希望找到匹配项的三维空间区域和时间范围。垂直维度通常很窄,仅足以捕获海洋表面附近的原位测量数据,以便与卫星数据进行比较。在空间区域中进行真正的全三维匹配是未来的技术愿景。

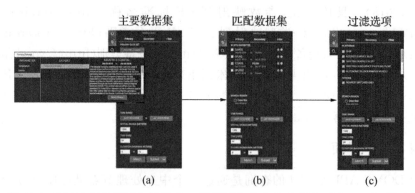

主要数据集　　　　匹配数据集　　　　过滤选项

(a)　　　　　　(b)　　　　　　(c)

图 11.6　**DOMS 工作流程中原型 GUI 指导用户完成以下步骤：选择（卫星，描述如下）(a)主数据集，(b)选择匹配（现场）数据集，以及(c)允许用户按平台类型过滤数据，并接收最接近的或所有匹配的数据对。用户还可以调整他们的空间和时间搜索域和容差限制（每个面板的下半部分）。系统提供下载所选数据集的子集和匹配数据对的选项。**

匹配容差度。半径（在水平空间中）、主数据集以上和以下的深度（名义上是海洋表面）以及时间范围，这定义了匹配点必须与主要数据点多接近才能被认为是一个匹配的标准。当数据在位置、深度和时间上的差异小于或等于容差值并且在搜索域内时，数据被接受为"匹配"。

配对参数。用户选择的变量在主要数据集和配对数据集之间进行比较。

DOMS 工作流程从选择匹配参数（例如海温、盐度或风）和搜索域开始，包括一个 3D 空间区域（图 11.2 中的灰色阴影）和一个时间范围。从用户的角度来看，必须知道希望匹配哪个参数，以及在什么区域和时间段内。在后端软件中，首先使用搜索域和匹配参数的存在性对子集进行筛选，包括主要数据集和匹配数据集。接下来，选择必须包含所需参数和搜索域的主数据集。对于上述用例，可以根据各自卫星任务的时间覆盖范围，选择一个盐度卫星数据集（例如 Aquarius 或 SMAP）。下一步是选择匹配数据集，在所呈现的用例中可能是一个或多个原位数据集（例如 ICOADS、SPURS 或 SAMOS）。

一旦选择了匹配参数、搜索域以及主要和匹配数据集，DOMS 就会运行一个初始搜索查询，该查询返回每个数据源的记录数，这些记录数受搜索域限制，包含主要数据集和匹配数据集之间的潜在匹配项。在处理的这一步，用户可以查看结果子集的统计数据（如果需要，还可以下载它们），并在进行计算成本高昂的数据匹配步骤之前修改查询。这允许用户能够灵活地调整查询，以防初始搜索显示的潜在数据匹配太少或太多。

DOMS 工作流程概念上包括了一些选项，以便通过每个数据集的索引中存储的额外标准来过滤匹配数据。例如，用户可能只想接受包括特定平台（例如仅限固定浮标）或满足特定数据质量水平（例如没有被标记为雨的卫星风观测数据）的匹配项。应用平台类型、设备或数据质量的过滤器可以帮助研究人员尝试区分卫星和原位观测之间的差异。

当用户准备继续时，他们选择应用于数据匹配算法中每个主数据集与匹配子集之间的匹配容差，这在第 11.4.1 节中有详细描述。这些匹配容差在 DOMS 处理的第一阶段不起作用，在该阶段中，基于搜索域和选定的匹配参数，识别主数据集和匹配数据集的子集。DOMS 支持两种数据匹配选项：识别所有匹配项或仅在用户定义的匹配容差度内识别最近的空间匹配项。一些研究人员可能希望使用在定义的容差度内所有匹配的数据来计算平均值或其他统计数据,而其他人可能只需要最近的匹配项来解决他们的研究问题。未来可能实施更复杂的匹配算法,这些算法同时考虑时间和空间因素,以找到"最近"的匹配项(May & Bourassa, 2011)。

　　工作流的最后阶段是将结果反馈给用户。在原型中,这包括一些基本的分析图形,显示在地图上的匹配数据对以及散点图和直方图(见图 11.7)。DOMS 通过 API 以 JSON 格式输出匹配的数据对(见第 11.4.2 节),并且以用户指定的数据文件输出(例如逗号分隔值(CSV)或(netCDF);见第 11.4.3 节)。

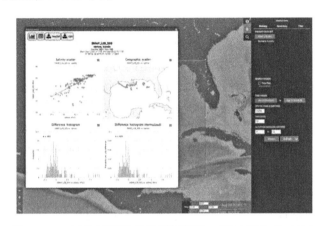

图 11.7　示例分析图显示了墨西哥湾一周时间内 SMAP 与 SAMOS＋ICOADS 盐度观测之间最近匹配对。该图像来自原型 GUI。来源：Nexus。

11.4.1　匹配算法

　　匹配工作流程中一个不可或缺的部分是用于将主要数据点与匹配点匹配的算法。该算法利用了 NEXUS 系统查询卫星数据,并提供一个大型分布式集群来进行匹配计算。它还利用 EDGE 来检索原位(匹配)点。算法从存储在 NEXUS 中的主要卫星数据开始。

　　NEXUS 以块的形式存储卫星数据,这些块也被称为图块(见图 11.4)。这些图块包含许多卫星测量数据,在被摄入 NEXUS 时分布开来;因此,一个图块自然形成了一个小的工作单元,可以在其上进行分析。匹配算法利用这一点,首先搜索 NEXUS 来找到所有用户指定的搜索域内的卫星瓦片,并按空间排序。算法此时尚未下载任何数据;相反,它将生成的图块标识符分配到计算集群中,以并行继续执行算法的其余部分。为了充分利用集群的能力,将图块分组到分区中,这些分区足够小,可以适应单个计算节点的内存,但又足够大,可以优化 I/O(读取数据)。

　　一旦图块被分割,就可以并行处理。算法的下一步是确定卫星图块分区的时空范围。这些时空范围将是用户搜索域的某个子集,并将用于查询匹配点(原位点)。在查询匹配点之前,用户指定的半径容差和时间容差被添加到图块分区的边界中,但严格限制不超过用户的搜索域。这是为了确保可以查询到用户定义容差内的匹配点。敏锐的读者会注意到,边界是以纬度和经度指定的,但容差是以米为单位指定的。这就需要将纬度和经度的边界转

换为米,以便将容差添加到边界中。转换使用非常简单的近似方法

$$纬度 = 纬度 + (米 - 111\ 111) \tag{11.1}$$

$$经度 = 经度 + \left(\left(\frac{米}{111\ 111}\right) * \cos(弧度(纬度))\right) \tag{11.2}$$

一旦确定了新的边界,就会查询匹配点,应用用户选择任何过滤器(平台、设备等),并将结果限制在指定的深度范围内。从匹配数据集中得到的匹配点,是当前分区中将要与主要卫星数据进行匹配的点。

该算法现在已经检索到所有候选匹配点,接着通过初始化一个以当前分区图块的质心为中心的方位等距投影。由于使用的是经纬度坐标系统,所以需要进行投影。在纬度-经度坐标系统中比较点与点之间的距离是不准确的,因为1°经度并不具有恒定的米距离。因此,使用方位等距投影是必要的。选择这种投影是因为它具有一个独特的属性,即投影地图上的所有点与中心点的距离保持比例上的正确。通过将投影中心定在图块分区的质心,并用它来投影匹配点和主要点,就可以准确地推理出点与点之间的距离。

一旦主要点和匹配点都被投影后,它们就被放置在两个k-d树中(Bently, 1975),一个树用于主要点,另一个用于匹配点。k-d树是寻找最近邻点的理想数据结构。然后使用匹配k-d树查询主要点k-d树,找出距离不超过半径容差度的所有点对。这导致了一个主要点的列表,其中每个主要点都与一个在半径容差度范围内的匹配点配对。

此时,算法必须过滤掉不满足所需时间容差度的点。对于每一对主要匹配点,都会比较测量时间。如果差异超出了时间容差度,这对点就会被丢弃。这一步一旦完成,所有的主要点都已经与空间-时间容差度范围内的匹配点配对。算法可以根据用户选择返回所有匹配点或只返回每个主要点的最近点。

如果用户只请求最接近的匹配点,算法会在结果上再应用一个过滤器。这个过滤器首先使用1984年世界大地测量系统(WGS84)标准椭球体计算每一对主匹配点之间的大地距离。其次,过滤器移除除了距离最小的主匹配数据对之外的所有数据。然后,算法的结果返回给用户,工作流程如上所述继续进行。

11.4.2 DOMS API

上述工作流程可以通过为DOMS原型开发的API以编程方式调用(https://doms.jpl.nasa.gov)。(注意,自2017年以来,这个原型经历了Ocean-Works和CDMS项目的变更)。API包括工作流程中的三个主要任务:从主数据集和匹配数据集中创建子集,使用匹配容差来识别这些子集中的匹配数据对,以及创建匹配数据的简单分析。

API存在于创建DOMS内托管的卫星或原位数据集(或两者)的子集。每个API调用都需要一个开始和结束时间,一个由纬度-经度边界框定义的搜索域,主要搜索参数(例如海表盐度、SST或风),以及所需的输出格式(例如原型支持的JSON和CSV)。用户可以为搜索域选择一个最大/最小深度轴,并按平台类型过滤数据。API还支持一个选项,以返回一些基本统计数据(例如搜索域中的点数)给用户,而不是完整的匹配数据集。这个功能允许用户在创建下载子集进行下载或匹配处理之前,判断搜索域是否包含足够的数据或过多的数据。未来,子集可能会进一步通过仪器和/或数据质量进行过滤。

DOMS 的数据匹配 API 是其为服务于卫星与现场数据匹配而具备的核心能力。该 API 包括以下功能:让用户识别软件版本,接收可用数据集列表,从选定的原位数据源中获取统计和数据值,并最终执行数据匹配服务。匹配服务所需的输入包括指定主数据集和匹配数据集、匹配参数、开始和结束时间、由纬度经度边界框定义的搜索域、时间容差(以秒为单位)、空间容差(以米为单位)以及用户所需的平台。API 还可以选择性地支持搜索域的最大/最小深度轴。用户还可以选择是否仅接收匹配容差窗口内最近的数据对,还是所有匹配的数据对。API 还支持限制匹配算法返回的匹配对数。匹配数据可以输出为 JSON、CSV 和 netCDF 格式。

以下是最新的 DOMS RESTful Web Serrice API(在 CDMS 项目中开发)的一个示例,它请求 DOMS 在 2017 年 7 月 1 日至 7 日期间,对墨西哥湾的 GHRSST MUR L4 和 ICOADS 数据集进行匹配操作,要求在指定的深度范围和容差内,只匹配船只观测数据(platform=1),并提供所有(resultSizeLimit=0)最近的数据匹配(matchOnce=true)以及容差和限制匹配数。(https://doms.jpl.nasa.gov/match_spark_doms? primary=MUR25-JPL-L4-GLOB-v04.2 & secondary = icoads&startTime = 2017-07-01T00％ 3A00％ 3A00Z&endTime = 2017-07-07T23％ 3A59％ 3A59Z&b = － 100％ 2C20％ 2C － 79％ 2C30&platforms=1&depthMin=－10 & depthMax=10 & tt=43 200 & rt=5 000 & matchOnce=true & resultSizeLimit=0)。

11.4.3　DOMS 文件输出

DOMS 为用户提供了以标准化 CSV 或 netCDF 数据文件格式输出匹配查询结果的选项,两者都共享一套公共的全局元数据属性和文件命名约定。输出文件的全局元数据包括 CF 1.7(http://cfconventions.org/Data/cf-conventions/cf-conventions-1.7/cf-conventions.html) 和 ACDD 1.3(http://wiki.esipfed.org/index.php/Attribute_Convention_for_Data_Discovery_1-3) 规定的必需和推荐属性。这些文件也与美国国家环境信息中心(NOAA NCEI)的 netCDF 模板保持一致,这些模板用于表示离散几何(点、剖面、轨迹)以及波段和网格化数据系列。它们还包括一组特定于 DOMS 的元数据属性,用于捕获查询指标、版本信息、匹配域和容差参数,以及完整的 DOMS Web 服务 URL,确保查询请求的可重现性。

DOMS CSV 输出文件中的匹配数据部分位于全局元数据行下方,包含了一系列标准化的列标签,用于时间、纬度、经度、深度、观测的地球物理参数(例如海温、盐度和风向量分量)、平台和源数据集字段,适用于卫星和相邻的原位数据块。每个列标题还包括适用的参数单位。也可能存在一个可选的数据源特定的"元"字符串字段,其中包含辅助值和信息,数据提供者认为这些对于解释匹配数据集很有用(例如唯一记录标识符,用于引导用户返回到源数据)。解码每个元字符串的说明包含在数据源文档中。下方的每一行匹配输出数据代表 DOMS 查询返回的一个单独的卫星-原位记录匹配。

虽然这种 CSV 输出格式易于理解,并且可以在多种软件工具中使用,但它并不特别紧凑,因此最适合用于较小的区域匹配查询和较短的时间段。然而,定位操作可能会产生大量的匹配记录集,特别是如果查询是全球范围内的并且跨越较长时间段的话。这些记录集作为 CSV 使用会显得过于笨重,对于 DOMS 来说,这尤其正确,它提供了不仅匹配用户定义的匹配容差阈值内最近邻的一对卫星-原位值的选项,而且还可以返回在这个容差窗口内的所有匹配对。

为了支持大规模的匹配查询,DOMS 为用户提供了将结果输出到 netCDF4 文件的选项,利用这种自描述二进制数据文件格式的特性,包括内部压缩。将匹配数据集输出到 netCDF 并不是 DOMS 独有的;然而,DOMS 团队开发并实施了一个数据模型规范,该规范针对 netCDF 数据文件中匹配数据集进行了紧凑表示的优化,并且能够有效地支持甚至是多对多的点位之间的关联。这是通过利用 netCDF4/HDF5(层次数据格式第 5 版)数据模型中的 Group 构造(Rew et al.,2006)来实现的,它有效地将 DOMS 匹配算法返回的独特的卫星和原位记录在每个 Group 结构中进行隔离,避免了数据的重复复制。在各自的卫星和原位记录的 Group 中,记录之间的链接在一个单独的 2D 数组变量中以简约的方式表示,该变量仅包含匹配的卫星和原位记录的数值数组索引。这种方法有效地支持匹配的卫星和原位记录之间的任何基数关系,其方式类似于关系数据模型。为了供应用程序使用,重建匹配记录之间的关联本质上需要进行一次连接操作,以便在计算机内存中提供相关卫星和原位记录的扁平化表示。最后,在两个 Group 中有一组可比较的坐标变量,包含纬度、经度、深度和时间数据,以及辅助的元数据字符串变量。DOMS netCDF 文件变量直接与 CSV 文件规范的列对齐,正如之前描述的两种输出文件类型的全球元数据属性也是一致的。对于 DOMS netCDF 输出文件,变量级元数据也完全符合 CF 标准。

11.4.4　用户界面

基于底层 API,DOMS 团队开发了一个原型 GUI,它支持用户通过交互式匹配查询提交(见图 11.6 和 11.7)。为了实现最佳用户体验(UX),UI 必须提供一套简单的视图/页面,引导用户通过上述工作流程所需的一系列结构化步骤。用户必须能够理解可用的数据集(包括卫星和原位数据),并提供足够的文档,以便他们做出明智的选择,选取符合其特定需求的产品。选择搜索域、主要和匹配数据集、匹配参数和容差,以及任何数据过滤器,必须按照有序的步骤进行,逻辑上引导用户完成工作流程。用户通过选项探索数据子集和匹配的数据对,提供通过基本统计或地图预览数据,以便他们在接受和下载结果之前修订/更新他们的查询。此外,UI 应该能够从小型探索性查询扩展到跨多年的查询和全球尺度的匹配操作。许多这些特性在 DOMS 原型中得到了展示(http://doms.jpl.nasa.gov)。

DOMS 的底层 API 架构支持将 DOMS 的组件集成到未来的 GUI 中,因此用户社区不会被锁定在单一的界面解决方案中。实际上,作者将底层的 DOMS API 集成到了具有不同外观和感觉的 GUI 的 OceanWorks(Huang et al.,2018)数据分析平台中。CDMS 项目(Chung,2021)正在将 API 架构迁移到云计算基础设施中,希望能够实现用户社区所期望的性能水平。

11.5　未来发展

DOMS 原型成功实现了本文所述的分布式系统架构和工作流程。用户能够从卫星和原位数据集的列表中选择,确定他们的主要数据集和匹配数据集,定义他们的搜索域和匹配容差,从有限的过滤标准中选择,最后接收数据子集或匹配数据对以供下载。对于范围有限的搜索,DOMS 原型在可接受的运行时间内返回了结果(例如墨西哥湾地区,几周时间内,结果在大约一分钟内返回)。

我们承认第一个 DOMS 原型存在已知的局限性。接受和完成大型匹配请求的能力(例如将卫星数据集的整个五年任务与全球范围内可用的原位数据匹配)尚未实现。一些多年请求已经通过测试,但它们需要运行批处理脚本来将请求分解为 API 可以管理的子请求(例如一个月一次),这对用户并不友好。在 DOMS 下一阶段的开发中,我们计划实施程序来接受、跟踪和运行大型数据请求(可能在队列或后台环境中),这将反过来通知用户他们的数据请求何时完成。NCAR 正在使用这种响应大型数据请求的系统,团队计划利用这一先验知识。另一个挑战是如何将新的数据提供节点和数据集引入 DOMS,以扩展用户可用的选项。原型测试了使用 OPeNDAP/THREDDS 和关系型/NoSQL 数据库来存储其观测数据的原位数据主机,但将这些档案的数据索引到 Apache Solr 的过程总是需要为每个新数据源进行一定级别的定制。挑战在于构建适用于不同数据存储架构的工具,以简化这一过程。对于较大的卫星数据集,使用 NEXUS 进行数据切片有许多优势,但同样,将需要工具/软件来帮助引入额外的大型数据集,目前还在研究以设计 NEXUS 数据模型,以更有效地支持非网格化数据集(例如卫星数据)。最后,当前架构假设高容量(例如卫星)数据集与数据匹配软件位于同一基础设施上。该团队设想如果较大的数据集(例如正在考虑的 NASA 的 DAACs)可以存储在云环境中,并与核心 DOMS 软件一起,那么这种架构就能工作,但需要进一步研究以了解如果一个大型数据集由中央数据/软件主机之外的节点托管,DOMS 的性能如何。原型的另一个发现是,分布式节点之间的网络瓶颈可能会减慢查询性能。团队正在探索使用 Solr 中的复制功能,在本地主机和云中的中央处理节点之间同步索引内容。

2018 年,DOMS 初步整合到 PO.DAAC 的集成海洋科学数据分析平台 OceanWorks 中(Huang et al.,2018)。DOMS 的云原生架构允许软件堆栈利用云的弹性,平等地分配在水平扩展的实例之间。2021 年,CDMS 项目进一步改进了匹配算法,以更好地支持二级(条带/轨道)卫星到原位数据匹配和卫星到卫星数据产品匹配。CDMS 还在开发标准化的数据模型,并正在测试云原生格式的原位和卫星观测。随着 CDMS 的进行,作者设想改进搜索速度,处理更大的数据请求能力(无论是空间还是时间),以及新的过滤功能,以便在选择数据集之间的匹配子集时利用现有的数据质量控制标志。

最终,DOMS 概念有潜力扩展到卫星与原位数据匹配之外。同样的架构可以应用于将原位数据与网格化的数值模型输出相匹配;然而,为了考虑数值模型中全部范围的垂直坐标系统(例如 z 坐标、等密度坐标等),需要对数据匹配算法进行一些增强。该架构还将支持卫星对卫星(在 CDMS 项目中已完成)和卫星对模型的匹配。这里的挑战将是优化匹配算法,使其能够处理两个同样庞大的数据集。人们可以想象云计算对于这种真正的大数据练习可能具有的优势,特别是如果两个大型数据集(卫星和模型)都能在云上进行切片和索引。2017 年的原型主要使用了时间上静态的数据集(ICOADS 和 SAMOS 随着新数据的添加而更新),但如果有足够的资源实时地将卫星和原位数据摄入 DOMS,DOMS 架构可以支持实时的卫星对原位数据匹配。利用并建立在 DOMS 原型之上,作者设想的最好的成果还有待实现,以支持运营和研究用户动态匹配卫星、原位、数值模型或其他数据产品的需求。

致　谢

DOMS 的发展是佛罗里达州立大学海洋大气预测研究中心（COAPS）、国家大气研究中心（NCAR）以及美国国家航空航天局喷气推进实验室（JPL）之间的合作努力。该项目的发展得到了美国国家航空航天局先进信息系统技术（AIST）计划的支持。

可用性声明

DOMS 的本质是一个开源数据服务，所有在 DOMS 原型实现中使用的数据集都可供公众访问（见文本和参考资料）。此外，代码是在开源模型下开发的，API 也可免费提供给用户社区，网址为 https://doms.jpl.nasa.gov/。

参考文献

［1］Bently，J. L. (1975). Multidimensional binary search trees used for associative searching. *Communications of the ACM*，18(9)：509 - 517. https://doi.org/10.1145/361002.361007.

［2］Bourassa, M. A., Legler, D. M., O'Brien, J. J., & Smith, S. R. (2003). SeaWinds validation with research vessels. *Journal of Geophysical Research*，108. https://doi.org/10.1029/2001JC001028.

［3］Chung, N., Huang, T. M., Tsontos, V., Perez, S., Phyo, W., Smith, S. R., et al. (2021). *Cloud-based data match-up service* (CDMS). https://doi.org/10.6084/m9.figshare.14988603.v1.

［4］Donlon, C., Minnett, P. J., Centemann, C., Nightingale, T. J., Barton, I. J., Ward, B., et al. (2002). Toward improved validation of satellite sea surface skin temperature measurements for climate research. *Journal of Climate*. https://doi.org/10.1175/1520-0442(2002)015<0353：TIVOSS>2.0.CO；2.

［5］Ferraro, R., Waliser, D. E., Glecker, P., Taylor, K. E., & Eyring, V. (2015). Evolving Obs4MIPs to support Phase 6 of the Coupled Model Intercomparison Project (CMIP6). *Bulletin of the American Meteorological Society*. https://doi.org/10.1175/BAMS-D-14-00216.1.

［6］Freeman, E., Woodruff, S. D., Worley, S. J., Lubker, S. J., Kent, E. C., Angel, W. E., et al. (2016). ICOADS Release 3.0：A major update to the historical marine climate record. *International Journal of Climatology*，37，2211 - 2232. https://doi.org/10.1002/joc.4775.

［7］Huang, T. (2016). NEXUS：*Big data analytics*. Paper presented at 2016 Federation of Earth Science Information Partners (ESIP) Summer Meeting, Durham, NC.

［8］Huang, T., Armstrong, A., Chung, N. T., & Gangl, M. (2011). *Metadata-Centric Discovery Service*. Paper presented at the 2011 American Geophysical Union Fall Meeting, San Francisco, CA.

［9］Huang, T., Armstrong, E. M., Greguska, F. R., Jacob, J. C., Quach, N. T., McGibbney, L. J., et al. (2018). *High performance open source platform for ocean sciences*. Paper presented at 2018 Ocean Sciences Meeting, Portland, OR.

［10］Jacob, J., Huang, T., & Lynnes, C. (2016). *Performance comparison of big data analytics with NEXUS and Giovanni*. Paper presented at 2016 American Geophysical Union Fall Meeting, San Francisco, CA.

［11］Kelly, K.A., S. Dickinson, M. J. McPhaden, & G. C. Johnson (2001). Ocean currents evident in satellite wind data. *Geophysical Research Letters*，28(12)，2469 - 2472，doi:10.1029/2000GL012610.

［12］Kilpatrick，T. J. & Xie，S.-P.（2015）. ASCAT observations of downdrafts from mesoscale convective systems. *Geophysical Research Letters*，42(6)：1951 - 1958，doi:10.1002/2015GL063025.

［13］Leadbetter，A.，（2018）. NERC vocabulary server version 2.0. Available at https://www.bodc.ac. uk/resources/products/web_services/vocab/documents/nvs2.0_documentation.pdf.

［14］Le Vine，D. M.，et al.（2015）. Status of Aquarius/SAC-D and Aquarius Salinity Retrievals. *IEEE Journal of Selected Topics in Applied Earth Observations and Remote Sensing*，8. 5401—5415，doi: 10.1109/JSTARS.2015.2427159.

［15］Lindstrom，E.，Bryan，F.，& Schmitt，R.（2015）. SPURS: Salinity processes in the upper-ocean regional study: The North Atlantic experiment. *Oceanography*，28(1)，14 - 19. http://dx.doi.org/10. 5670/oceanog.2015.01.

［16］May，J. C.，& Bourassa，M. A.（2011）. Quantifying variance due to temporal and spatial difference between ship and satellite winds. *Journal of Geophysical Research*，116（C8）. doi: 10.1029/2010JC006931.

［17］Rew，R. K.，Hartnett，E.，& Caron，J.（2006）. *NetCDF-4: Software implementing an enhanced data model for the geosciences*. Paper Presented at 22nd International Conference on Interactive Information Processing Systems for Meteorology，Oceanography，and Hydrology. American Meteorological Society，Atlanta，GA.

［18］Smith，S. R.，Briggs，K.，Bourassa，M. A.，Elya，J.，& Paver，C. R.（2018）. Shipboard automated meteorological and oceanographic system data archive: 2005 - 2017. *Geoscience Data Journal*，5，73 - 86. https://doi.org/10.1002/gdj3.59.

［19］Stoffelen，A.（1998）. Toward the true near-surface wind speed: Error modeling and calibration using triple collocation. *Journal of Geophysical Research: Oceans*，103（C4）：7755 - 7766，doi: 10. 1029/97JC03180.

［20］Taberner，M.，Shutler，J.，Walker，P.，Poulter，D.，Piolle，J.-F.，Donlon，C.，et al.（2013）. The ESA FELYX high resolution diagnostic data set system design and implementation. *International Archives of the Photogrammetry*，*Remote Sensing and Spatial Information Sciences*（*ISPRS Archives*），XL-7/W2，243 - 249. https://doi:10.5194/isprsarchives-XL-7-W2-243-2013.

［21］Tang，W.，Yueh，S. H.，Fore，A. G.，& Akiko，H.（2014）. Validation of Aquarius sea surface salinity with in situ measurements from Argo floats and moored buoys. *Journal of Geophysical Research Oceans*，119(9)：6171 - 6189. https://doi.org/10.1002/2014JC010101.

［22］Watson-Parris，D.，Schutgens，N.，Cook，N. Kipling，X.，Kershaw，P.，Gryspeerdt，E.，et al. （2016）. Community Intercomparison Suite（CIS）v1.4.0: A tool for intercomparing models and observations. *Geoscientific Model Development*，9，3093—3110. https://doi:10.5194/gmd-9-3093-2016.

第三部分

地球大数据的应用

12　地球大数据应用简介

Christopher Lynnes[1] 和 Tiffany C. Vance[2]
1. NASA 戈达德太空飞行中心,格林贝尔特,马里兰,美国(已退休);
2. 美国综合海洋观测系统,国家海洋和大气管理局,银泉,马里兰州,美国

气候和天气建模产生的巨大数据量使得迭代分析具有挑战性,促使人们开发新的方法来处理数据。与此同时,在地球观测领域,技术进步正使新的传感器和卫星成为可能,这将增加数据量、速度和应用种类。当业务应用从小型、地方性研究扩展到更大的空间尺度,分析目标更多时,也可以看到规模的扩大。

大多数分析活动的目的是从被分析的数据中提炼出某种见解。见解的提炼通常是迭代的,而不是一次性的过程:对数据提出的一个问题的答案会激发更多的问题。随着地球观测数据的增长,迭代的能力,即对数据提出一个问题,然后提出后续问题的能力,被两个因素影响:每次分析运行消耗的简单时间长度以及在子集划分、过滤或以其他方式减少数据以加速分析上花费的时间和努力。

因此,许多地球大数据分析问题正在气候建模及其密切相关的天气建模领域中被遇到并得到解决,这并不令人惊讶。这些学科处理长时间周期的全球数据集,其空间分辨率仅受我们对小尺度物理知识的限制。通过纳入垂直维度,数据量进一步增加。集合建模的成功为最终数据量增加了另一个乘数。此外,气候和天气建模一直是超级计算机的主要应用之一,导致计算机模型能够高效地生成用于分析的大容量数据集。因此,迭代分析很难跟上模型可以生成的数据量。一种方法是通过云计算动用大量计算能力,在这种方法中,资源分配和成本的弹性特性与迭代分析问题的突发性质很好地匹配。这种方法的一个例子在章节"让科学家重新找回他们的流程:在云端分析大型地球科学数据集"中给出。分析气候模型输出的另一种方法是通过使用模式识别算法来减少被分析的有效数据量,以便在数据中检测到有趣的现象。章节"气候数据中模式检测的拓扑方法"提出了一种拓扑算法,用于在气候数据中找到极端事件,使研究人员能够专注于数据字段的特定区域进行进一步分析。

然而,即使是地球地表观测也会产生难以进行迭代分析的数据量,特别是如果研究人员对接近空间分辨率极限的相对较小尺度特征感兴趣的话。与上述气候模型案例类似,专注于数据集中的有趣值在许多情况下可以显著减少需要分析(因而需要处理和管理)的数据量。在研究的数据探索阶段尤其如此。一个从陆地表面温度数据集中提取极端值的示例方法在第 15 章"展示用于快速数据探索的浓缩巨量卫星数据集:南极洲的 MODIS 地表温度数据"中有展示。同样地,第 14 章"探索使用 NoSQL 技术进行大规模数据分析和可视化以发现大气辐射测量数据"也探讨了根据测量值选择数据以供检索的过程。

地球观测仪器的进步也可以推动数据量的巨大增加。一些增加来自于激光技术的进步,这使得搭载在卫星上的激光雷达仪器在任务中的发射激光脉冲的次数大幅增加,例如

冰、云和陆地高程卫星(ICESat-2)和全球生态系统动态调查(GEDI)任务中。空间雷达领域的进步甚至会超过目前已知的水平:表面水体海洋地形(SWOT)干涉测高雷达每天将产生大约 20 TB 的数据。其宽幅和高垂直精度及空间分辨率将为雷达测高学开辟新的研究领域,例如水资源管理和洪水监测,这既是挑战(数据量)也是机遇。

比 SWOT 数据量更大的是美国宇航局与印度空间研究组织合作的合成孔径雷达(NISAR),其工作周期平均为 30%,提供的陆地和冰面覆盖率远高于现有的 SAR 卫星,每天产生超过 80 TB 的数据。与 SWOT 一样,增加的覆盖率和分辨率有潜力为 SAR 数据开辟新的应用领域。这包括帮助应对各种灾害:石油泄漏、地震、火山爆发、山体滑坡和洪水(Kumar et al.,2016)。这些往往对低延迟提出了严格的要求,从而涉及到大数据的速度方面。此外,SAR 社区在易于使用的 SAR 处理工具方面进行了重要的能力建设,例如 SentiNel 应用平台(例如 Foumelis et al.,2018)以及研讨会和短期课程(例如 Rosen et al.,2020)。这些数据量如此之大,以至于依赖于下载数据到本地计算机进行分析的传统分析方法对许多用户来说将不再可持续。因此,美国宇航局正准备在商业云中托管 SWOT 和 NISAR 数据(Behnke et al.,2019),以便允许在原地分析。此外,欧洲航天局正在与美国宇航局合作开发一个基于云的分析平台,名为多任务算法和分析平台(MAAP),用于使用大容量激光雷达和 SAR 数据进行生物量研究(Albinet et al.,2019)。MAAP 旨在支持社区开发生物量估算算法,但也将包括强大的分析和可视化能力,以便在大规模数据上验证算法。基于云的原地分析与共享研究软件和成果的机制相结合,也使得科学家们能够更有效地协作。

另一个推动大数据硬件进步的是卫星及其搭载仪器的小型化。这催生了大量商业卫星,它们通常以大型星座的形式飞行。数据可能直接出售给用户,或者被政府购买用于研究和应用。同样,这些卫星的高分辨率催生了新的应用。例如,Brandt 等(2020)应用机器学习方法对高分辨率商业图像进行分析,以计算非洲萨赫勒地区及其附近的单个树木数量。

大数据的真实性方面非常重视与特别强调与地面同一位置和时间收集的观测数据(如原位或航空数据)能够与地球卫星数据吻合。这是验证卫星数据地球物理参数提取的最常见方法之一。具有讽刺意味的是,空间和时间维度的结合使得这种匹配问题在计算上变得困难。匹配问题进一步复杂化,因为不同的研究人员或科学问题往往需要不同的空间和时间容差。第 11 章,"分布式海洋学匹配服务",提出了一种按需确定匹配的方法。

虽然上述研究应用通常通过提高空间或时间分辨率而向更大的数据量发展,但操作应用通常以不同的方式扩展。通常,应用程序从特定区域的案例研究开始,然后扩展到更大区域或全球尺度。一个例子是使用自动信息系统(AIS)跟踪船舶位置,它已被用于许多海洋学应用,包括渔业调查和搜索救援。尽管在特定区域的一小批船舶数据的计算需求相对较少,但扩展到海洋盆地或全球问题则需要大量的计算能力和存储基础设施,例如第 16 章中描述的"开发大数据基础设施用于全球范围内分析 AIS 船舶跟踪数据"。

参考文献

[1] Albinet, C., Whitehurst, A. S., Jewell, L. A., Bugbee, K., Laur, H., Murphy, K. J., et al. (2019). A joint ESA-NASA multi-mission algorithm and analysis platform (MAAP) for biomass, NISAR, and GEDI. *Surveys in Geophysics*, 40(4): 1017 - 1027. https://doi.org/10.1007/s10712-019-09541-z.

［2］Behnke，J.，Mitchell，A.，& Ramapriyan，H.（2019）. NASA's Earth observing data and information system-near-term challenges. *Data Science Journal*，*18*（1）. http://doi. org/10. 5334/dsj-2019-040.

［3］Brandt，M.，Tucker，C. J.，Kariryaa，A.，Rasmussen，K.，Abel，C.，Small，J.，et al.（2020）. An unexpectedly large count of trees in the West African Sahara and Sahel. *Nature*，*587*（7832）：78–82. https://doi.org/10.1038/s41586-020-2824-5.

［4］Foumelis，M.，Blasco，J. M. D.，Desnos，Y. L.，Engdahl，M.，Fernández，D.，Veci，et al.（2018）. ESA SNAP-StaMPS integrated processing for Sentinel-1 persistent scatterer interferometry. IGARSS 2018-2018 IEEE International Geoscience and Remote Sensing Symposium，1364–1367.

［5］Kumar，R.，Rosen，P.，& Misra，T.（2016）. NASA-ISRO synthetic aperture radar：Science and applications. In *Earth observing missions and sensors：Development，implementation，and characterization Ⅳ*（Vol. *9881*，p. *988103*）. International Society for Optics and Photonics. https://doi. org/10. 1117/12.2228027.

［6］Rosen，P. A.，Meyer，F. J.，Hensley，S.，Donnellan，A.，Davis，H. B.，Bekaert，D. P.，et al.（2020）. A modular SAR/InSAR imaging geodesy training course for capacity building. *AGU Fall Meeting Abstracts*，*2020*，SY002–0004.

13 气候数据中模式检测的拓扑方法

Grzegorz Muszynski[1,2]，Vitaliy Kurlin[2]，Dmitriy Morozov[1]，
Michael Wehner[1]，Karthik Kashinath[1]，和 Prabhat Ram[1]

1. 劳伦斯伯克利国家实验室，伯克利，加利福尼亚州，美国；

2. 计算机科学系，利物浦大学，利物浦，英国

如今，由于计算能力前所未有的提升，产生了大量的气候模拟数据集，因此需要提供自动化方法来分析这些数据。在这里，我们专注于一类特定的用于局部检测极端天气现象的方法。我们描述了一种自动化方法，用于识别大量气候模拟数据集中的极端事件。该方法采用拓扑数据分析的算法来提取称为连通分量的拓扑描述符的数值特征。然后将这些特征输入到一个监督式机器学习分类器中。分类器执行二元分类任务，以识别我们感兴趣的极端天气模式。我们通过展示与中纬度地区严重降水相关的大气河流模式的案例研究来说明这种方法的能力。我们还展示了该方法适用于分析大量气候模拟产品。因此，我们认为气候学界会发现这个例子具有启发性和指导性。我们还指出了其他未来气候科学问题，其中应用拓扑学与机器学习可能会被证明是有用的。

13.1 引　言

非常复杂的气候模型已被用来模拟全球气候系统的物理过程。构建气候模型的主要目的是获得可以推进我们对变化中的气候理解的数值数据。气候模型的详细程度越高，模型就越准确。例如，一个详细的气候模型可以准确捕捉天气事件的物理特征。因此，气候科学界反复使用不同的情景和分辨率在强大的超级计算机上运行模拟。这得益于过去十年高性能计算基础设施的发展。然而，我们现在有了使用更高空间和时间分辨率运行模型的绝佳机会。结果是，数据变得更加复杂，我们分析模型输出的能力已经被我们产生大量数据的能力所超越。这就是为什么出现了许多尝试提供自动化快速分析气候大数据的方法（Lyubchich et al.，2017）。

气候数据分析中的一个挑战是设计用于检测极端天气事件的稳健方法，例如温带气旋和大气河流（Newell et al.，1992；Shields et al.，2018）（见图13.1）。识别这种天气模式对于（1）评估气候模型和（2）产生事件统计数据很重要，即在全球变暖下这些事件的频率、位置和强度。

最近，气候和物理学界提出了许多自动化的极端事件检测方法。然而，大多数方法都是基于任意的阈值参数，并且不如人类领域专家工作得好。一些最新的机器学习方法，例如绕过选择关键阈值条件的深度学习技术，已被用于检测极端天气模式（Racah et al.，2017）。然而，深度学习方法捕捉数据特征的训练过程尚未被充分理解，且耗时。因此，还有很多正在进行的研究提供快速且不依赖于任意阈值的极端天气事件检测方法。

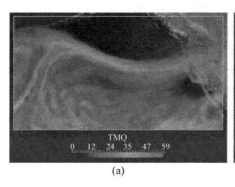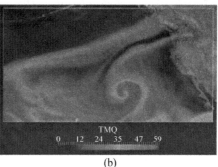

TMQ 0　12　24　35　47　59	TMQ 0　12　24　35　47　59
(a)	(b)

图 13.1　气候模型输出中具有可区分结构的两种天气模式的样本图像。(a) 大气河流(从夏威夷群岛延伸到美国西海岸的长条状结构)在加利福尼亚登陆;(b) 温带气旋(一种螺旋形结构)接近美国西海岸。所示为总可降水水量(TMQ 以 kg·m^{-2} 表示)来自社区大气模型(CAM5.1)版本 5.1 的模拟。

在本章中,我们描述了一种极端天气模式检测的替代方法。特别是,我们介绍了一种基于应用拓扑算法和监督机器学习分类器的自动化方法。该方法采用了拓扑数据分析(TDA)的最新进展,这是数据科学的一个新兴分支(Munch,2017;Patania et al.,2017)。TDA 提供了使用拓扑学和计算机科学技术的特征提取算法,以研究数据的内在属性(Carlsson,2014)。这里我们专注于一种称为 Union-Find(U-F)的特定算法,它提供了一种独特且无阈值的描述物理现象的关键形状特征的方法。该算法计算拓扑描述符的数值特征(即在 2D 标量场数据中的连通分量;Edelsbrunner & Harer,2010)。在本研究中,U-F 算法提取给定标量场在纬度-经度网格上的描述符的数值特征。然后将从正例(极端事件)和负例(非极端事件)中提取的特征用于机器学习分类器的训练过程,即支持向量机(SVM)(Chang & Lin,2011)。经过训练的分类器执行二元分类任务,以识别气候模拟输出中的天气模式。此外,我们展示了该方法在社区大气模型(CAM5)输出中对大气河(AR)事件的案例研究(Muszynski et al.,2019)。ARs 通常与中纬度的大量降水有关(例如美国西海岸),而登陆的 AR 事件比其他任何事件都少。图 13.1 展示了一个 AR 在加利福尼亚沉积大量降雨的例子(见图(a))。该方法应用于北美西海岸登陆的 ARs,但可以轻松扩展到其他地区。

本章的其余部分组织如下:第 13.2 节描述了基于拓扑的 U-F 算法和一个监督机器学习分类任务,包括 SVM 分类器;第 13.3 节展示了 ARs 案例研究中获得的结果;第 13.4 节提出了结论和对读者的建议。

13.2　模式检测的拓扑方法

本节的主要目标是解释在气候模拟输出中检测极端天气模式的拓扑和机器学习方法。首先,描述了联合查找(U-F)算法(Hopcroft & Ullman,1973)。该算法是方法构建的基础。接下来,我们将介绍一种监督机器学习方法,重点是常用于二元分类任务的 SVM 分类器(Chang & Lin,2011)。总而言之,该方法包括两个步骤:

步骤 1:U-F 算法自动提取称为连通分量的拓扑描述符的数值特征。描述符的特征是从全球气候模型输出的二维标量场(快照)的纬度-经度网格上获得的。算法提供的数值特征随后被用作步骤 2 中机器学习分类器的输入矩阵。

步骤 2:该步骤使用机器学习分类器(例如 SVM)执行检测,这被构建为一个二元分类任务。分类任务有两个阶段:(1) 用标签在数值特征(来自步骤 1)上训练分类器。分类器学习如何从快照中的其他天气事件中区分出我们感兴趣的极端事件;(2) 在未标记的数值特征(保留数据)上测试训练好的分类器。分类器将事件分为两组:类别 A,极端天气模式(1),和类别 B,非极端天气模式(0)(图 13.2)。

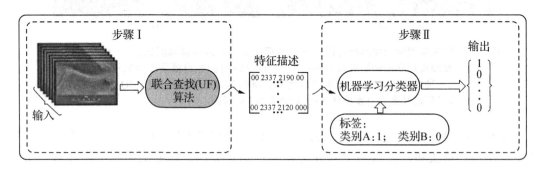

图 13.2 该块图说明了极端天气模式检测方法。该方法的输入是一组在纬度-经度网格上的标量场(快照)。联合查找(U-F)算法从网格上全球图像的快照中提取连接组件的数值特征。获得的矩阵输入到带有标签的机器学习分类器中,即类别 **A**:极端天气模式(**1**)和类别 **B**:非极端天气模式(**0**)。分类器学习如何清晰地将事件分为两组。最后,该方法的输出是一组基于分类器非极端天气模式对未标记数据所做决策的标签

13.2.1 步骤 1:天气模式的拓扑特征描述符

这一步的目标是从气候模型输出中的 2D 标量场(快照)自动生成拓扑描述符的数值特征。大多数现有的极端天气模式检测方法依赖于选择主观阈值。这里提出的方法受到 TDA 的启发,特别是"持久性"。它是应用拓扑学中的一个概念,总结了在考虑的标量场的所有值上的拓扑变化(不受阈值条件的限制)(Ghrist,2008)。

气候模型输出通常是从网格到一组实数值的映射(函数)。在这种情况下,它是一个在 $[0, V]$ 上的变量,其中 V 是该变量的最大值。形式上,它可以定义为函数 $f: [a, b] \times [c, d] \rightarrow [0, V]$,其中 a, b, c 和 d 是网格的维度。网格中的每个点 $(x, y) \in [a, b] \times [c, d]$ 都有四个邻近点(边界上的点除外)。每个相邻点可以有坐标 $(x \pm 1, y)$ 或 $(x, y \pm 1)$,即 4 连通邻域。

超级水平集 $f^{-1}[t, +\infty)$ 中连通分量的演化 $= \{(x, y) \in [a, b] \times [c, d]: f(x, y) \geqslant t\}$ 在函数 f 的每一个值 t 处都被监测。随着 t 的减小,在超级水平集 $f^{-1}[t, +\infty)$ 中的分量开始出现和增长,并最终合并成一个覆盖函数 f 整个定义域的分量。这就是所谓的 TDA 中的无阈值方法。

这里展示了这种方法的一个示例。假设在超级水平集 $f^{-1}[t, +\infty)$ 中,t_0 时有三个相连的组件,C_0、C_1、C_2,如图 13.3 所示。随着 f 的值减小,组件 C_0 增长,直到最终在 t_1 时与组件 C_1 合并,之后在 t_2 的值时与组件 C_2 合并。

讨论的无阈值连通分量方法可以通过基于不相交集合数据结构的 U-F 算法来执行

(Hopcroft & Ullman,1973)。该算法通过按标量值递减顺序操作排序的网格点来找到网格的连通分量。不相交集合数据结构维护组件并跟踪这些组件在网格中的演变。

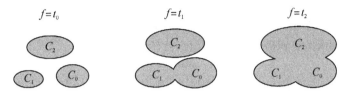

图 13.3　一个超级水平集中三个连通分量(C_0,C_1,C_2)的示例，即在值 t_0 时的三个分开的部分。随着函数 f 的值逐渐减小，这些分量首先在值 t_1 处合并，然后在 t_2 处合并。

当 U-F 算法应用于纬度-经度网格上的标量场时，算法使用了五种主要操作。

(1) 创建一个新的连通分量并将其添加到不相交集合数据结构中；

(2) 将给定网格点分配给正确的连通分量；

(3) 检查组件是否与网格上指定的地理位置相交；

(4) 合并至少包含一个相邻网格点的两个连通分量，形成一个新的连通分量；

(5) 跟踪与指定地理位置相交的连通分量的演变（即其中网格点的数量随着标量场的系统变化）。

连通分量的提取数值特征被编码进演变图中，如图 13.4 所示。图表显示了随着描述标量场的变量值系统减少，组件中记录的网格点数量。水平轴 t 包含变量的值，垂直轴 $g(t)$ 显示连通分量中的网格点数量。每个快照的图表信息被编码为一个矩阵（将一组行向量按顺序堆叠在一起）。这个矩阵是下一节描述的机器学习分类器的输入。

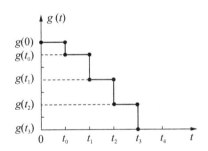

图 13.4　一个演化图描述了随着变量 t 系统减少，超水平集中的连通分量的变化。

13.2.2　步骤 2：用于分类天气模式的机器学习

机器学习方法可以分为三大类：监督学习、半监督学习和无监督学习（Kubat，2015）。这里我们关注第一种，它在训练机器学习分类器的过程中包含了标记数据。最常见的监督学习任务是回归和分类，使用的模型包括逻辑回归、支持向量机和最近使用的深度学习模型。

这里我们关注支持向量机（SVM），因为它是一个广泛使用的机器学习分类器，用于二元分类任务（Chang & Lin，2011）。SVM 的主要目标是决定在从全球气候模型输出中提取的特定快照中是否存在特定的天气模式。SVM 基于训练集中拓扑描述符的标记数值特征构建模型。接下来模型预测由未标记描述符组成的测试集的标签。通常,SVM 找到最优超平面,通过最大化分隔边界和最接近支持向量的训练点之间的间隔,来分隔两组模式(类 A:1 和类 B:0)。

假设有一个由实例-标签对组成的训练集 (x_i, y_i),$i = 1, \cdots, N$,其中 $x_i \in \mathbf{R}^n$ 且 $y_i \in \{1, 0\}$。优化问题的解(找到最优超平面)由下式给出

$$\min_{w,b,\xi}\left(\frac{1}{2}w^{\mathrm{T}}w + C\sum_{i=1}^{l}\xi_i\right), \text{subject to } y_i(w^{\mathrm{T}}\phi(x_i) + b) \geqslant 1 - \xi_i \text{ and } \xi_i \geqslant 0$$

误差项的惩罚参数只能取大于零的值($C > 0$),而 $\xi_i \geqslant 0$ 是当两组数据不是线性可分的最小误差(例如由于训练数据中的噪声)。训练集中的样本 x_i 通过核函数映射到更高维的空间,以使两组样本(类别 A 和类别 B)可分,如图 13.5 所示。

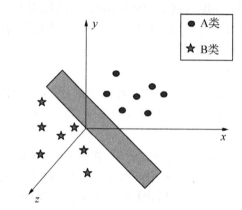

图 13.5 在高维空间中可分离的两类数据的示意图。输入数据集已被转换到一个高维特征空间,在该空间中存在一个最优超平面(图中的灰色表面),它能够清晰地将数据分为两组,正类(A 类)和负类(B 类)。

13.3 案例研究:大气河流检测

本节介绍了一种可能的方法用于检测一种称为大气河流(AR)的极端天气现象的模式。该方法已在社区大气模型(CAM5.1)版本 5.1 的输出上进行了测试。数据摘要列在第 13.3.2 节。首先,我们比较了基于极端气候分析工具包(TECA)(Prabhat et al.,2015)提供的标签的拓扑描述符的数值特征。其次,我们通过 SVM 分类器获得的分类准确性、精确度和敏感性评分,评估该方法在分类性能和可靠性方面的表现。

13.3.1 大气河流

ARs 是对流层中高浓度水汽的长丝状大气结构(见图 13.6)。气候科学界通常将它们与中纬度的极端降水联系起来(Newell et al.,1992)。ARs 出现在北美西海岸以及沿大西洋的欧洲海岸。它们在登陆时可能会因引发洪水而对社会构成高风险。

AMS 词汇表这样定义 AR:一条长而狭窄、短暂的强水平水汽输送走廊,通常与温带气

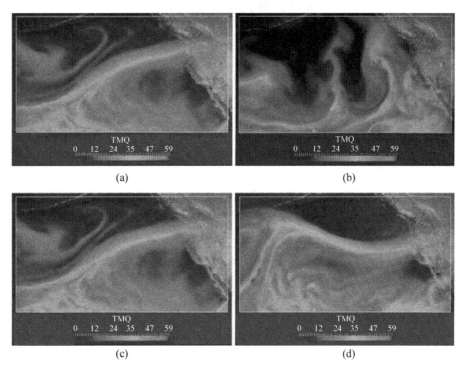

图 13.6　示例图像说明 AR 检测问题。上排显示(a)一个 AR 和(b)非 AR。下排显示两个具有不同几何结构的 AR。所示为社区大气模型第 5.1 版(CAM5.1)模拟中的积分水汽(TMQ 以 kg·m⁻² 表示)。

旋冷锋前的低空急流有关。大气河流中的水汽由热带和/或温带的水汽源供应。大气河流常常导致强降水,特别是在它们被迫向上升时,例如,通过山脉或在暖输送带中上升。中纬度地区的水平水汽输送主要发生在大气河流中,并且集中在较低的对流层(AMS,2018)。这个定义是定性的,已经提出了许多方法使用它来检测区域和全球气候数据中的 AR。但是这些方法没有一个不受特定物理变量的阈值条件的限制。大多数现有方法都是基于固定阈值,即大气柱中的积分水汽(IWV)超过 20 kg·m⁻² 或积分水汽输送(IVT)超过 750 kg·m⁻¹·s⁻¹。这就是为什么选择合适的 IWV 或 IVT 阈值仍然是一个未解决的挑战(Shields et al.,2018)。

13.3.2　数　据

在实验中,使用了由社区大气模型第 5.1 版(CAM5.1)生成的气候模型模拟输出。(CAM5.1 数据由位于劳伦斯伯克利的国家实验室——国家能源研究科学计算中心提供)。CAM5.1 气候模型的输出数据提供了 25 公里、100 公里和 200 公里的空间分辨率,以及 3 小时和每日的时间分辨率,时间跨度为 1979 年 1 月至 2005 年 12 月。表13.1 列出了模型输出的摘要。由于每日平均数据会模糊 ARs 的某些物理特征,因此同时使用 3 小时和每日数据。此外,3 小时输出提供了更多被标记为 ARs 的事件快照,这对于机器学习模型的训练很有用(当有更多标记数据可用时,机器学习模型能够取得更好的结果)。

表 13.1　用于实验的数据源列表

气候模型	时段	时间分辨率	空间分辨率
CAM5.1(历史运行)	1979—2005	3 小时和每日	25 公里
CAM5.1(历史运行)	1979—2005	3 小时和每日	100 公里
CAM5.1(历史运行)	1979—2005	3 小时和每日	200 公里

注意:该表显示了 CAM5.1 模型历史运行的输出。来自 Muszynski et al.(2019)。

13.3.3　结　果

提取的拓扑描述符(连通分量)的数值特征为天气模式(ARs)在气候模型输出中的表征提供了一种独特的方式(见图 13.7)。右图和左图分别对应于基于提供的 TECA 标签的 ARs 和非 ARs。每条曲线代表连接组件(连接两个地理位置的超级水平集)中网格点的数量,该数量由 Union-Find 算法测量。换句话说,该算法记录了作为标量变量(TMQ)函数的连通分量的演变。我们观察到,区分这些曲线集合之间的差异是困难的。然而,有可能训练一个机器学习分类器(SVM)以高精度区分 ARs 和非 ARs。

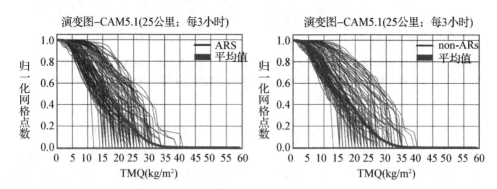

图 13.7　关于 ARs 的平均(红色曲线)以及 100 个随机选取的 ARs(蓝色曲线)和非 ARs(绿色曲线)的拓扑特征描述符的标准化演化图。数据来自 CAM5.1 模拟的 3 小时时间分辨率和 25 公里空间分辨率数据。这些图表展示了随着 TMQ / IWV 值的变化,拓扑描述符的数值特征(连通分量中的网格点数)是如何变化的。

表 13.2 和 13.3 总结了 SVM 的分类准确性。训练准确性衡量模型从训练数据(标有 ARs 和非 ARs 的数据)中学习的效果。测试准确性衡量方法在未标记数据集上的表现如何。

表 13.2 显示,当 3 小时和每日气候模型的空间分辨率较低时,SVM 分类器能够最好地区分 ARs 和非 ARs。尽管高分辨率版本的模型更准确地表示大气河流(AR)统计数据,但是积分水汽(IWV)场往往噪声较大,导致拓扑表示不够平滑,训练精度较低。然而,即使可用于训练支持向量机(SVM)的大气河流(AR)数量较少,CAM5.1 模型(200 公里)的高测试分类精度表明分类器能够捕捉拓扑描述符特征之间的显著非线性依赖性。

表 13.3 显示了精确度和敏感度得分。每个得分在最佳值 1 和最差值 0 之间变化。精确度衡量的是此方法将非大气河流事件分类为大气河流的能力,而敏感度衡量的是这种方法找到所有大气河流事件的能力。该方法在 CAM5.1 模型的 200 公里分辨率下,无论是 3 小

时还是每日时间分辨率,都有最高的精确度和敏感度得分。对于 CAM5.1 模型的其他空间和时间分辨率,得分略低。这表明使用拓扑特征的 SVM 是一种可靠的方法来分类大气河流和非大气河流。

表 13.2　CAM5.1 模型在三种不同空间分辨率下,3 小时和每日时间分辨率的 SVM 分类器分类准确度得分

空间和时间分辨率	训练准确度	测试准确度	♯ AR 快照	♯ 非 AR 快照
25 公里,3 小时	83%	83%	6 838	6 848
100 公里,3 小时	77%	77%	7 182	7 581
200 公里,3 小时	90%	90%	3 914	3 914
25 公里,1 天	78%	82%	624	624
100 公里,1 天	85%	84%	700	700
200 公里,1 天	89%	91%	397	397

注释:表格还显示了快照数量(每个类别的事件数量:AR 和非 AR)。摘自 Muszynski et al.(2019).

表 13.3　所有数据集计算的精确度和敏感度得分

空间和时间分辨率	精确度	敏感度
25 公里,3 小时	0.91	0.74
100 公里,3 小时	0.83	0.67
200 公里,3 小时	0.95	0.85
25 公里,1 天	0.87	0.77
100 公里,1 天	0.86	0.83
200 公里,1 天	0.97	0.85

注释:这些得分显示了 SVM 为测试集的实例分配正确标签的能力。摘自 Muszynski et al.(2019)。

13.4　结论与建议

在本章中,我们介绍了一种可能的应用,即结合机器学习的拓扑方法用于识别天气模式。特别是,我们展示了该方法在大型气候数据中识别大气河流事件的用途。

我们证明该方法在对各种 CAM5.1 气候模型分辨率进行测试时是可靠的,并且准确率高。我们还观察到,这种方法对于低空间分辨率的模拟数据集比高空间分辨率的数据集表现得更好。这是因为高分辨率数据集通常包含更多噪声的 AR 模式,例如其他事件的存在,比如温带气旋。在这种情况下,SVM 模型可能会混淆,很可能会失败。

在这项工作中纳入拓扑算法的主要优势是它允许进行无阈值分析,这是大多数现有 AR 检测方法无法做到的。此外,所呈现的方法比使用例如卷积神经网络(Liu et al.,2016)要快得多。该方法的处理时间为几分钟,而神经网络需要几天。

拓扑方法不仅适用于规则网格上的二维标量场,它们也可以应用于高维或多变量场。这就是为什么我们预期应用拓扑和机器学习框架可能是一种有效的方式来表征和识别各种其他天气模式,如热带气旋或阻塞事件。

致 谢

Grzegorz Muszynski 和 Vitaliy Kurlin 想要感谢支持利物浦大学的英特尔并行计算中心(IPCC)。Karthik Kashinath 由英特尔大数据中心支持,Michael Wehner 由能源部科学办公室生物和环境研究局的区域和全球气候建模计划支持,合同编号为 DE-AC02-05CH11231。本研究使用了国家能源研究科学计算中心的资源,这是一个由美国能源部科学办公室支持的 DOE 科学用户设施,合同编号为 DE-AC02-05CH11231。

本文件是对部分由美国政府资助的工作进行的说明。虽然本文件被认为包含正确的信息,但美国政府或其任何机构、加利福尼亚大学董事会或其任何员工均不对信息的准确性、完整性或有用性作出任何保证,也不承担任何法律责任,不保证披露的任何信息、装置、产品或过程,或表示其使用不会侵犯私人拥有的权利。此处提及的任何特定商业产品、过程或服务的名称、商标、制造商或其他方式,都不一定构成或暗示美国政府或其任何机构,或加利福尼亚大学董事会的认可、推荐或支持。作者在此表达的观点和意见不一定代表美国政府或其任何机构或加利福尼亚大学董事会的观点或意见。

参考文献

[1] AMS (2018). Atmospheric river. *Glossary of Meteorology*. Available online at http://glossary.ametsoc.org/wiki/Atmospheric_river.

[2] Carlsson, G. (2014). Topological pattern recognition for point cloud data. *Acta Numerica*, *23*, 289 - 368.

[3] Chang, C.-C., & Lin, C.-J. (2011). Libsvm: A library for support vector machines. *ACM Transactions on Intelligent Systems and Technology* (*TIST*), 2(3): 27.

[4] Edelsbrunner, H., & Harer, J. (2010). *Computational topology: An introduction*. American Mathematical Society.

[5] Ghrist, R. (2008). Barcodes: The persistent topology of data. *Bulletin of the American Mathematical Society*, *45*(1): 61 - 75.

[6] Hopcroft, J. E., & Ullman J. D. (1973). Set merging algorithms. *SIAM Journal on Computing*, *2*(4): 294 - 303.

[7] Kubat, M. (2015). *An introduction to machine learning*. Springer.

[8] Liu, Y., Racah, E., Correa, J., Khosrowshahi, A., Lavers, D., Kunkel, K., et al. (2016). Application of deep convolutional neural networks for detecting extreme weather in climate data sets. *arXiv preprint arXiv*, 1605.01156.

[9] Lyubchich, V., Oza, N., Rhines, A., Szekely, E., Ebert-Uphoff, I., Monteleoni, C., et al. (2017). Proceedings of the 7th international workshop on climate informatics: Ci 2017. *NCAR technical note ncar/tn-536+proc*, 240 - 241.

[10] Munch, E. (2017). A user's guide to topological data analysis. *Journal of Learning Analytics*, 4 (2): 47 - 61.

[11] Muszynski, G., Kashinath, K., Kurlin, V., Wehner, M., & Prabhat (2019). Topological data analysis and machine learning for recognizing atmospheric river patterns in large climate data sets.

Geoscientific Model Development，12：613 - 628.

［12］Newell，R. E.，Newell，N. E.，Zhu，Y.，& Scott，C. (1992). Tropospheric rivers?：A pilot study. *Geophysical Research Letters*，19(24)：2401 - 2404.

［13］Patania，A.，Vaccarino，F.，& Petri，G. (2017). Topological analysis of data. *EPJ Data Science*，6(1)：7.

［14］Prabhat，Byna，S.，Vishwanath，V.，Dart，E.，Wehner，M.，Collins，W. D.，et al. (2015). Teca：Petascale pattern re. cognition for climate science. *International Conference on Computer Analysis of Images and Patterns*，pp.426 - 436. Springer.

［15］Racah，E.，Beckham，C.，Maharaj，T.，Ebrahimi Kahou，S.，Prabhat，M.，& Pal，C.(2017). Extreme weather：A large-scale climate data set for semi-supervised detection，localization，and understanding of extreme weather events，pp.3405 - 3416.

［16］Shields，C.，Rutz，J.，Leung，L.-Y.，Martin，R.，Wehner，M.，et al. (2018). Atmospheric river tracking method intercomparison project (artmip)：Project goals and experimental design. *Geoscientific Model Development*，11(6)：2455 - 2474.

14 探索使用 NoSQL 技术进行大规模数据分析和可视化以发现大气辐射测量数据

Bhargavi Krishna，Kyle Dumas 和 Giri Prakash

大气辐射测量研究中心，橡树岭国家实验室，田纳西州，美国

本章介绍了一种新的方法，通过数据分析和可视化服务提供大气辐射测量（ARM）的数据发现。该计划旨在研究云的形成过程及其对各种高度仪器化的地面和移动站点的辐射传输的影响。ARM 数据的总量大约为 1.4PB。目前对 ARM 数据的搜索是通过使用其元数据进行的，例如站点名称、仪器名称、日期等。使用 NoSQL 技术以改进数据搜索的能力，不仅通过它们的元数据，还通过使用测量值。目前正在实施测试的两项技术是 Apache Cassandra(NoSQL 数据库）和 Apache Spark(分析框架）。这两项技术都是为在分布式环境中工作而开发的，因此可以处理大量数据存储和分析。基于 JavaScript 的可视化库被用来在 Web 浏览器中生成交互式数据图表。为了评估 NoSQL 对 ARM 数据的性能，将使用 ARM 广泛使用的大气测量数据来发现数据。

14.1 引 言

美国能源部的大气辐射测量（ARM）研究中心（U. S. Department of Energy，2014；Stokes & Schwartz，1994；Mather & Voyles，2013)自 1993 年以来一直在收集大量数据。其任务是提供长期、连续的来自不同气候区域的大气测量，旨在支持对云和气溶胶以及它们与地球表面的相互作用和耦合在气候和地球系统模型中的改进理解和表征（DOE，2014）。ARM 目前从三个固定站点和世界各地的多个移动站点收集数据。这些站点配备了多种被动和主动遥感仪器，如雷达和激光雷达，以及其他地面仪器（https://www. arm. gov/capabilities/instruments）。ARM 目前收集和存档的数据量已超过 1.4PB,并预计每年将迅速增长。ARM 的数据之所以庞大，不仅是因为其体量，还因为数据类型的多样性和增长的速度。在过去的几年中，ARM 投入研究努力探索分析大型和复杂数据的工具和技术，以帮助 ARM 科学界。包括 NoSQL 数据库、大数据计算和分析工具，以及先进的数据可视化工具。

ARM 的主要数据接口是数据发现工具(Devarakonda et al.，2016)，ARM 数据可免费提供给社区，可在 http://www. archive. arm. gov/discovery 找到。该工具围绕时间线的概念设计，时间范围水平延伸至网页上，每一行代表单个仪器的数据输出。用户想要下载数据可以选择一个时间范围，并通过这个应用程序订购数据。数据的发现和订购是通过按元数据过滤数据来执行的，例如站点、仪器、日期等。ARM 从各个站点和仪器收集的数据被转换为网络数据通用格式（NetCDF）(Rew & Davis，1990)来存储为每日文件。NetCDF 是一个接口，提供数据访问功能的库，例如以数组形式存储和检索数据。

随着 ARM 站点多个雷达（ARM 仪器）产生的大量数据，以及最近开展的 ARM 试点项目执行常规的高分辨率大气模型模拟以补充 ARM 的广泛测量套件，对 ARM 数据进行动态搜索和可视化的需求急剧增加。

NoSQL 也被探索用于通过包含测量值来提高数据搜索能力。有各种适合大数据计算架构的 NoSQL 技术可用。在大型数据计算和分布式环境中，NoSQL 数据库系统为管理和分析大量数据提供了改进的可扩展性和容错能力，这是必需的。它是关系数据库管理系统（RDBMS）的替代品，可提供上述属性。ARM 增值产品之一的 ARMBE（ARMVAP；Xie et al.，2010）是每小时平均的选定大气状态剖面和地表量的最佳估计。这个专门为气候模型定制的数据产品，被选来测试我们构建的架构，该架构用于基于测量值有条件地查询数据。

大数据计算框架允许在集群上分布式处理大数据集。数据处理包括各种操作，如转换、验证、总结、聚合、分析和报告。一些探索性的高级分析是不同工具的混合，如数据可视化、统计、数据挖掘、机器学习、预测分析、查询等。这些分析的输出可能导致一个指标、报告或模型来跟踪和/或预测趋势。这些分析工具有独立的焦点，但当与 NoSQL 数据库结合时，它们可以处理大数据以执行复杂查询并在最短的时间内分析表格。存储在 NoSQL 数据库中的数据可以有效地用作任何未来 ARM 机器学习活动的基础数据库。

如果数据存储在数据库中，无论是原始数据还是分析结果，未经处理直接呈现给用户时，通常是不可立即使用的。数据可视化是数据分析工具之一，它是数据的图形表示，能够高效地将信息（变量）连接给用户。动态和交互式可视化在科学界越来越受欢迎。它为用户提供了更多信息，但却采用了极简主义的方法来展示。如今有各种软件可以创建高级可视化。其中一些是可购买的，一些是开源的。

本章描述了一个社区可访问的工具中，用于满足这些需求的方法。本章的组织结构如下：第 14.2 节概述了用于构建此应用程序的软件和后端工作流程。第 14.3 节总结了所使用的硬件架构。在第 14.4 节中，作者描述了创建的应用程序和原型；最后，第 14.5 节总结了这个项目。

14.2　软件和工作流程

14.2.1　软　件

Apache Cassandra

Apache Cassandra 是一个开源的 NoSQL 分布式数据库管理系统，由于其点对点架构、可调整的一致性和线性可伸缩性，它不存在单点故障（Lakshman & Malik，2009）。可调整的一致性是指可以调整以满足最终一致性或保证一致性的数据库。这允许调整数据在所有副本中的同步程度。当这个功能设置得当时，它使得 Cassandra 中的数据在没有丢失的情况下高度可用。它被设计为能够处理大量数据，例如大气数据，这些数据可以无缝地分布在多个数据中心部署中（Han et al.，2011）。

Apache Spark

图 14.1 表示一个有六个节点和一个客户端的 Cassandra 集群环。当客户端将三个副本

因子(RF)写入 Cassandra 时,由于其点对点架构,任何一个节点都可以作为协调器。在此图中,节点 6 被选为协调器,并且它将数据写入三个节点。通过在每个节点写入提交日志来确保数据持久性。同时,索引数据被写入一个称为内存表的内存结构中。当内存表满时,数据会被刷新到磁盘上的排序字符串表(SSTable)中。每个节点使用流言(Gossip)通信协议与其他节点通信其状态信息。有关 Cassandra 架构的更多信息可以在 http://www.cassandra.apache.org/doc/latest/architecture/index.html 找到。天气频道使用 Cassandra 来确保不间断的可用性,并从数据中为用户提供见解(https://www.datastax.com/wp-content/themes/datastax-2014-08/images/case-studies/ DataStax-CS-The-Weather-Channel.pdf)。它具有列存储结构并包含键值对。每一列可以有不同的键值对集合。它可以与 Apache Hadoop 或 Apache Spark 集成以处理数据,支持 MapReduce。查询语言称为 Cassandra 查询语言(CQL),类似于 SQL,尽管它们的工作方式不同。由于相似性,应用程序开发人员从关系数据库到 NoSQL 数据库的查询和转换更加容易。如果数据建模做得正确,写入和读取都是高效的。

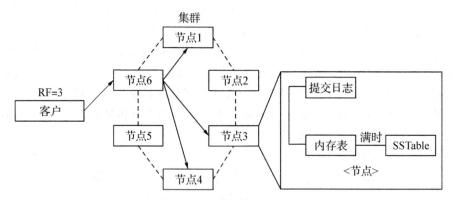

图 14.1　Cassandra 集群环的复制因子(RF)为 3

近十年来,Hadoop 一直是使用 MapReduce 技术在分布式环境中处理大数据的主要工具之一。Apache Spark 因其主/从架构和分布式计算框架在这一领域崭露头角。它更常被主要公司和开发人员用于执行高级数据分析,因为它用户友好、快速,并且能实时产出分析结果。使用 Spark 也可以构建提取、转换和加载(ETL)过程,用于数据集成操作。数据集成是将来自不同来源的数据合并,以提供给用户统一视图的操作。一个 Spark 集群有一个主节点,并且可以有任意数量的工作节点。工作流程和集群如图 14.2 所示。向 Spark 提交作业的应用程序称为驱动程序,并在主服务器上运行。有多个库运行在 Spark 核心库之上,如机器学习库、GraphX 库和流处理库。尽管 Spark 是用 Scala 编写的,但它提供了其他的语言库,如 Java、Python 和 R,以便使用。

Node.js

Node.js 是一个以异步输入/输出(I/O)事件模型为中心的基于 JavaScript 环境的服务器端(http://www.nodejs.org/)。它建立在谷歌 V8 运行引擎之上,用于快速网络应用(Node.JS)。Node.js 在生成数据密集型 Web 应用程序方面轻量且高效(Lei et al.,2014)。生成的应用程序可以采用事件驱动的方式并行执行命令,并使用回调函数来标示完成(Tilkov & Vinoski,2010)。该应用程序使用 Node.js 创建了一个 HTTP Web 服务来渲染

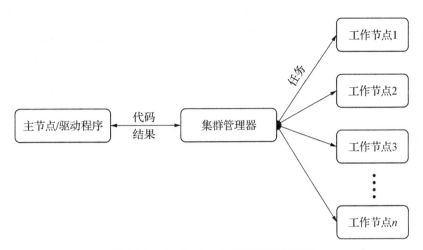

图 14.2　Apache Spark 集群和工作流程

Web 应用程序。

可视化库

D3.js 是一个基于数据操作文档的 JavaScript 可视化库,同时也用于创建交互式和动画图表(http://www.d3js.org/)。它使用声明式风格编程。这些库很灵活,通过数据加载、绑定到文档对象模型(DOM),并对这些文档应用数据驱动的转换来实现视觉效果(Bostock et al.,2011)。还有其他的可视化库,如 Highcharts、Three.js、Plot.ly 和 Tableau,它们都可以支持各种交互式可视化。

14.2.2　工作流程

大数据软件架构工作流的概览如图 14.3 所示。它分为三个步骤。

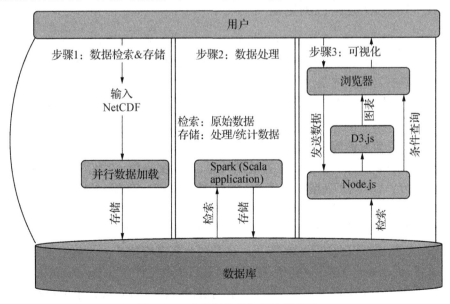

图 14.3　大数据软件架构流程概述

第一步是数据检索和存储。ARM 在过去二十年中一直以 NetCDF 格式收集数据。因为它们是历史数据。因此,数据必须在数据处理或创建可视化之前,作为批处理过程将数据发送到 Cassandra。这个并行数据加载器是用 Java 编写的,它从 NetCDF 读取变量并将变量的值存储在 Cassandra 数据库中。选择 Cassandra 数据库存储这些数据的原因是时间序列数据随时间增长,因此需要一个可以扩展的存储数据库。因此,在这种情况下,NoSQL 被优先选择而不是关系型数据库。

第二步是数据处理。在这一步中,用户通过 Spark 接口创建一个查询。然后 Spark 应用程序查询 Cassandra 数据库中的数据并检索它们。检索到的数据由驱动程序定义的算法处理,并将结果存储在 Cassandra 中。这个结果可以进一步通过浏览器界面访问,以表格形式或以可视化形式显示分析结果。如果用户只选择可视化输出,则这一步骤是可选的。

第三步是可视化。在这一步,使用 JavaScript 库创建可视化,并通过浏览器呈现给用户。使用第一步和第三步创建的应用程序如第 14.4 节"应用程序"中所述。

14.3 硬件架构

成功的实验环境是使用五台服务器设计和实现的。每台服务器的配置如下:(1) RAM:256 GB;(2) 核数:32;(3) 存储:3 TB(3 个机械硬盘和 2 个固态硬盘)。Cassandra 和 Spark 被安装在这五台服务器上,形成一个集群。我们发现,与最初使用 64 GB 内存和 16 个核心的三服务器集群相比,选择的内存和核心配置显著提高了写入磁盘的性能。

14.4 应用程序

14.4.1 LASSO 数据包浏览器

大涡模拟(LES)ARM 共生模拟和观测(LASSO)工作流(Gustafson & Vogelmann,2015)是一个对大气湍流流动和大气物理进行三维数值模拟的项目。将使用多种配置和模型初始条件对具有目标大气条件的日期进行模拟,这些配置和条件旨在捕捉大气的可变性。LASSO 的最初焦点是在 ARM 南部大平原(ARM SGP)的浅对流日(https://www.arm.gov/capabilities/observatories/sgp)。LASSO 项目的目标是为研究人员生成一个模拟库,以便进行适合大气研究的统计分析(https://www.arm.gov/capabilities/modeling/lasso)。

这些模拟通过结合模型数据参数如模型类型、大尺度驱动、初始条件、地表处理和微物理等因素而区分。LASSO 数据本身就是一个大数据挑战。有关 LASSO 项目的更多详情可以在其网站上找到(ARM LASSO)。

由于将 LASSO 数据适配到数据发现工具中颇具挑战性,因此有必要创建一个界面,以满足 LASSO 数据模拟识别和下载的需求。这是因为多次模拟产生的数据不是连续时间序列的日常文件,而是来自于被识别出浅对流的离散日期的文件(Gustafson et al.,2017)。

在探索适用于 ARM 的 NoSQL 平台的早期阶段,ADC 团队与处于项目初始试点阶段的 LASSO 团队合作,讨论了一些列出的要求以及如何利用 NoSQL 平台。以下标准被描述为使科学用户能够识别和访问他们感兴趣的数据：(1) 全球所有用户的数据可访问性；(2) 基于用户输入的在大量数据中搜索的能力；(3) 快速处理和检索数据的能力；(4) 基于 Web 的数据分析可视化技术。

解决方案是创建一个全世界的用户都能访问的 Web 应用程序。如图 14.3 所示的工作流程部分被用来创建这个应用程序。工作流程的第 2 步没有在这个项目中被调用，因为没有计算数据分析的需要。使用 Node.js 创建了一个 HTTP Web 服务器来渲染 Web 页面。这个应用程序为用户提供了多种模型参数的外观供用户选择，例如模型类型、初始条件等。根据用户的选择，创建了四种不同的动态交互式图表以及一个统计表。为了管理大数据，使用 Cassandra 来存储数据。数据文件名包括了收集数据的站点、仪器和设施。表格使用文件名作为分区键，并使用网站中列出的几个属性作为复合键来搜索数据。当用户选择他们感兴趣的参数时，Web 服务器生成查询并与 Cassandra 建立联系。此时，在选定的参数内搜索数据并快速检索。然后使用四种不同的图表绘制这些数据：时间序列、散点图、泰勒图（Taylor，2001）以及使用每次模拟和变量的统计值生成的技能评分图。Web 页面的截图见图 14.4。然后使用数据库中的数据根据一组模型元数据标准计算总体统计数据并进行比较。可以为他们创建一个应用程序，让他们输入一组条件，并在后端生成查询以生成统计结果。这种应用程序适用于任何 ARM 数据流，并且可以使 ARM 基础设施的用户受益。

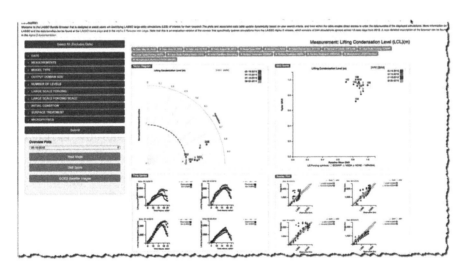

图 14.4　LASSO Bundle Browser 的屏幕截图，网址为 https://www.adc.arm.gov/lassobrowser（访问日期为 2018 年 11 月 10 日）

14.4.2　ARMBE 可视化

基于上述工作流程，为 ARMBE 数据和云类型数据流创建了一个项目。这些是 ARM 增值产品（VAP）（https://www.arm.gov/capabilities/vaps），基于 LASSO 数据包浏览器的功能开发。在 Cassandra 中创建的数据表按文件名进行分区，与 LASSO 数据类似，但搜索 ARMBE 数据时需要云类型数据作为复合键。这个项目与 LASSO 不同，使用了三种不同的数据流，它们有不同的变量。这个项目的理念是将 ARMBE 数据变量总结在直方图中，这些直方图将通过 VAP 数据流中的不同云类型进行索引,以此分析大气条件和不同云类型的影响。此外,用户还可以选择单独的月份和年份,以检查季节性或其他时间效应。创建了一个 Web 应用程序,可以同时绘制带有六个变量的直方图,并使用图 14.5 中网页截图所示的云类型值进行操作,网址为 URL http://www.archive.arm.gov/armbe。这项技术也可以扩展到其他数据集,并且可以通过将其与 Data Discovery 工具集成来提供数据下载。

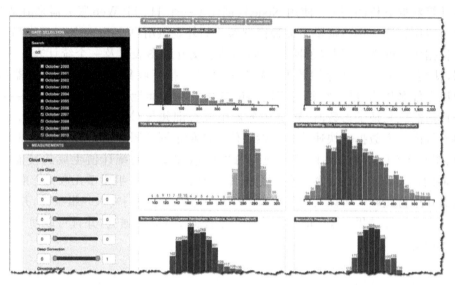

图 14.5　创建的网络应用程序截图,用于同时绘制包含六个变量的直方图,并可根据云类型值进行操作。

使用 ARMBE 数据创建的其他一些可视化效果如图 14.6 和图 14.7 所示。这两个图表是使用 D3.js 库生成的。在图 14.6 中,同时绘制了 ARMBE 数据的多个变量的时间序列图。该图表允许在时间线上选择多个变量并具有缩放功能。图 14.7 同时绘制了 ARMBE 数据的多个变量的平行坐标图。每个坐标代表一个变量,允许选择范围,并且它们是可互换的。

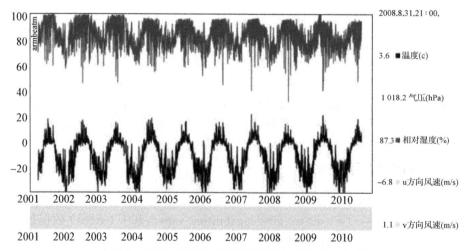

图 14.6　**ARMBE 数据流不同变量的交互式时间序列图**

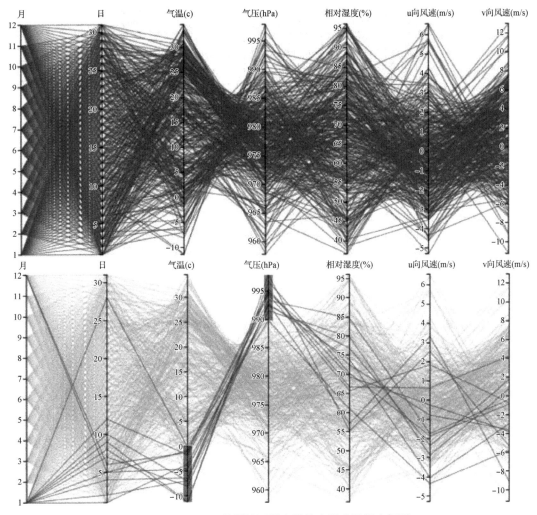

图 14.7 ARMBE 数据流不同变量的交互式平行坐标图

14.4.3 数据分析

在前一节中,重点讨论了 NoSQL 数据库以及它如何帮助在 Web 应用程序中交互式地呈现大型 ARM 数据。在本节中,将简要讨论使用 Apache Spark 构建的数据分析原型,如何使用它来提高 ARM 操作的效率。这里讨论的结果基于到目前为止开发的原型,这些原型仍处于开发阶段。开发的原型之一是使用 ARMBE 数据进行条件查询。在 Cassandra 数据库中加载的 AR、MBE 数据,是使用 Spark-Cassandra-connector 驱动在 Spark 中查询的。由于 Cassandra 和 Spark 安装在同一服务器上,存储在 Cassandra 中的数据对 Spark 来说是本地的,从而使计算效率高。该应用程序返回了 2012 年 SGPARM 站点表面温度低于 0 ℃或 273.15 K 的数据流,如图 14.8 所示。ARMBE 数据流的所有历史数据大约有 3 500 万行,Spark SQL 用不到 2 分钟就返回了图 14.8 中显示的结果。该应用程序仍在开发中,预计很快就会发布。

```
+------+-------+-----+--------+      +------+-------+-----+--------+
| year | month | day | temp0  |      | year | month | day | temp0  |
+------+-------+-----+--------+      +------+-------+-----+--------+
| 2012 |     1 |   1 | 271.96 |      | 2012 |     2 |   5 | 272.63 |
| 2012 |     1 |   2 | 269.26 |      | 2012 |     2 |   6 | 271.02 |
| 2012 |     1 |   3 | 269.06 |      | 2012 |     2 |   8 | 271.6  |
| 2012 |     1 |   4 | 273.05 |      | 2012 |     2 |   9 | 271.23 |
| 2012 |     1 |   7 | 271.57 |      | 2012 |     2 |  10 | 271.75 |
| 2012 |     1 |   9 | 269.47 |      | 2012 |     2 |  11 | 263.28 |
| 2012 |     1 |  10 | 269.49 |      | 2012 |     2 |  12 | 264.58 |
| 2012 |     1 |  11 | 271.13 |      | 2012 |     2 |  13 | 269.49 |
| 2012 |     1 |  12 | 265.63 |      | 2012 |     2 |  14 | 268.22 |
| 2012 |     1 |  13 | 265.81 |      | 2012 |     2 |  16 | 271.21 |
| 2012 |     1 |  14 | 269.9  |      | 2012 |     2 |  17 | 272.6  |
| 2012 |     1 |  15 | 269.88 |      | 2012 |     2 |  19 | 271.08 |
| 2012 |     1 |  17 | 266.56 |      | 2012 |     2 |  21 | 271.68 |
| 2012 |     1 |  18 | 264.22 |      | 2012 |     2 |  22 | 272.36 |
| 2012 |     1 |  19 | 268.97 |      | 2012 |     2 |  24 | 270.43 |
| 2012 |     1 |  20 | 266.67 |      | 2012 |     2 |  25 | 270.24 |
| 2012 |     1 |  21 | 264.1  |      | 2012 |     3 |   3 | 270.02 |
| 2012 |     1 |  22 | 270.59 |      | 2012 |     3 |   4 | 271.47 |
| 2012 |     1 |  23 | 270.35 |      | 2012 |     3 |   9 | 272.41 |
| 2012 |     1 |  24 | 272.75 |      +------+-------+-----+--------+
| 2012 |     1 |  26 | 271.01 |
| 2012 |     1 |  27 | 272.48 |
| 2012 |     1 |  28 | 268.36 |
| 2012 |     1 |  29 | 270.94 |
+------+-------+-----+--------+
```

图 14.8　Apache Spark 应用程序结果显示 ARMBE 条件查询温度低于 0 ℃

14.5　结　论

总之,为数据分析设计大数据软件架构是 ARM 项目当前面临的挑战之一。通过创建的应用程序和原型,我们得出结论,目前可用的软件和技术可以被利用来创建支持 ARM 大数据可视化和分析所需的架构。

致　谢

ARM 科学研究中心通过美国能源部科学办公室资助,并通过生物与环境研究(BER)计划管理。橡树岭国家实验室由 UT-Battelle,LLC 管理,受美国能源部委托,合同编号为 DE-AC05-00OR22725。在数据包浏览器中呈现的模拟使用了来自国家能源研究科学计算中心(NERSC)、橡树岭领导计算设施(OLCF)和 PNNL 机构计算中心的计算资源。NERSC 由美国能源部科学办公室支持,合同编号为 DE-AC02-05CH11231。OLCF 由美国能源部科学办公室支持,合同编号为 DE-AC05-00OR22725。作者感谢 William I Gustafson Jr.、Andrew Mark Vogelmann、Tami Toto 和 Laura Riihimaki 提供的创建第 14.4 节"应用程序"中列出的项目所需的数据。

参考文献

[1] Bostock, M., Ogievetsky, V., & Heer, J. (2011). D³ data-driven documents. *IEEE Transactions on Visualization and Computer Graphics*, 17(12): 2301 – 2309. https://doi.org/10.1109/TVCG.2011.185.

［2］Devarakonda，R.，Dumas，K.，Beus，S.，Rush，E.，Krishna，B.，Records，R.，et al. (2016). *Next-gen tools for big scientific data：ARM data center example.* IEEE. International Conference on Big Data (Big Data)，Washington，D.C.，2016.https：//doi.org/10.1109/BigData.2016.7841078.

［3］Gustafson，W. I.，& Vogelmann，A. M. (2015). LES ARM Symbiotic Simulation and Observation (LASSO) implementation strategy. DOE/SC-ARM-15-039.

［4］Gustafson，W. I.，Vogelmann，A. M.，Cheng，X.，Endo，S.，Krishna，B.，Li，Z.，et al. (2017). *2017：Description of the LASSO Alpha 2 Release.* DOE Atmospheric Radiation Measurement Research Facility，DOE/SC-ARM-TR-199. https：//doi.org/10.2172/1376727.

［5］Han，J.，Haihong，E.，Le，G.，& Du，J. (2011). *Survey on NoSQL database.* 6th International Conference on Pervasive Computing and Applications，Port Elizabeth，2011. https：//doi. org/10. 1109/ICPCA.2011.6106531.

［6］Lakshman，A.，& Malik，P. (2009). Cassandra-A structured storage system on a P2P network. *Proceedings of the 28th ACM symposium on principles of distributed computing (PODC'09).* New York：ACM. https：//doi.org/10.1145/1582716.1582722.

［7］Lei，K.，Ma，Y.，& Tan，Z. (2014). *Performance comparison and evaluation of web development technologies in PHP，Python，and Node. js.* IEEE 17th International Conference on Computational Science and Engineering.

［8］Mather，J. H.，& Voyles，J. W. (2013). The ARM Climate Research Facility：A review of structure and capabilities. *Bulletin of the American Meteorological Society，94，*377–392. https：//doi. org/10.1175/BAMS-D-11-00218.1.

［9］Rew，R.，& Davis，G. (1990). NetCDF：An interface for scientific data access. *IEEE Computer Graphics and Applications，10*(4)：76–82. https：//doi.org/10.1109/38.56302.

［10］Stokes，G. M.，& Schwartz，S. E. (1994). The Atmospheric Radiation Measurement (ARM) program：Programmatic background and design of the cloud and radiation test bed. *Bulletin of the American Meteorological Society，75，*1201–1221. https：//doi.org/10.1175/1520–0477.

［11］Taylor，K. E. (2001). Summarizing multiple aspects of model performance in a single diagram. *Journal of Geophysical Research，106*(D7)：7183–7192. https：//doi.org/10.1029/2000JD900719.

［12］Tilkov，S.，& Vinoski，S. (2010). Node.js：Using JavaScript to build high-performance network programs. *IEEE Internet Computing，14*(6)：80–83.https：//doi.org/10.1109/MIC.2010.145.

［13］U. S. Department of Energy (2014). Atmospheric Radiation Measurement Climate Research Facility decadal vision. DOE/SC-ARM-14-029. https：//www. arm. gov/publications/programdocs/doe-sc-arm-140–029.pdf.

［14］Xie，S. C.，McCoy，R. B.，Klein，S. A.，Cederwall，R. T.，Wiscombe，W. J.，Jensen，M. P.，et al. (2010). ARM climate modeling best estimate data，a new data product for climate studies. *Bulletin of the American Meteorological Society，91*(1). https：//doi.org/10.1175/2009–bams2891.1.

15 展示用于快速数据探索的浓缩巨量卫星数据集:南极洲的 MODIS 地表温度数据

Glenn E. Grant[1] , David W. Gallaher[1] , 和 Qin Lv[2]
1. 美国国家冰雪数据中心,博尔德,科罗拉多,美国;
2. 科罗拉多大学计算机科学系,博尔德,科罗拉多,美国

对地卫星观测数据正在以加速的速度积累,然而,高效的数据发现和质量检查工具却落后了。特别是在大空间区域进行高分辨率分析往往因数据量巨大而耗时且消耗资源。在这项研究中,我们展示了任何网格化卫星数据集中的大部分数据可能是不必要的,可以被剔除,从而加快分析的工作流程。这些"压缩"的数据集提供了一种替代的数据探索方法。如果分析问题集中在变化的指标上,正如气候科学经常做的,数据集可以通过只保留感兴趣的异常值进一步压缩。这种技术可以加速基础数据的发现和质量检查,而无需大量数据下载。作为示范,我们对 NASA 的中分辨率成像光谱辐射计(MODIS)的 17 年南极洲陆地表面温度(LSTs)数据进行了压缩。原始数据开始时为每日两次的 435 GB 1 km 观测数据,并压缩到大约原始大小的 2%。该研究以实际例子展示了数据探索和质量检查的过程,揭示了有趣的气候过程和系统性数据错误。

15.1 引 言

从基于卫星的地球观测系统接收的数据量正在迅速增长。在许多情况下,用户必须手动下载和分割大型数据集以测试单一假设,这一过程可能既繁琐又耗时。获取这些海量数据的困难正在阻碍地球科学领域由数据驱动的科学发现。同样,质量检查也存在问题,时间紧迫的研究人员无法投入必要的资源来审查这些庞大的数据集。科学界越来越多地转向可信赖的数据中介进行质量保证(QA)。这种依赖已被证明是有瑕疵的,数据中潜伏着未被发现的错误(例如 Eisenman et al.,2014;Grant,2012;Grant & Gallaher,2015)。

浓缩数据集的前提是,对于许多研究问题而言,大量数据是多余的,只会阻碍科学探索。数据浓缩和压缩都旨在将数据集压缩成更小的尺寸;关键区别在于浓缩通过选择性地保留或丢弃数据来减小尺寸,而压缩通常试图将整个数据集编码成更小的占用空间。浓缩数据的优势在于它避免了解压缩步骤的开销,并保持数据处于可搜索格式。

当然,大数据分析的问题可以通过使用足够强大的硬件和代码来克服。然而,在预算、带宽、时间有限,以及卫星数据不断扩展的情况下,人们期望有一个更优雅的解决方案,一个不依赖于硬件蛮力解决方案的答案。消除多余数据在带宽有限的实时通信中也有直接应用,例如来自地球观测立方卫星(CubeSats)的下行链路,以及时间紧迫的军事、公共安全或商业应用。根据浓缩的程度,原始数据集的大小可能减少一到两个数量级。重要的是,出于

研究目的,剩余数据必须仍然能捕捉到关键特征(例如空间和时间规范)和有趣的异常。请注意,本研究异常被定义为与中位数显著不同的任何数据点。

我们的目标是浓缩遥感数据集,使其可以轻松查询以进行数据探索和质量控制。为了实现这一目标,数据必须是快速可检索和可查询的格式(不是压缩形式),并且足够小以适应中等计算平台的内存。在这项研究中,我们探讨了各种压缩算法作为减少数据集大小的潜在方法;然而,它们都需要在使用前进行后续的解压缩步骤,这使得它们不适合快速数据库搜索。类似的开销负担也适用于使用位图索引和编码方案(Li,2017;Su et al.,2013)。此外,我们发现,数据聚合和子采样技术虽然有效,但往往会掩盖有趣的异常事件和数据质量问题。基于这些原因,我们选择专注于浓缩技术,这些技术允许立即访问实际数据,具有高空间和时间分辨率的查询能力,而不仅仅是存储元数据或诉诸于压缩数据集。

本章描述了我们的方法,一个将大型网格化数据集浓缩成紧凑形式的过程。这些方法必然需要在保留与丢弃数据方面做出一些妥协。由于我们没有保留所有样本,在某些情况下,我们降低了数据的精度,压缩后的数据集将无法回答针对完整数据集提出的所有科学问题。相反,我们不试图满足所有用户的需求,而是集中精力解决常见的分析需求,特别是异常检测和质量保证。当与服务器端处理相结合并托管在数据库系统中时,最终结果是增强了数据的可访问性。完整的无压缩的归档质量数据集始终可用于回答压缩数据集无法解决的问题。发现有趣异常的用户可能需要返回到完整的档案质量数据集进行进一步调查,但到那时问题空间已经大幅缩小。

因此,开发一个高效的浓缩算法成为了项目的核心。我们探索了各种可能减少数据集体积的方法,包括像素分类聚类技术、模式检测、边缘和梯度检测、主成分分析和小波算法。然而,研究人员的专业知识水平差异很大,我们发现如果用户不能完全理解压缩数据集的内容,那么他们可能不会使用它。因此,我们选择了一套技术,尽管这些技术可能不是最高效,但易于掌握。我们的技术包括一系列算法,这些算法可以屏蔽掉不必要的数据,消除规范值,并使用压缩格式处理剩余数据(去除不必要的精度字节)。简化的方法还具有广泛适用于任何数值多维数据集的优势。在这里,我们专注于浓缩网格化的时间序列卫星图像,但同样的方法可以用于其他各种科学学科。

在这个演示中,我们使用半球卫星图像来突出这些方法的另一个优势:许多科学研究集中于局部过程或事件,限制了分析的空间范围,并且常常使用时间平均或粗糙的时间分辨率。然而,当使用数据集在大陆或全球尺度上的完整空间和时间分辨率时,我们可以检测到在子采样尺度上不明显的质量问题(Grant & Gallaher,2015)。使用长时间序列数据的研究特别容易受到隐藏的质量问题的影响,许多问题可能会通过浓缩过程揭示出来。

15.2　数　据

我们的方法是通过综合多个不同的数据集来形成的,从低噪声级别(level-4)的数据(如海冰浓度)到高度可变的特殊传感器微波/成像仪(SSMI)亮温。为了演示目的,本章使用了从 NASA 的 Terra 卫星上的中分辨率成像光谱辐射计(MODIS)衍生的地表温度(LSTs)(Wan,2014)。NASA 的 LST 产品是 MOD11A1 版本 6 的集合,对 1 km 分辨率每天两次观测进行了校准和网格化。从地面过程分布式活动归档中心(LP DAAC)获取了 17 个完整年份的数据,从 2000 年 3 月 1 日到 2017 年 2 月 28 日(Wan et al.,2016)。在浓缩之前,初始数据集大小为 141,407 个文件(总计 4×10^{11} 像素),或 434.1 GB。

MOD11A1 气候数据记录(CDR)将地球表面划分为一个矩阵,每个图块包含 $1,200 \times 1,200$ 个等面积网格单元。我们的演示使用了覆盖南极表面的 23 个图块。本研究中展示的图像已从原始的正弦投影转换为北极 NSIDC EASE-Grid 2.0 标准,这是一种更适合查看极地数据的等面积方位投影(Brodzik et al.,2012)。

由于地表温度(LSTs)只在晴朗天空条件下有效,因此必须避免包含云层的观测。每个 LST 图块图像包括一个科学数据集(SDS)报告像素质量;质量值是一个位掩码,指示 LST 测量的总体误差,以及由于云层而未计算的值。只使用了最高质量的 LSTs,其中不确定性小于或等于 1 K。这种过滤是第 15.3.1 节描述的数据集清洗过程的一部分。总体而言,LST 图像噪声低,很少有数据点明显超出范围。然而,准确区分云层与冰雪面是困难的,因此所有图像不可避免地包含了一些云层污染(Ackerman et al.,2008;Liu et al.,2004)。

除了 LSTs 之外,表面高程数据也被整合到最终的浓缩数据库中。这些高程数据来源于一个 1 km 分辨率的南极数字高程模型(DEM)(Bamber et al.,2009)。

15.3　方　法

该算法可以概括为三个基本步骤:数据清洗、计算基线统计信息和异常检测(见图 15.1)。每个步骤在以下各节中有所描述。

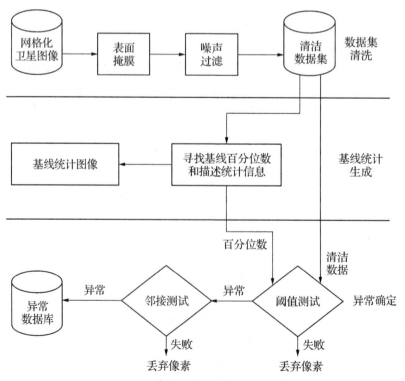

图 15.1　数据集浓缩过程的流程图

尽管本章的演示只使用了单一数据集,但无论数据来源如何,过程本质上是相同的。我们测试数据集之间的一个关键区别是噪声像素的普遍性。由于噪声可能会被误解为异常事件,算法采用了可调节的系数以减少噪声。要达到所需的浓缩程度和噪声减少程度,可能需要一些经验性的尝试和错误,直到系数达到最优。

15.3.1   数据集清洗

数据集清洗通常包括表面掩膜和噪声减少。由于掩膜的类型、值的范围以及可能的噪声来源因数据集而异,清洗步骤必然依赖于数据。

表面掩膜或许是最简单、最有效的方法,用于最初减小许多数据集的大小。例如,海冰浓度图像不需要包含陆地表面信息。如果有陆地掩膜,它可以在清洗过程的这一阶段应用。根据图像的不同,仅这一步就可以节省大量的空间,并减少数据检索时间。有些数据集不包括陆地掩膜,而是在没有数据的区域简单地放置空白的"填充"像素。填充值和其他不变像素会通过第 15.3.3 节描述的阈值测试自动排除。

在最简单的层面上,噪声过滤包括确定数据的有效范围,然后排除任何超出该范围的像素。例如,反照率(表面反射率)理论上不可能超过 100%,但由于太阳-卫星观测几何和镜面反射,偶尔会估计到 100%。这类数据错误很容易被检测到,并且可以通过一个简单的范围测试从任何数据集中消除,该测试可以平等地应用于所有网格点或根据位置而变化。

在更复杂的层面上,某些类型的数据在特定物理条件下可能变得不可靠。例如,反照率可能在高太阳天顶角时变得异常嘈杂,而如果像素被云层污染,地表温度也可能是错误的。在这些情况下,可以利用辅助科学数据集或数据融合来过滤不需要的像素。在极端情况下,还可以使用额外的统计和信号处理工具来减少噪声。

15.3.2   基线统计数据生成

为了确定数据点是否异常,我们首先在每个网格单元建立时间序列的规范。这些规范只是描述性统计数据,作为我们的基线,稍后用于阈值测试。

在这项研究中,我们使用百分位数作为我们的基线。均值和标准差也可以用作确定异常的依据,尽管有效使用这种方法要求数据具有近似正态分布;包括地表温度(LSTs)在内的温度多模态特性,使得百分位数是更好的方法。百分位数和中位数通常是通过对数据值进行排序然后插值得到所需百分位数的排名来计算的。然而,在庞大的数据集中,每数百万个网格单元上可能有数万次观测,传统的排序方法可能计算成本过高。相反,我们通过为每个网格单元的值创建直方图,然后选择 5% 和 95% 排名内的所有像素来估算百分位数。然后可以将选定的值重新组合成统计图像(图 15.2)。尽管这个图像生成步骤对于浓缩过程来说并不严格必要,但这些图像为检测科学兴趣区域或质量问题提供了丰富的视觉信息。

其他描述性统计数据也会同时生成,包括每个位置的样本总数、均值、中位数、标准差以及最小/最大值。除了使用数据集的整个时间跨度外,基线数据也可以按照跨年、季节或月份进行分组。这种时间上受限的统计数据对于解决具有季节性响应的科学和质量保证问题很有用,这些问题可能在使用全年时间线时被掩盖。例如,我们还计算了跨越所有年份的南半球冬季(6~8月)的统计基线。冬季异常值,作为算法的下一步,被存储在一个单独的数据库中。多维数据集可能包括不止一个传感器通道,同样需要为每个通道单独设定基线和数据库。这些统计基线也被重新组装成图像(图 15.3)。

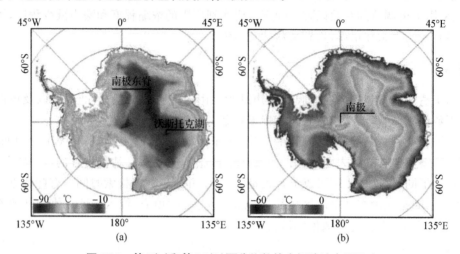

图 15.2 第 5(a)和第 95(b)百分位数的南极陆地表面温度

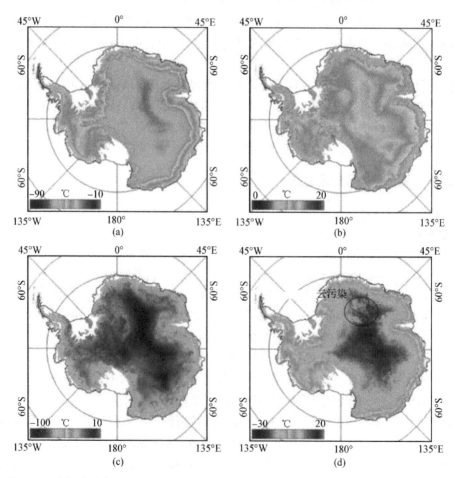

图 15.3 南极陆地表面温度统计基线图像的示例:(a) 平均值,(b) 标准差,(c) 最小值,
和(d)最大值温度。图(d)中的斑点数据是云污染的证据。

15.3.3 异常值确定

在某些科学研究中，可能会考虑排除异常值。但在这里情况正好相反，因为我们正试图识别出差异最大的区域。前一步创建的统计基线捕捉了数据常态，使我们能够识别并排除那些显示出很少或没有变化的数据。

异常的定义取决于数据本身。为了与常见的气候学定义的极端天气相符，我们使用了第 5 和第 95 百分位作为确定异常值的阈值。在这些百分位数之间的任何数据值都被视为正常的，因此不是异常值，并被丢弃。为了提高统计的有效性，我们规定任何网格单元必须至少有 50 次观测，然后我们才能在该位置搜索异常值。使用 17 年的每日两次的地表温度（LST）数据（每个网格单元大约有 12 000 次观测），我们假设这个标准很容易满足。实际上，在南极半岛上有几个网格单元始终云层密布，从未达到 50 次观测的阈值，因此被自动排除。

在步骤 2 中生成的百分位基线被用作异常阈值的依据。每个观测值都与第 5 百分位和第 95 百分位值进行比较，如果它没有落在两个极端范围内，则被丢弃。这个测试独立应用于多维数据集中的每个维度（或通道），并在每个网格单元中单独应用。其总效果是，只保留最不寻常、最异常的数据，从而将数据量减少了一个数量级。

最后的测试是检查与其他异常的空间邻近性。具体来说，要认为一个候选异常值是真实的，它必须与 n 个或更多其他异常相邻。实际上，这种卷积作为一个额外的噪声过滤器，消除了在清洁过程中未被捕获的虚假异常值。邻接的定义和 n 的值可以针对每个数据集进行调整，嘈杂的数据通常需要更大的 n 值。在我们的测试中，我们将候选异常与周围像素的 3×3 网格进行了卷积，并且通常需要至少两个其他相邻异常才能声明一个像素为确定的异常。对于没有噪声像素的建模数据集，我们将 n 减少到零，完全跳过了这个测试。多维数据集可以在维度之间测试相邻异常，包括通过时间进行测试；然而，这可能会大大增加异常确定过程的复杂性。对于我们的测试数据集，这些增益并不抵消额外的复杂性和处理成本。对于 MOD11A1 LST 数据，我们通过经验发现 $n=1$ 提供了高效的噪声减少效果，而较大的 n 值效果甚微，$n=0$ 则会导致被分类为异常的噪点过多。

15.3.4 数据库存储

异常的、浓缩的像素可以存储在平面文件或数据库中。我们选择将它们存储在一系列 PostgreSQL 数据库中，并提供一个简单的用户界面以便快速查询和可视化。使用关系数据库可能会带来严重的存储开销，显著增加浓缩数据集的整体大小。为此，我们使用了简化的数据库模式来最小化数据库大小，同时保持完整的查询功能（图 15.4）。观测位置、时间戳、DEM 值和基线统计数据被存储在单独但相互关联的数据库表中。大多数浮点数值被编码为短整型以进一步节省空间。在陆地表面温度（LSTs）的案例中，精度的降低远低于数据的不确定性，并被认为是可以接受的权衡。总之，浓缩数据应被视为指导进一步研究和质量保证（QA）的探索性工具，而非科学质量的数据集。

我们发现，当条目数量超过数亿时，大多数关系型数据库变得缓慢且管理上难以处理。性能下降当然取决于硬件和软件，但将大型异常数据集细分为多个较小的数据库，例如通过空间区域或时间来对像素进行分组，只需要很少的努力就可以增强响应速度。本研究使用

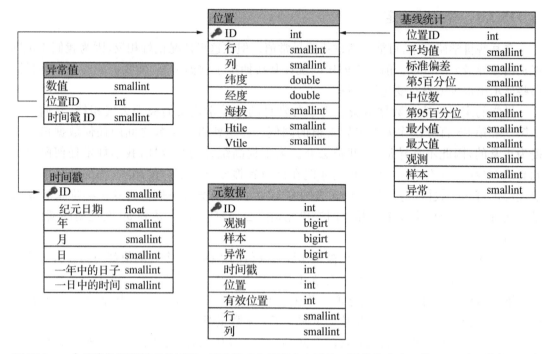

图 15.4 一个异常数据库模式的例子。异常值表存储所有小于第 5 百分位或大于第 95 百分位的数据。每个异常条目都链接到位置和时间戳表中的附加信息。元数据表描述了整个数据集,而基线统计表存储了每个网格单元位置的统计信息。在元数据表中,观测值是数据集清洗前的所有观测的总体;样本是清洗后的总体;而异常值是被确定为异常的总样本。由于源 MODIS 数据被分割成图块,原始图块位置(水平和垂直索引,Htile 和 Vtile)也包含在位置表中。

的 MODIS 数据中,图块是自然的划分单位。跨多个图块的查询在我们的用户界面内自动处理,使得数据库的分割对用户透明。数据库的这种细分还可以实现多线程查询,进一步提高了性能。

一旦创建,数据库可以无限期使用,随着额外数据的接收,新的异常可以被添加进去。数据检索通过标准的结构化查询语言(SQL)命令完成。

在下一节中,我们将展示一些使用基线图像和异常数据库的实际应用。

15.4　结　果

15.4.1　效率与性能

源 LST 数据集中的每个文件都包含了一个 SDS,其中包含了数据质量标志、云的存在与否,以及是否产生了 LST 的标志。由于 LST 不会在海洋上产生,质量标志也可以用作表面掩膜。利用这个 SDS,数据集通过表面掩膜和消除低质量或多云的观测来进行清洗。这个初始步骤将数据集减少到大约原始大小的 20%,而没有丢弃任何有效的 LST。随后的异常确定步骤进一步将数据集减小到只包括低于第 5 或高于第 95 百分位数的观测。为基线生成和数据浓缩编写代码所需的时间很长,可能比使用传统数据分析技术进行单独研究的时间还要多。然而,代码是可重用的,易于适应各种数据集,并且生成的异常数据集可以无限期使用。这些很容易实现一种自动化程序,以在新数据到来时发现并包含新的异常。

在原始的 4×10^{11} 个像素中,剩余 8×10^9 个像素,大约是原始数据集的 2%。一旦将异常和基线统计数据输入到 PostgreSQL 数据库中,就可以立即进行查询和数据探索。查询性能在很大程度上依赖于返回结果的数量,从对单个图块和短时间跨度的精确定义查询,响应时间不到 10 秒,到跨多个图块和所有年份的搜索可能需要 10 分钟或更长时间。这种响应时间应该放在传统研究方法的背景下进行考虑,在传统方法中,科学家可能会搜索、订购和下载大量观测数据,然后编写自定义代码来提取和分析它,这个过程可能需要几周时间。使用浓缩数据库,可以在更短的时间内获得相同的结果。

这种方法的一个缺点是用户可能会无意中提交试图返回所有年份的全部异常数据的查询请求(不过通过高级用户界面设计可以避免该问题);这种类型的请求很容易超出系统资源,通常是由于 I/O 限制。

只要查询条件设置得当,数据库就能提供一个快速、可重复使用的工具,用于数据探索和质量控制。下一节将描述我们在 LST 数据中的一些初步发现。

15.4.2 云掩膜质量

LST 基线图像显示了由于 NASA 的云掩膜阈值变化导致的 LST 数据存在的不一致性。

在 NASA 创建 LST 数据集时,会自动执行云掩膜,以识别潜在的受云污染的像素。然而,处理过程根据海拔高度使用不同的晴空置信度水平,海拔 2 000 米以下的置信度阈值为 95%,而 2 000 米以上降至 66%(Wan,2013)。置信度水平的变化是基于高海拔地区验证测试的结果,并试图克服在某些条件下数据稀缺的问题(Wan,2008)。然而,2 000 米的海拔标准似乎有些随意,其在极地冰盖上的有效性尚未得到评估。由于南极洲平均海拔异常高,其影响尤为明显。使用基线图像,我们可以看到置信度变化对大部分大陆的数据产生了负面影响。从海岸线向内陆,较低的阈值导致样本数量突然增加(见图 15.5),而在 2 000 米以上的地区云污染增加(见图 15.3d)。跨越 2 000 米海拔不连续性的分析可能会显示出该海拔两侧的不一致性。

15.4.3 最冷温度

浓缩的异常数据库提供了快速数据探索的能力,并且可以加速寻找极端值。在这个例子中,我们对南极最冷温度进行了搜索。使用冬季地表温度异常数据库的查询显示,最极端的温度出现在南极东脊沿线,位于南极洲中部的高海拔区域(见图 15.6)。在距离海拔为 4 093 米(13,428 英尺)的阿格斯穹顶下坡的位置,观测到的地表温度降至 $-97.2\ ℃$($-143°F$)。几个邻近地点显示的 LSTs 几乎一样冷。作为比较,最低记录的地表气温是 $-89.2\ ℃$,记录于 1983 年 7 月 21 日的沃斯托克站(Vostok Station)(Turner et al.,2009)。

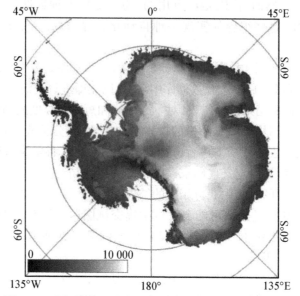

图 15.5 南极地表温度数据集中每个网格单元的基线样本总体。已排除了多云和质量差的样本。在海拔2 000 米以上,云掩膜置信度较低,导致大陆高海拔内部的样本总量显著增加。这种变化可以从2 000米等高线从沿海向内陆的突然的色调变化可见。

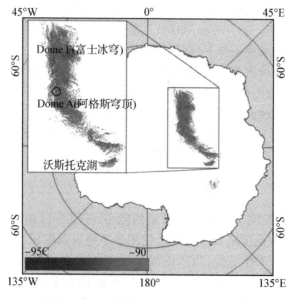

图 15.6 在南极洲,最极端的低温出现在南极东脊(插图所示)。通过查询异常数据库中所有低于-90 ℃的数据来寻代极端值。数据库查询返回了温度、位置、时间戳和海拔。圆圈区域是 2004 年 7 月 23 日观测到的地表温度降至-97.2 ℃(-143℉)的地方。

　　地表温度与近地面气温有很强的相关性，尽管冰盖上的 LSTs 通常会因为偏冷几度而有所偏差（Comiso，2003；Westermann et al.，2012）。即使考虑到这种偏差，图 15.6 中显示的超低温区域可能经常出现比沃斯托克站记录还要低的温度。由于新站点位于更高的海拔，绝热冷却可以解释一些温差，但不是全部。当前研究表明，地形可能也起着重要作用（Campbell et al.，2013）。

　　虽然冰盖看起来可能是平坦的，但它确实存在凹陷处，那里可能会积聚最冷的空气。这些地形低点通常是记录低温发生的地点。由于我们还在异常数据库中包含了海拔信息，我们可以对 2004 年 7 月从南极东脊下坡（并与极端低温位置相交）的剖面进行类似的查询。沿此剖面的海拔和温度分布显示了地形效应（见图 15.7）。这一系列的查询结果和图像在几分钟内就能产生，加速了原本需要数周才能完成的研究项目。

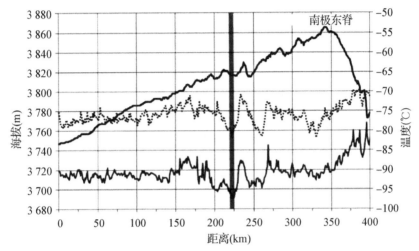

图 15.7　2004 年 7 月，从南极东脊下坡的最低温度（实线灰色）和海拔（实线黑色）的剖面图。图中还显示了平均月温度（虚线）和最低温度的位置（粗垂直线）。地形低点与低温之间的关联是可见的。

15.4.4　虚假的高温观测

　　借鉴寻找极端低温的模式，我们在异常数据库中搜索极端高温事件。然而，导致高温峰值的天气条件通常与温暖湿润的气团有关；伴随这些风暴的云状条件阻碍了基于卫星的陆地表面温度观测。尽管如此，寻找极端高温 LSTs 揭示了另一个数据质量问题。

　　查询 $-30\ ℃$ 至 $10\ ℃$ 之间温度的数据显示出一个异常温暖的温度环，中心位于南极点（见图15.8）。这些异常的 LST 观测数据与 $-87.1°$纬线相匹配。我们回到了原始（未浓缩的）数据集。在源数据中，我们发现这些虚假的极端值发生在卫星最偏离纳迪尔（视线垂直）视角的情况下，且仅当视场覆盖南极点时出现。软件错误似乎导致了在极端几何条件下的辐射度量错误，特别是在二级条带数据拼接成三级图像时发生。这些错误在 NASA 的 MOD11A1 数据集中存在了许多年，但直到现在才被发现。

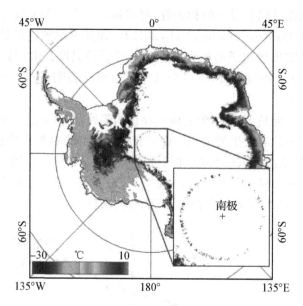

图 15.8 MOD11A1 数据集中的系统性数据错误。该图像显示了以摄氏度表示的南极冬季最高温度,任何低于−30 ℃的温度都超出了量表范围,显示为白色。在图像中间大约−87°纬度处出现了一圈虚假的温暖像素(插图放大)。造成这些错误值的原因尚未确定。

15.5　结　论

　　卫星观测的数据集正在迅速增长,但用于数据驱动科学探索的工具却落后了。面对有限的资源和预算,研究人员越来越依赖第三方和数据代理来进行质量保证。我们开发了一个将大型数据集浓缩为仅包含异常数据的数据库,提供了一个用于快速数据探索和质量保证的高效工具。这些浓缩的数据集虽然不具备归档质量,但更易于管理和存储,并且能迅速暴露出数据中隐藏的质量问题。

　　浓缩数据库的生成通过三个步骤完成:清洗、基线生成和异常检测。在第一步中,会移除噪声、质量差的观测和超出范围的数据点。还应用了陆地掩膜技术来消除不感兴趣的区域。基线生成步骤在每个网格位置的数据时间序列生成描述性统计信息。这些统计信息被用来构建图像,为用户提供一种快速、直观的方式整体评估大型数据集,用于科学探索或错误检测。最后一步,异常检测,使用描述性统计作为阈值来移除接近常态的数据,只留下发生有趣变化的最极端的点。在我们的演示中,阈值被设置为保留低于第5百分位或高于第95百分位的数据。当托管在PostgreSQL数据库中时,这些剩余的浓缩数据集能够实现快速查询和科学上有趣的位置识别。在实践中,浓缩数据也能检测到某些类型的系统性错误。

　　浓缩系统可以将数据集大小减小多达2个数量级。在我们的例子中,我们浓缩了17年覆盖整个南极洲的LST卫星数据,分辨率为1 km。结果产生的浓缩数据库只包含2%的源数据,但仍保留了异常变异点。基线信息显示数据中有大量的云污染(见图15.3d),并且从

2 000 米高程开始样本大小出现不连续性（见图 15.5）。后一个问题是由源数据中可变的晴空置信度水平引起的，这导致了该高程范围内不同的数据质量。对浓缩数据库的快速查询发现了一个超低温区域，比地球上以前记录的任何温度都要低，这表明这个区域值得进一步调查（见图 15.6）。另一个类似的查询确认了最低温度可能与地形低点有关（见图 15.7）。再一次查询，这次是异常温暖的南极温度，揭示了一个额外的数据质量问题，即南极周围的地表温度（LSTs）存在一个明显的系统性错误，使它们看起来过于温暖（见图 15.8）。

浓缩过程继续揭示新的发现和数据问题。上述提到的所有质量问题尚未在同行评审的文献中讨论，然而它们已经存在于 MODIS/MOD11A1 数据集中多年，并且直到现在才被发现。我们测试的其他数据集中也发现了类似的问题，这指向了卫星数据存在大尺度质量问题。同样的技术也揭示了科学上感兴趣的新信息，比如超低温度观测。因此，浓缩系统提供了另一个工具来管理、检查和审核大量的卫星数据集。

致　谢

本研究的资金由国家科学基金会极地网络基础设施计划提供，项目编号 1251257，"高效异常检测和质量保证的冰冻圈大数据压缩数据库"。我们还想感谢国家科学数据中心（NSIDC）许多工作人员的热心帮助。作者声明没有利益冲突。

可用性声明

本文使用的 LST 数据可以从 LP DAAC 公开获取，https://lpdaac.usgs.gov/。DEM 信息是从国家冰雪数据中心检索的，https://nsidc.org/data/docs/daac/nsidc0422_antarctic_1km_dem/#access_tools。

参考文献

［1］Ackerman, S. A., Holz, R. E., Frey, R., Eloranta, E. W., Maddux, B. C., & McGill, M. (2008). Cloud detection with MODIS. Part Ⅱ: Validation. *Journal of Atmospheric and Oceanic Technology*, 25(7): 1073 – 1086. https://doi.org/10.1175/2007JTECHA1053.1.

［2］Bamber, J. L., Gomez-Dans, J. L., & Griggs, J. A. (2009). *Antarctic 1 km digital elevation model (DEM) from combined ERS-1 radar and ICESat laser satellite altimetry, version 1*. Boulder, Colorado. NSIDC: National Snow and Ice Data Center. https://doi.org/10.5067/H0FQ1KL9NEKM. Accessed 1 June 2017.

［3］Brodzik, M. J., Billingsley, B., Haran, T., Raup, B., & Savoie, M. H. (2012). EASE-Grid 2.0: Incremental but significant improvements for Earth-gridded data sets. *ISPRS International Journal of Geo-Information*, 1(1): 32 – 45. https://doi.org/10.3390/ijgi1010032.

［4］Campbell, G., Pope, A., Lazzara, M. A., & Scambos, T. A. (2013). *The coldest place on Earth: − 90 ℃ and below in east Antarctica from Landsat-8 and other thermal sensors*. Paper presented at the American Geophysical Union, Fall Meeting 2013, San Francisco, CA.

［5］Comiso, J. (2003). Warming trends in the Arctic from clear sky satellite observations. *Journal of*

Climate, *16* (21): 3498 – 3510. https://doi. org/10. 1175/1520 – 0442 (2003) 016< 3498: WTITAF>2.0.CO;2.

[6] Eisenman, I., Meier, W. N., & Norris, J. R. (2014). A spurious jump in the satellite record: has Antarctic sea ice expansion been overestimated? *Cryosphere*, *8*(4): 1289 – 1296. https://doi.org/10.5194/tc-8-1289-2014.

[7] Grant, G. E. (2012). *An analysis of Greenland ice sheet variability using 25 years of AVHRR polar pathfinder data*. (Master's degree) University of Colorado at Boulder, Boulder, CO. ProQuest Dissertations Publishing, 2012. UMI: 1519557.

[8] Grant, G. E., & Gallaher, D. W. (2015). A novel technique for time-centric analysis of massive remotely-sensed data sets. *Remote Sensing*, *7*(4): 3986 – 4001. https://doi.org/10.3390/rs70403986.

[9] Li, S. (2017). Data reduction techniques for scientific visualization and data analysis. *STAR*, *36* (3).

[10] Liu, Y. H., Key, J. R., Frey, R. A., Ackerman, S. A., & Menzel, W. P. (2004). Night-time polar cloud detection with MODIS. *Remote Sensing of Environment*, *92*(2): 181 – 194. https://doi.org/doi:10.1016/j.rse.2004.06.004.

[11] Su, Y., Agrawal, G., Woodring, J., Myers, K., Wendelberger, J., & Ahrens, J. (2013). *Taming massive distributed data sets: data sampling using bitmap indices*. Paper presented at the Proceedings of the 22nd international symposium on high-performance parallel and distributed computing, New York.

[12] Turner, J., Anderson, P., Lachlan-Cope, T., Colwell, S., Phillips, T., Kirchgaessner, A., et al. (2009). Record low surface air temperature at Vostok station, Antarctica. *Journal of Geophysical Research-Atmospheres*, *114*. https://doi.org/10.1029/2009JD012104.

[13] Wan, Z. M. (2008). New refinements and validation of the MODIS Land-Surface Temperature/Emissivity products. *Remote Sensing of Environment*, *112*(1): 59 – 74. https://doi.org/10.1016/j.rse.2006.06.026.

[14] Wan, Z. M. (2013). *Collection-6 MODIS land surface temperature products users' guide*. University of California, Santa Barbara CA, Earth Research Institute.

[15] Wan, Z. M. (2014). New refinements and validation of the collection-6 MODIS land-surface temperature/emissivity product. *Remote Sensing of Environment*, *140*: 36 – 45. https://doi.org/10.1016/j.rse.2013.08.027.

[16] Wan, Z. M., Hook, S., & Hulley, G. (2016). *MOD11A1 MODIS/Terra Land Surface Temperature/Emissivity Daily L3 Global 1 km SIN Grid*. NASA EOSDIS Land Processes DAAC, USGS Earth Resources Observation and Science (EROS) Center, Sioux Falls, South Dakota (https://lpdaac.usgs.gov). Accessed 5 March 2017.https://doi.org/10.5067/MODIS/MOD11A1.006.

[17] Westermann, S., Langer, M., & Boike, J. (2012). Systematic bias of average winter-time land surface temperatures inferred from MODIS at a site on Svalbard, Norway. *Remote Sensing of Environment*, *118*, 162 – 167. https://doi .org/10.1016/j.rse.2011.10.025.

16　开发大数据基础设施用于全球范围内分析AIS船舶跟踪数据

Rob Bochenek[1]，Jessica Austin[1]，John-Marc Dunaway[1]，和 Tiffany C. Vance[2]
1. Axiom 数据科学有限责任公司，安克雷奇，阿拉斯加，美国；
2. 美国综合海洋观测系统，国家海洋和大气管理局，银泉，马里兰州，美国

自动识别系统（AIS）是一种船舶跟踪工具，船舶上安装有发射器，可以向基于卫星的或岸基接收站广播船舶位置和信息。虽然传统上用于实时海事应用，但越来越多的人对使用 AIS 数据集以提供对各种海洋学问题的见解感兴趣，例如优先进行水文调查或预测石油泄漏的概率和影响。由于原始 AIS 数据集的巨大规模，通常每年有数百亿条原始消息，加上计算能力的限制，目前必须在小的时间或空间子集中处理 AIS 数据。这对于全年全国范围上的分析来说是不够的。为了克服这些限制，我们开发了一个使用 Apache Spark 的大数据计算集群。我们开发了一个处理流水线，基于原始 AIS 信息，提取所有有效的位置报告，创建船舶航行记录，并生成船舶交通热力图。此分析的处理时间大约需要 48 小时，以生成一整年美国所有水域（包括阿拉斯加和夏威夷）的交通数据产品。这些产品现在通过在线的、公众可访问的州和联邦资源提供。

16.1　引　言

随着全球海运量的增加，船舶正在穿越新的区域，及时准确地了解船舶的位置变得更加关键。研究更长期的航运模式有助于定义航道、确定潜在船舶冲突区域以及渔业压力增加的区域（Fujino et al.，2017；Pallotta，2013）。实时了解船舶位置有助于船舶交通控制、搜救行动以及渔业法规的执行（DeSouza et al.，2016；Natale et al.，2015）。自动信息系统（AIS）跟踪船舶可以提供船舶位置随时间变化所需的信息。随着阿拉斯加和北极水域的航运和船舶过境量的增加，我们特别需要更好的 AIS 数据集来探索这些以前未被充分研究的地区的交通模式（Eguíluz，2016；exactEarth，2018）。2010 年，挪威发射了一颗专门研究北极航运的 AIS 卫星（Olsen，2015；Kjerstad，2011；Narheim，2008），海事交流中心还在阿拉斯加建立了一个 AIS 岸基站网络来跟踪船舶（Marine Exchange，2018）。理解这些模式有助于推动相关区域的基础设施建设，因为其能清晰标示出船舶高频通行区域，进而明确浮标、勘测过的航道和溢油应对设施等基础设施的布设需求。

AIS 是一种船舶跟踪工具，船舶上安装有发射器，可以向基于卫星的或岸基接收站广播有关船舶、航向和位置以及货物的数据。携带 AIS 发射器的船舶可以实时有效地被跟踪，并持续通报它们的位置。卫星和岸基接收站收集这些数据，汇总后的数据为海事作业和安全

管理者提供了关键信息。AIS 数据也传输给船舶,以支持驾驶台显示屏显示附近船舶的位置和路径。传输给船舶的 AIS 数据还可以包括有关天气状况和水位的消息。AIS 数据还可以远程监控,以便检测处于困境的船舶或驶入限制区域的船舶。

AIS 数据至少体现了大数据的五个 V 特性中的四个(体量、速度、真实性和价值)。AIS 传输以各种时间分辨率到达,存在许多误差,并迅速累积成庞大的文件,个人无法有效处理。幸运的是,它们必须符合国际标准,因此这些文件不会展现出多种格式。国际海事组织发布了 AIS 消息的标准(International Maritime Organization,2010),包括标准元素和附加的特定应用元素。

尽管格式可能已经标准化,但庞大、难以管理的文件已成为一个挑战,目前正在使用大数据分析技术来解决这一问题(Matwin,2017;I. Fujino et al.,2017)。Claramunt 等(2017)提供了分析 AIS 数据所面临挑战的良好总结,以及一些最近用于这些数据的工具。他们还强调了 AIS 数据可能存在的问题,如故意欺骗、有意错位船只以避免被探测,以及许多船只只是间歇性传输的事实。所有这些都是在尝试将 AIS 信号聚合成有意义的船舶轨迹时面临的挑战。Pallotta 等(2013)使用无监督和增量学习,通过 TREAD(交通路线提取和异常检测)过程从 AIS 数据中提取航线。该过程可调整数据中的间断,检测路线中的异常,并允许预测未来的路线(Pallotta,2013)。Natale 等使用 AIS 数据,通过处理船速直方图来分析渔业活动。这些可以用来区分船只是在过境还是在捕鱼,特别是在拖网捕鱼的时候(Natale et al.,2015)。Obradovic 等(2014)使用机器学习技术寻找船只位置的异常,以用于海上安全和监视。

一个有趣的发展是使用 AIS(International Maritime Organization,2010;Lessing et al.,2006)从船只传输天气观测数据。国际水文组织(IHO)对 AIS 消息的格式包括一个用于气象和水文数据的特定应用消息,其中包括船只位置和关于风、温度、压力、波浪、能见度和洋流信息。鉴于公海上观测数据的稀缺性,通过 AIS 传输气象和水文数据的自动化气象站的使用,可能对验证全球海洋和大气模型非常有用。

16.2　背　景

虽然传统上用于实时海事应用,但越来越多的人对使用 AIS 数据集来提供对各种海洋学问题的见解感兴趣,例如优先进行水文测量调查、预测石油泄漏的可能性和影响、量化船舶与海洋野生动物的互动等。由于原始 AIS 数据集的庞大规模,通常每年有数百亿条原始消息,以及基础设施和计算能力的限制,目前必须在小的时间或空间子集中处理 AIS 数据。这对于需要在全国或全球范围内对整个年度进行分析的决策制定来说是不够的。为了克服传统数据存储和处理基础设施的限制,我们开发了一个使用 Apache Spark 作为计算引擎的大数据计算集群。我们开发了一个处理流水线,它接收原始 AIS 消息,提取所有有效的位置报告,创建船舶航行记录,并生成 GeoTIFF(地理标记图像文件格式)和 netCDF(网络通用数据格式)文件的船舶交通热图。这项分析的处理时间大约需要 48 小时,以生成美国所有水域一整年的交通数据产品。

作为这种技术方法的演示,我们最初与国家海洋和大气管理局海岸测绘办公室(NOAA OCS)合作,制作船舶交通热力图,以供其水文健康模型(Keown et al.,2018)使用。水文健康模型用于确定测量区域的优先级和更新航海图。由于不可能对所有需要更新的区域进行测量,因此使用各种数据源来为有限的测量资源设定优先级。从 2015 年的陆地 AIS 数据集开始,该数据集由 740 亿条原始消息组成,我们利用计算机集群解析消息,清除无效数据,并将单个消息聚合成 2 000 万条轨迹线,代表每天不同船舶的航行。然后我们使用这些航行数据制作了一组 500 米分辨率的 GeoTIFF 格式热力图,包括两个不同的指标:总交通量和独特船舶计数。我们还开发了针对原始消息和船舶航行进行特定查询的能力。在这个项目成功之后,我们应用相同的技术处理和分析了阿拉斯加的 AIS 数据。本章的其余部分将详细介绍使用这两个项目的数据作为例子的 AIS 数据处理和分析步骤。结果将被各种用户使用,以确定基础设施需求,检查随时间变化的航运模式,并支持渔业管理。

16.3　案例使用:利用 AIS 数据生成船舶交通热力图

16.3.1　概　述

阿拉斯加的可航行水域广阔,但海事基础设施有限。随着冰盖减少,航运和其他活动正在新区域进行,现有无冰区域的使用也在变化。为了在资源有限的情况下指导基础设施的发展,并使船舶交通和渔业的管理更加有效,理解船舶交通的过去、现在和未来模式至关重要。处理过的高质量 AIS 数据可以支持优先发展和管理决策。

对于这个项目,我们从各种联邦实体获取了原始 AIS 数据,并进行清理、汇总,以生成时空船舶热力图,作为 GeoTIFF 和 netCDF 文件,现在可以作为公共可访问资源提供。这些数据已经完全整理成为准备就绪的数据包,并可在 http://ais.axds.co/下载 GeoTIFF 文件。在阿拉斯加海洋观测系统(AOOS)海洋数据资源管理器中以及通过 THREDDS(主题实时环境分布式数据服务)、OPeNDAP(开源网络数据访问协议项目)、NCSS(netCDF 子集服务)、WMS(网络地图服务)或直接 netCDF 文件下载(AOOS,2018;Unidata,2018)获取。这些数据也已在美国综合海洋观测系统(IOOS)目录中注册(IOOS,日期不详)。数据将作为 IOOS 存档过程的一部分,由 NOAA 的国家环境信息中心(NCEI)存档。在可能的情况下,将为存档的数据集创建数字对象标识符(DOI)。

16.3.2　数据准备

在该项目的初始阶段,数据被收集并准备好进行处理。全球范围内,陆地 AIS 接收器由各种政府和商业实体维护,但美国海岸警卫队(USCG)是美国 AIS 数据的主要来源。阿拉斯加海事交换中心为海岸警卫队维护 AIS 站点,因此数据是直接从他们那里下载的。下面详细描述了这两个数据集:

美国海岸警卫队陆地站
• 来源:海洋测绘和美国国家海洋和大气管理局海岸测量办公室(OCS)
• 时间范围:2009 年 1 月 1 日至 2016 年 12 月 31 日
• 范围:0 至 90 纬度和-180 至-60 经度

数据从 MarineCadastre.gov 下载,该网站由美国国家海洋和大气管理局沿海管理办公室创建,并且直接从 NOAA OCS 下载。MarineCadastre.gov 和 NOAA OCS 从海岸警卫队那里获取了原始未处理的 AIS 数据。记录被过滤为一分钟,并按照通用横轴墨卡托(UTM)区域格式化为压缩的月度文件地理数据库。除了来自 MarineCadastre.gov 的原始 AIS 消息外，Axiom Data Science 还从 NOAA 海岸测量办公室接收了一份船舶目录，其中包括 MarineCadastre.gov 使用的"加密"的海上移动服务身份(MMSIs)，以便可以确定实际的船舶类型。

阿拉斯加海事交流中心陆基系统

- 来源：阿拉斯加海事交换中心
- 时间范围：2013—2017 年
- 范围：北极

阿拉斯加海事交换中心(MXAK)是一个非营利组织，维护着阿拉斯加唯一的陆地 AIS 网络。该网络由 100 多个 AIS 接收器组成，其中 48 个位于北极地区(阿留申群岛以北)。这些数据直接从 MXAK 获得，并提供给 Axiom Data Science 进行分析。除了原始 AIS 消息，MXAK 还维护了一个针对北极的特定船舶目录，该目录已经过有效船舶类别的质量检查。该目录被用来生成船舶交通热力图。

16.4　数据处理概览

AIS 船舶交通数据集庞大，因此传统的数据存储和处理技术不足以处理全球范围的数据。为了克服这些限制，我们使用建立在 Apache Spark 之上的计算集群，一个用于大规模数据处理的开源引擎(Zaharia et al.，2016)。除了 Spark，我们还使用 GeoTrellis 进行分布式空间处理，例如创建热力图栅格，使用 Alluxio 将经常使用的数据存储在内存中以便更快地访问，以及使用 GlusterFS 进行分布式文件存储(LocationTech，2018；Alluxio，2018；Gluster，2018)(图 16.1)。这个计算集群位于俄勒冈州波特兰的 Axiom Data Science 的高性能计算(HPC)数据中心。该设施中的计算和存储节点通过 Infiniband 连接，服务器之间的速度可达每秒 40 GB。

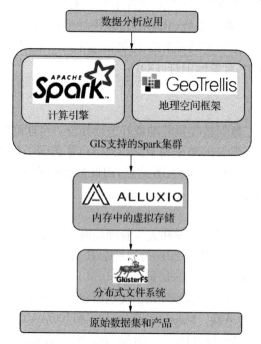

图 16.1　用于处理 AIS 数据的技术

AIS 数据的处理不是一步完成的;相反,分析是在一个流程的几个阶段进行的。这提供了几个优势,即:(1) 如果我们想要重做整个过程,就不必重新运行单个阶段的分析,以及(2) 我们可以提供各个阶段的结果作为它们自己的数据产品。例如,尽管解析和清洗单个数据集的原始消息可能需要 24 小时,但生成航行数据只需几分钟到几小时,从这些航行生成热图只需几分钟(见图 16.2)。因此,我们可以迅速修复错误,调整我们的算法,或以特定方式过滤数据以生成定制的数据产品。

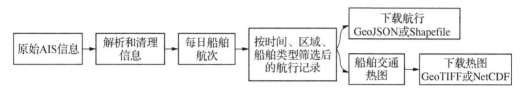

图 16.2 AIS 船舶交通数据处理流程

16.4.1 数据处理步骤

分析流程接收原始 AIS 数据并输出船舶交通热力图文件。在 AIS 数据处理流程的第一阶段,原始消息被解析,无效和重复的消息被移除。

接下来,信息按船舶唯一标识符(MMSI)和日期分组,为每日轨迹或航行创建轨迹线。在为每艘船舶创建航行记录后,它们可以根据时间、空间和/或船舶属性(如服务类型、吃水深度或航行期间的最大速度)进行筛选。这些筛选后的航行记录随后被用来创建船舶密度热力图,并导出为 GeoTIFF 文件。最后,一组脚本将 GeoTIFF 文件转换为 netCDF 并添加元数据,这些文件被添加到 AOOS 海洋数据探索门户和 THREDDS 服务器。

步骤 0:收集原始数据

原始 AIS 信息以 NMEA(国家海洋电子协会)格式提供,包含多种类型,例如位置报告、安全信息等。对于这个项目,我们只关注 A 类位置报告消息,其中包括信息如(1) 船舶 MMSI(海事移动服务身份)号码,(2) 纬度和经度,以及(3) 地面速度。

当我们接收到这些作为数据集的消息时,每条消息都会附带一个时间戳,有时还会附带接收消息的陆基站的 ID。与任何数据分析项目一样,必须考虑原始数据集中的任何缺陷,以及这些缺陷可能对分析产生的影响。在 AIS 数据的情况下,这些考虑因素包括:

(1) 陆基接收器的变化范围:陆基接收器的范围高度可变,取决于设备、地形和天气,这些站点容易受到网络连接和设备故障的问题影响。因此,如果在特定位置的特定时间没有数据,我们并不总能区分"这里从未有过船只"和"这里有船只但它不在工作接收器的范围内"。即使在理想条件下,远离海岸的船只也不会被陆基接收器捕获。

(2) AIS 消息的时间频率范围广泛:根据 AIS 发射器配置、船只位置和接收器位置的不同,单个船只发送消息(ping)间隔可能从每分钟多次变化到每小时几次。在清理过程中,我们将每分钟的多个 ping 合并为每艘船只的单条消息。然而,处理稀疏时间数据是一个挑战;更多细节请参见有关船舶航行创建步骤。

(3) 由于陆地接收器覆盖范围重叠导致的重复消息:这相对容易处理,也是我们在清理数据时采取的首批步骤之一。

（4）船只发送的错误测量数据：AIS 数据是自行报告的，因此有可能存在关于位置、地面速度等的错误测量。因此，分析人员必须持怀疑态度，并且尽可能独立验证测量数据。例如在构建航行时，我们计算 ping 之间的速度，并丢弃船只移动速度过快的不可能的数据点。

（5）错误的船只识别：包括使用重复的 MMSI 或报告错误的船舶类别。为了帮助解决这种错误信息，我们使用由美国海岸警卫队提供的权威船舶识别服务（AVIS）的数据。这个船只目录已与其他政府数据库交叉参考，并定期得到验证。欲了解更多信息，我们推荐美国海岸警卫队的以下报告：AIS 船舶识别技术和通过船舶身份验证提高 AIS 的可靠性（Winkler，2012；Winkler，2015）。

步骤 1：原始信息到船舶信号

在这个阶段，我们解析原始的 NMEA 信息，然后通过以下步骤过滤和清洗数据：（1）丢弃无效信息（解析失败的信息）；（2）丢弃非 A 类位置报告的信息；（3）移除重复信息（具有相同 MMSI 和时间戳的信息，时间戳四舍五入到最接近的分钟）。我们称这个结果为船舶信号。

对于美国海岸警卫队的陆地数据，这个阶段会移除超过 90％ 的原始数据。大约一半的数据是无效信息或者不是位置报告，所以这些在前两步中被移除。然后，剩余信息中大约 90％ 是重复的，也被丢弃。重复信息之所以数量众多，是因为多个陆基接收器可能会接收到同一艘船的信号。

步骤 2：船舶信号到船舶航程

船舶信号是有用的，但由于船只不频繁发送信息，如果船只在移动，数据会非常稀疏。例如，如果有人要创建仅从信号点生成的船舶交通热力图，那么两个信号点之间的任何网格单元都将是空的，即使船舶必须穿过它们。

为了解决这个问题，我们使用信号点来创建船舶航程。航程是连接个别信号点的线条，描述了船舶在这两点之间可能的位置（见图 16.3）。通常，航程创建遵循以下规则：（1）一个航程至少包含两个点；（2）如果点太稀疏则分割航程（以避免穿越陆地或产生误导性数据）；（3）如果船舶在一个地方停留了一段时间然后再次启动，航程也会被分割（以解释往返交通，如渡轮或拖船）。航程生成算法的完整描述见图 16.4。

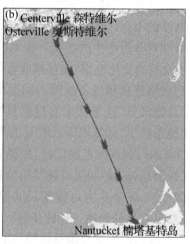

图 16.3　航程是通过连接各个信号点之间的直线而创建的：
（a）原始船舶信号点；（b）单个船舶航程。

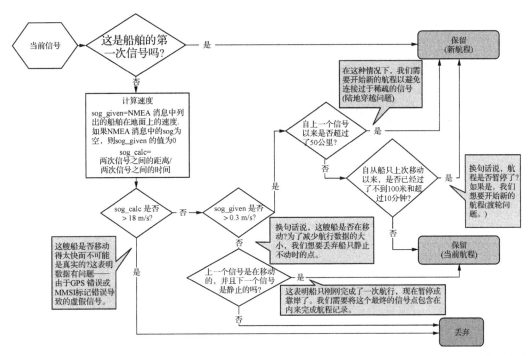

图 16.4　生成船舶航程的算法。所使用的确切数字以粗斜体显示,这里给出了示例。注意:sog＝地面速度。

步骤 3:筛选船舶航行

在此阶段,生成热图之前,我们必须将航程分割到不同区域,以便我们可以选择一个合适的等面积投影。使用了三个区域(美国本土、阿拉斯加和太平洋),所有这些区域都由美国专属经济区(EEZ)定义。根据所需的产品,我们还会根据船舶信息筛选航行,例如船舶类型、船舶大小、船舶吃水深度等(见图 16.5)。这些信息的来源是由美国海岸警卫队提供的权威船舶识别服务(AVIS)目录。这个船只目录已经与其他政府数据库交叉参考,例如美国海岸警卫队的海事信息安全与执法系统(MISLE)和船舶识别系统(VIS)、无线电许可证、分类社记录和传感器系统。它以船舶 MMSI 为索引,提供船长、吃水、旗帜、类型、服务等属性信息。

步骤 4:船舶交通热力图

为了生成热力图,我们将给定区域划分为网格,然后计算每个网格单元中的航行交叉次数(见图 16.6)。单元大小可以配置,默认为 500 米。确切的投影方式会根据区域的不同而变化,但一般使用等面积投影。一旦生成,这个热力图就被导出为 GeoTIFF 格式,然后一系列脚本使用 GDAL(地理空间数据抽象库)和 NCO(netCDF 操作工具包)将 GeoTIFF 转换为 netCDF 格式(GDAL,2018;Zender,2008)。

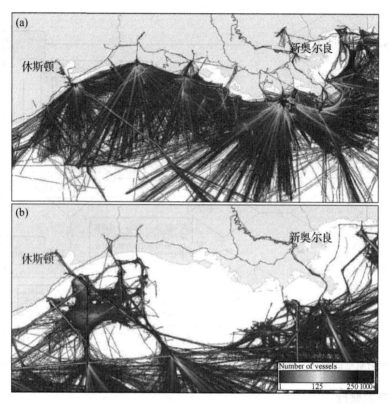

图 16.5　这些示例图片显示了筛选后的船舶交通情况。图像(a)显示了整整一年墨西哥湾沿岸油轮的交通热力图。图像(b)显示了同一年内客运船舶的交通热力图。

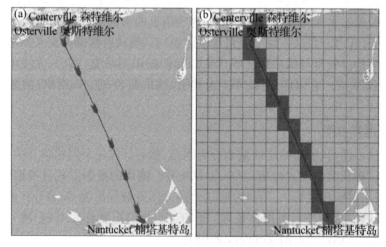

图 16.6　热力图是通过覆盖网格然后计算每个网格单元中的航行交叉次数生成的：(a) 一次船舶航行；(b) 带有航行经过点高亮显示的热力图网格。

生成热力图有两种不同的度量标准可供选择：

(1)总交通量和(2)特殊船只计数(图 16.7)。总交通量是每个网格单元船舶交通的累积。它是通过找到每日船舶航行与热力图网格之间的总交叉点数来计算的。每次航行与网格单元相交,其值就增加1。特殊船只计数是通过计算每个网格单元与特殊船只的交叉点数来计算的。如果一艘船在给定的一天内多次穿过一个网格单元,它仍然只会使该单元值增加1。

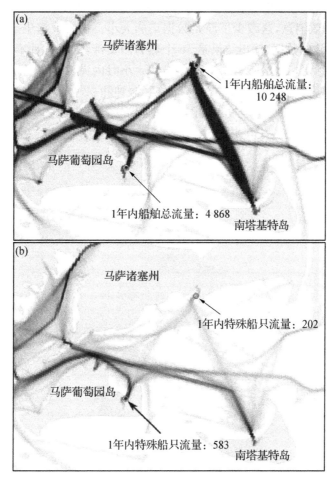

图 16.7　(a) 马萨诸塞州及附近岛屿一年内的总船舶通行量和
(b) 特殊船舶通行量。特殊计数显著较低,因为大多数
船舶是当地交通,如渡轮。颜色显示相对交通水平。

16.4.2　数据处理:结果

通过将分析从单一机器移至计算集群,并使用流水线方法,我们大大减少了从原始 AIS 数据到船舶交通热力图所需的处理时间。例如,我们将这种方法应用于 2015 年美国海岸警卫队陆地数据集(包含了整个美国大陆、阿拉斯加和夏威夷水域的 AIS 信息),共计 740 亿条原始信息或 7.5 TB 的数据。生成的数据集包括 30 个总热图文件:这三个地区的总船舶和特殊船舶通行量,以及五种不同船型,在 GeoTIFF 格式下分辨率为 500 米。这个计算集群共有 16 台机器,总共 368 个核和 1 500 GB 的可用内存。该集群运行完整的流程需要 45.4 小时,其中消息清理、航程生成和热图生成分别需要 40.7 小时、3.2 小时和 1.5 小时。这意味着我们可以在几分钟到几小时内从预计算的航程数据生成新的热力图。

在处理海岸警卫队数据取得初步成功之后,我们将这一流程应用于阿拉斯加海事交换中心的北极数据。尽管这个数据集覆盖了 5 年的时间,但其范围仅限于阿留申群岛以北的美国水域,那里的船舶交通相对有限。此外,AIS 消息在海事交换中心经过了一个清理过程,以去除重复和无效消息,这减少了原始数据集的大小。初始数据集是 5 年内的 14 亿条原始消息,或 131 GB 的数据,输出结果是 50 个热力图文件,涵盖五种不同船舶类型的总交通量和特殊交通量(见图 16.8)。整个流程在不到 4 小时内完成了 5 年的数据处理,其中消息清理、航程生成和热图生成分别用时 59 分钟、77 分钟和 92 分钟。这表明了一个较小的数据集可以快速地被处理,因此这些技术可以用于较小的、接近实时的 AIS 数据集。

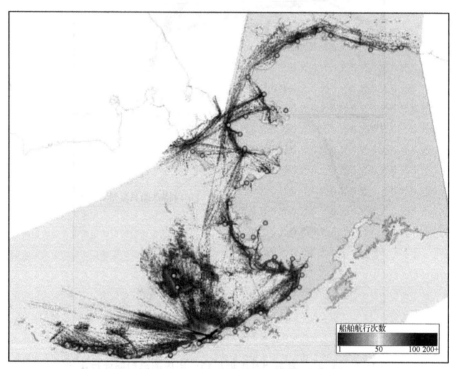

图 16.8 2015 年全年美国海岸警卫队陆地数据的样本结果。这些热力图显示了所有船只的总航行交通量,并标出了美国专属经济区(EEZ)的边界。

16.4.3 数据管理与开放获取

该项目结果是通过多种访问方法进行数据整理和公开最终数据产品。最终数据产品是一系列数据集,由区域、船舶类型、月份和年份划分的船舶交通热力图文件组成,描述了从原始 AIS 数据中提取的综合交通信息。这些热力图的分辨率为 500 米,采用 Albers 等面积投影,格式为 GeoTIFF 和 netCDF。每个数据产品都附有一个符合 ISO 19115 - 2 标准的元数据记录。

该项目的结果通过 AIS 船舶交通数据产品门户网站公开,无使用限制(http：//ais.axds.co)。在这里,用户可以搜索和下载项目产生的数据和元数据,此外还可以了解更多关于数据处理方法的信息。热力图也可在 AOOS 海洋数据探索器(https：//portal.aoos.org/)通过

THREDDS、OPeNDAP、netCDF 子集服务（NCSS）、WMS 或直接 netCDF 文件下载。通过这些服务，元数据也被 IOOS 目录收集，并传送到 data.noaa.gov，这是一个由美国 IOOS 计划维护的交互式数据目录和映射界面。IOOS 目录和 AOOS 海洋数据探索器为用户提供了一个映射界面，使他们能够快速且容易地定性和定量地探索生成的总结数据。最终数据产品也将提交给 NOAA 的国家环境信息中心（NCEI）存档，以便长期保存。

16.5　未来工作

在撰写本文时，有几个提案正在审查中，以继续将这项工作推向未来。这些拟议的工作包括使用卫星 AIS 数据为 2018 年和 2019 年的美国水域生成船舶交通热力图，开发北极水域的热力图，以及使用来自丹麦海事局的数据为欧洲水域生成热力图。这些工作将利用现有的计算集群。此外，我们已经与几位研究人员合作，在 Jupyter Notebooks 中生成特定感兴趣区域随时间变化的船舶交通直方图，并已提议将此功能建设成一个公众可访问的工具。

生成 AIS 数据产品的分析流程也可以得到改进。目前，流程中的主要瓶颈是在共享文件系统（GlusterFS）上的文件读写操作。因此，最有影响的改进将是增加使用内存文件存储，如 Alluxio，以减少磁盘访问操作。此外，流程的早期阶段具有高度的可并行性，因此增加集群可用的节点数（即 CPU）将减少信息清理和航程生成所需的时间。分析流程不需要使用大量的 RAM，因为 AIS 消息、船舶航程和热力图网格单元的大小都很小，可以独立处理；因此增加可用内存不会加快处理速度。理论上，增加网络速度会减少船舶生成和热力图生成阶段的处理时间，这些阶段需要合并多个节点的信息；然而，节点已经通过一个 40 GB/秒的 Infiniband 网络连接，所以没有明显的提高网络速度的方法。

16.6　结　论

AIS 数据是一个典型的大数据挑战的例子：它们庞大、难以管理，包含有意和无意的错误，而且到达速度极快。这些数据的分析为船舶过境模式、需要增加基础设施以支持这些过境的地点、需要对船舶活动进行管制的区域以及执行渔业和其他规定的地点提供了关键信息。这些分析为实时和长期决策提供了数据价值。

我们构建了一个计算集群，它基于 Apache Spark（一个用于大规模数据处理的开源引擎）、GeoTrellis（用于分布式空间处理）和 GlusterFS（用于分布式文件存储），使我们能够及时分析这些数据。分析过程在流水线的几个阶段进行，这提供了几个优势，即（1）如果想在单个阶段重新进行分析，整个过程不必重新运行，以及（2）我们可以提供单个阶段的结果作为它们自己的数据产品。尽管解析和清理单个数据集的原始消息可能需要 24 小时，但生成航行只需几分钟到几小时，而从这些航行生成热力图只需几分钟。

为了测试分析流程，我们将这种方法应用于 2015 年美国海岸警卫队陆地数据集，该数据集包含了美国本土、阿拉斯加和夏威夷所有水域的 AIS 消息，共计 740 亿条原始消息。结果产生了 30 个总热力图文件，涵盖了这三个区域的总船流量和特殊船流量，以及五种不同的船舶类型。这些热图采用 GeoTIFF 格式，分辨率为 500 米（见图 16.9）。整个流程在 45.4 小时内完成，其中消息清理、航程生成和热力图生成分别耗时 40.7 小时、3.2 小时和 1.5 小时。这意味着我们可以在几分钟到几小时内从预计算的航程数据生成新的热力图。这些计算时间也表明,这些技术可以用于较小的、接近实时的 AIS 数据集,其中包含天气观测,以便在适合与数值天气模型一起使用的时间框架内完成清理和分析。AIS 数据可能成为初始化和评估这些模型的重要数据来源,在数据通常稀缺的海洋中尤其如此。

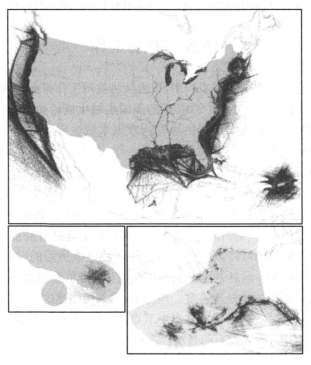

图 16.9　2016 年全年处理阿拉斯加海洋交换数据的样本结果。陆基接收器位置以圆圈表示,美国专属经济区(EEZ)的边界也有标示。

参考文献

[1] Alaska Ocean Observing System (AOOS) (2018). *Ocean data explorer*. https://portal.aoos.org/. Accessed 30 June 2018.

[2] Alluxio Open Foundation (2018). Alluxio version 1.6.0 (software). https://github.com/Alluxio/alluxio.

[3] Claramunt, C., Ray, C., Camossi, E., Jousselme, A., Hadzagic, M., Andrienko, G. L., et al. (2017). *Maritime data integration and analysis: recent progress and research challenges. EDBT*.

[4] De Souza, E. N., Boerder, K., Matwin, S., & Worm, B. (2016). Improving fishing pattern detection from satellite AIS using data mining and machine learning. *PLoS ONE*, *11* (7), e0158248. https://doi.org/10.1371/journal.pone.0158248.

[5] Eguíluz, V. M., Fernández-Gracia, J., Irigoien, X., & Duarte, C. M. (2016). A quantitative assessment of Arctic shipping in 2010—2014. *Scientific Reports*, *2016* (6): 30682. https://doi.org/10.1038/srep30682.

〔6〕exactEarth (2018). Applications of satellite-AIS (S-AIS) for Arctic shipping. http://cdn2.hubspot. net/hubfs/183611/Landing_Page_Documents/Arctic_Whitepaper. pdf. Accessed 1 July 2018.

〔7〕Fujino, I., Claramunt, C., & Boudraa, A. O. (2017). Extracting route patterns of vessels from AIS data by using topic model. *2017 IEEE International Conference on Big Data (Big Data)*, Boston, MA, 2017. https://doi.org/10.1109/BigData.2017.8258528.

〔8〕GDAL/OGR contributors (2018). *GDAL/OGR geospatial data abstraction*. Software Library, Open Source Geospatial Foundation. http://gdal.org.

〔9〕Gluster (2018). GlusterFS version 3.10.1 (software). https://www.gluster.org/.

〔10〕Integrated Ocean Observing System (IOOS) (n.d.). *IOOS catalog*. https://data. ioos. us. Accessed 30 June 2018.

〔11〕International Maritime Organization (2010). Guidance on the use of AIS application-specific Messages, https://www.navcen. uscg. gov/pdf/IMO_SN1_Circ289_Guidance_on_use_of_AIS_ASM. pdf. Accessed 4 July 2018.

〔12〕Keown, P., Gonsalves, M., Allen, C., Fandel, C., Gallagher, B., & Hick, L. (2016). A risk-based approach to determine hydrographic survey priorities using GIS. *2016 Esri Ocean GIS Forum*, Redlands, CA.

〔13〕Kjerstad, N., (2011). AIS-satellite data used for Arctic trafficability studies in the NE-passage. *The Twenty-first International Offshore and Polar Engineering Conference*, 19 - 24 June, Maui, Hawaii.

〔14〕Lessing, P.A., Bernard, L. J., Tetreault, B. J., & Chaffin, J. N. (2006). Use of the automatic identification system (AIS) on autonomous weather buoys for maritime domain awareness applications. *OCEANS 2006*, *Boston*, *MA*, *2006*. https://doi.org/10.1109/OCEANS.2006.307023.

〔15〕Location Tech (2018). GeoTrellis version 1.2.0 (software). https://github. com/locationtech/geotrellis.

〔16〕Marine Exchange of Alaska (2018). https://www. mxak. org/services/mda/tracking/Accessed 3 July 2018.

〔17〕Matwin, S. (2016). Big data meets big water: Analytics of the AIS ship tracking data. *2016 Federated Conference on Computer Science and Information Systems (FedCSIS)*, Gdansk. https://www. youtube.com/watch ? v=GqQL8KzKqN8.

〔18〕Narheim, B.(2008). AIS modeling and a satellite for AIS observations in the High North http:// www.dtic.mil/dtic/tr/fulltext/u2/a513790.pdf.

〔19〕Natale, F., Gibin, M., Alessandrini, A., Vespe, M., & Paulrud, A. (2015). Mapping fishing effort through AIS data. *PLoS ONE*, *10*(6): e0130746. https://doi.org/10.1371/journal.pone.0130746.

〔20〕Obradovic, I., Milicevic, M., & Zubrinic, K. (2014). Machine learning approaches to maritime anomaly detection. *Nase More*, *61*(5): 96 - 101.

〔21〕Olsen, O. (2015). Trends and seasonal variations in Arctic shipping activities from five years of satellite AIS data. https://www. star. nesdis. noaa. gov/star/documents/meetings/Ice2015/dayTwo/11_Oystein_O_dayTwo.pdf. Accessed 30 June 2018.

〔22〕Pallotta, G., Vespe, M., & Bryan, K. (2013). Vessel pattern knowledge discovery from AIS data: A framework for anomaly detection and route prediction. *Entropy*, *15*, 2218 - 2245.

〔23〕Unidata (2018). THREDDS Data Server (TDS) version 4.6.10 (software).Boulder, CO, UCAR/ Unidata. https://doi.org/10.5065/D6N014KG.

〔24〕Winkler, D. (2012). AIS vessel identification and techniques. *2012 Annual Assembly Meeting and Conference of the Radio Technical Commission for Maritime Services*, *Orlando*, *Florida*, *2012*. http://

ais.axds.co/documents/Winkler_RTCM_AIS_Vessel_Identification_2012_09_25.pdf.

［25］Winkler，D. (2015) Enhancing the reliability of AIS through vessel identity verification. *2015 US DOT Datapalooza*，*Washington*，*D.C.* http://ais.axds.co/documents/Safety.4_Winkler.pdf.

［26］Zaharia，M.，et al.（2016）. Apache Spark: A unified engine for big data processing. *Communications of the ACM*，*59*(11): 56–65.

［27］Zender，C. S.（2008）. Analysis of self-describing gridded geoscience data with netCDF operators (NCO). *Environmental Modeling Software*，*23*(10): 1338–1342. https://doi.org/10.1016/j.envsoft.2008.03.004.

17 地球大数据分析的未来

Christopher Lynnes[1] 和 Thomas Huang[2]

1. 美国宇航局戈达德太空飞行中心,格林贝尔特,马里兰州(已退休);
2. 美国宇航局喷气推进实验室,加州理工学院,帕萨迪纳,加利福尼亚

地球大数据分析的最新技术预计在未来几年将迅速发展。推动这一进化的力量来自数据增长和数据分析领域的进步。在数据领域,传感器仪器技术和平台小型化的进步正在提高数据分辨率和覆盖范围,导致数据量的巨大增长。特别是时间分辨率的提高也产生了对更高数据速度的需求。同时,仪器的增多和它们所在平台的增加,使得数据集的多样性增加。数据多样性的增加反过来又引发了对数据真实性的质疑。在算法领域,强大的机器学习方法正在成为主流,特别是深度神经网络(DNNs)。这些在检测数据的有趣特征、整合许多不同的测量结果(即数据融合)和分类问题方面非常有效。然而,在清晰提供自然或社会经济现象如何受检测到的模式影响方面它仍然具有挑战性。因此,当重点放在形成或测试解释以及支持交互式数据探索时,传统分析技术仍具有重要意义。

17.1 引 言

可以预期,未来几年地球大数据分析的最新技术将迅速发展。推动进化的力量来自数据增长和数据分析领域的进步。检查大数据中“大”的来源是有用的,以便尝试识别数据格式可能如何演变。这些来源包括技术进步,它们在几乎每个维度上都提高了数据分辨率,并伴随着数据量的增加。与此同时,技术进步也导致了观测仪器和平台数量的显著增长,从而增加了数据的多样性。同时,数据分析领域也蓬勃发展,因为多种编程语言中广泛提供了高度实用的代码,能够解决各种分析问题。这两个因素都吸引了新的从业者进入该领域,带来了新鲜的视角和需求。

17.2 数据如何变得更大

在过去的二十年左右时间里,主要数据系统中地球观测数据的体量呈指数级增长。图17.1 显示了美国国家航空航天局地球观测系统数据和信息系统(EOSDIS)从 2000 年,即地球观测系统开始之时,到 2017 年的累积存档大小。在此期间,EOSDIS 数据存档的年增长率平均约为 25%。这些增长来自哪里?

首先,随着时间的推移,许多旗舰卫星仪器的数据记录自然会线性增加。然而,仪器的进步正在推动水平分辨率提高到更高的数值,这导致成像仪器的增长因子呈 2 的幂次增长。传感器发展的进步有助于提高分辨率。这方面的一个例子可以在冰、云和陆地高程卫星

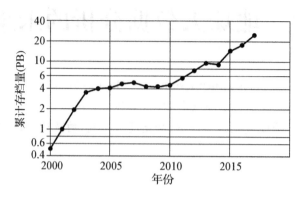

图 17.1 自 2000 年以来 EOSDIS 累计存档的增长,在半对数图上显示。度量报告年份始于 10 月并结束于 9 月,因此 2017 年的值涵盖了 2017 年 9 月 30 日的累计存档。

(ICESat)(Schutz et al.,2006)与其后继者 ICESat-2(Moussavi et al.,2014)的比较中看到,前者于 2003 年发射,后者于 2018 年发射。探测器灵敏度的提高使得 532 nm 激光发射光子时能够使用更低功率。因此,ICESat 的 GLAS 仪器每秒产生 40 个脉冲,但 ICESat-2 上的 ATLAS 仪器每秒产生10 000 个脉冲,高度读数增加了 250 倍。更灵敏和更节能的传感器反过来又促进了观测平台的小型化,无论是空间平台(例如 CubeSat)还是空中平台(无人机)。小型但功能强大的地球观测资源的价格下降,很可能会推动由国家空间计划以及现在更广泛的商业和其他非政府组织(其中一些相当小)生成的地球观测数据量的显著增长。传感器的改进在其他方面也有帮助:能够更准确地测量额外的波长或其他量(例如激光雷达返回值),将使科学家能够检索以前无法可靠检索的地球物理量或生物量。同样,水平分辨率的提高使我们能够比以前解析更细微的物理过程,这也有助于新数据产品的产生。高分辨率还有另一个间接效果,它促进并激励了模型的降尺度处理,这些模型要么结合了数据(例如作为初始或边界条件或在同化中),要么根据数据进行了验证。

对于地球同步卫星,例如为国家海洋和大气管理局(NOAA)收集数据的地球静止环境卫星(GOES),它们的贡献数据增长来自更多样化的来源。除了 GOES-16 及后续卫星的水平分辨率增加了 2 倍(导致数据量增加了 4 倍)外,光谱分辨率也从 GOES-16 的 5 个光谱带增加到了 16 个,而时间分辨率则提高了 3 倍,从每 15 分钟一次的快照增加到每 5 分钟一次。除此之外,这些仪器可以根据需要以多种模式运行,以增加空间覆盖范围或时间分辨率,而新一代仪器相比之前的 10 比特,可以获取 12 到 14 比特的信息。

推动数据量增长的许多因素(微型化、成本降低、传感器改进)对大数据的另一个重要特征,即多样性,也有次要影响。廉价传感器和平台的多样性将要求一些适应措施,以便利用它们产生的数据。特别是机载仪器在数据分析阶段可能难以处理,尤其是在尝试大范围的综合结果时。即使是日益多样化的数据提供者社区,也可能引入多种数据处理方法,这可能导致即使是在测量相同基本量时,也会产生一系列多样化的数据产品。不同仪器和处理算法之间的偏差将变得越来越重要,需要予以考虑。

数据多样性问题的另一个贡献者来自数据分辨率的提高,包括空间、时间和光谱分辨率。所有这些都可能有助于在更广泛的领域内对地球物理属性进行采样,因此在更多样化的观测条件下进行采样。例如,过去在 90 米像素上可能平均掉的土地覆盖变化,现在可能在 3 米分辨率下被观测到。这改变了许多测量的统计属性,尤其是陆地测量,因为在较小的长度尺度上,空间变化通常比海洋或大气长度尺度上的变化更强烈。然而,即使是海洋仪器,如表面水体地形测量卫星(SWOT),也有望揭示以前未被观测到的现象,因为它们能够比以往任何卫星携带的仪器更精细地解析水面高度的变化(Durand et al.,2010)。

随着数据多样性的增加,对数据真实性的担忧也随之而来。过去,大多数地球观测(EO)数据是由大型科学团队生产的,这些团队使用的仪器和算法在发射前已经得到了社区的全面检查。许多此类设施或机构的仪器还有专门的团队负责校准和验证数据产品。然而,较小的数据收集者和生产者的激增使得数据质量的确定变得更加关键,同时也更加困难。强大的机器学习算法可以通过使用原位和其他验证数据来建立偏差,从而帮助扩展质量评估的规模(Lary et al.,2018)。

我们面临的大数据挑战不仅仅是因为高分辨率仪器的进步。能够轻松访问大量数据的便利性也增强了我们进行复杂科学推断的能力。随着近期低成本低功耗的百万亿次计算技术的进步,以及机器学习和在物联网(IoT)时代将数据分析能力与传感器并置的能力,研究人员和决策者现在能够访问、分析并从多变量测量集合中得出推断。边缘计算是一种通过连接智能设备的计算范式。智能仪器将在传输前提供更高质量的数据和分析结果,而不是仅仅投资于创建解决方案以将大量数据移动到云端。有了低成本、高性能的智能仪器,可以直接在传感器上进行科学数据处理,并自动交付高质量的最终产品。传感器上具有自动检测能力,可以使传感器检测物理现象,并迅速指导其他子系统获取其他相关测量数据。尽管我们的大数据挑战只会越来越大,但我们互联的世界和低功耗计算技术将以更快的速度提供更高质量的信息。

17.3　分析算法的演变

正如我们上面所见,数据量和种类的增长既带来了巨大的机遇,也带来了新的挑战。然而,用户社区可用的数据分析能力也在增长。特别是,机器学习的爆炸性增长令人瞩目。现在有多个成熟和开箱即用框架支持多种语言的机器学习,尤其是 Python 和 R 领域的增长最为显著。大多数关注点集中在深度神经网络(DNNs)领域,并伴随着易于获取的计算能力的到来,包括特别适合 DNNs 的处理单元,如图形处理单元(GPUs),甚至是专门构建的神经处理单元(Van der Made & Mankar,2017)。此外,几种关于 DNNs 的变体已经开始被部署来解决地球观测(EO)问题。例如,将土地覆盖和土地利用研究扩展到全球范围的一个问题是将在一个地区训练的模型应用到其他地区的困难。迁移学习显示出解决这个难题的潜力。

对 DNNs 来说,另一个重大挑战是深度学习训练数据的可用性,尽管有多种方法可以解决这个问题。一种方法是利用众包标签,特别是在土地覆盖分类领域(Johnson et al.,2017)。另一种方法是使用物理检索,可以是真实的或合成的(Rodriguez-Fernandez et al.,2017)。然而,更常见的正在逐渐成为主流的是使用生成对抗网络(GAN)来创建逼真的合成数据。在这种半监督方法中,少量真实标记的数据被神经网络生成的假数据补充。数据由一个鉴别神经网络分类,该网络尝试对数据进行分类的同时检测假数据(作为其中的一个类别)。与此同时,生成网络在尝试使其数据不被识别为假数据的过程中,生成越来越逼真的数据。这种方法应用广泛,预计将越来越频繁地被部署。

深度神经网络(DNNs)可能有助于解决的挑战之一是仪器的多样性,特别是在光学感测类别中,那里有众多的商业和政府支持的卫星传感器,以及无人机搭载的传感器。理想情况下,我们希望能够将像 Landsat 这样高质量、稳定的和质量出众的政府支持的卫星与来自小型 CubeSat 商业源的大量测量数据结合起来(Kontgis et al.,2015)。然而,面对地理定位和辐射质量的变化以及设计的响应特性,正确组合这些数据是困难的。基于神经网络的数据融合应该能够处理组合观测中涉及的偏差和不确定性。尽管 DNNs 的迅猛发展及其在解决问题上的多功能性,其他监督式机器学习技术仍将继续发挥重要作用,尽管可能在特定领域扮演着小众角色。例如在土地利用和土地覆盖分类领域,决策树和随机森林仍然很常见。

许多机器学习方法的一个重要局限性是,衍生出的模型往往是一个"黑箱",很难解释为何模型产生特定答案。对于许多实际应用来说,这并不是问题:用户寻求的是在给定数据下获得的最佳答案。对于机器学习练习,通常可以估计预期的精确度和召回率,允许最终结果的统计特性有一定的置信度。然而,过分信任任何单一预测可能存在风险。因此,最近的研究有时使用机器学习作为采样指导,以估计聚合属性,例如 Song 等(2017)使用卫星图像估计大豆种植面积,从而将传统统计学与机器学习结合起来。

在科学研究领域,黑箱问题更加棘手,因为许多(尽管不是全部)研究旨在理解世界如何运作。机器学习产生的数学和统计模型很少能直接洞察现象及其相互关系。尽管如此,机器学习技术仍然可以在科学研究的许多角色中找到用武之地。一个富有成果的领域是挖掘数据集寻找有趣的事件,例如风暴,甚至估计风暴强度(例如 Pradhan et al.,2018),即作为推断测量或数据融合的辅助方法。然而,研究人员真正期望的是基于物理、生物学或社会经济的模型来解释观察到的现象,因为根本目标是进一步理解观察到的现象。在这种情况下应用机器学习的一种方式是使用 EO 代理预测数量,例如使用夜间灯光或屋顶类型预测经济活动(Jean et al.,2016)。机器学习算法的成功可以在一定程度上揭示代理量与目标量之间的相关性如何。在这种情况下,EO 数据的价值在于能够在更大的空间尺度上调查此类现象之间的关系,并具有更高的时间分辨率。或者,使用已知的输入数据扰动进行敏感性研究,至少可以帮助阐明模型的内在工作原理(Sundararajan et al.,2017),即使它们不直接导致对现象本身工作原理的洞察。

EO 领域在大数据分析方面面临着独特的挑战。其中一个挑战是如何弥合高空间分辨率/低覆盖率数据(例如无人机收集的数据)与低空间分辨率/全球覆盖率数据之间的尺度差异。小型、众多且多样化的平台和仪器收集的局部数据的不规则空间和时间采样加剧了局部与全球数据集之间的差距。这将增加对融合和同化方法的需求,这些方法能够结合两种尺度的测量。机器学习技术越来越多地被用来帮助降尺度过程(例如 Liu et al.,2018)。

在转向更细微尺度现象时,另一个因素是当地观测条件的多样性变得更加重要。例如当使用 EO 数据观察森林时,包括种类和习性在内的单个树木在 1 米尺度上变得重要。过去,当地研究通常由一些具有当地知识的研究人员进行,而现在可以在大陆范围内获得局地尺度分辨率。此外,云计算的出现可以提供必要的计算能力扩展,以进行广泛利用高分辨率树木数据进行的大陆尺度研究,例如 Brandt 等(2018)的研究。然而,将本地情境知识扩展到更大区域是具有挑战性的。例如,当地的耕作实践可能会影响土地利用估算。

尽管基于机器学习的分析正在迅速发展,传统的统计方法也因数据和计算能力的增加而受益。随着数据分辨率的提高,研究精细尺度(空间或时间)现象的统计学变得可能。同时,对大数据进行传统统计分析很可能也需要大规模计算:这种分析通常可以并行处理,但前提是数据沿着统计计算的轴线有序组织。这些统计分析在支持数据的交互式探索中特别普遍。云计算的出现,结合对数据存储和组织的优化以加速计算,预示着分析时间可能以数量级减少。这提高了以完全交互模式探索整个数据集的可能性。

17.4 分析架构

数据量的增加以及分析算法对数据的渴望不断增长,这将使得能够以高速率向算法提供数据的数据系统架构变得尤为重要。在大多数情况下,这依赖于通过云分发数据,以这样一种方式,即相邻(或邻近)的计算能力可以独立于其他数据计算组合产生结果,也就是说,是映射阶段的"映射-归约"算法。系统随后收集结果并执行必要的简化操作。已经证明,各种可扩展的文件系统和高度分布式的数据库能够提供这种能力。然而,仍然重要的是要同时考虑数据和要进行的分析,以便数据的映射能够完成足够的处理,以提供所需的加速效果。

数据改进的一个有趣效应是,新的大数据需求可能以间接形式出现。例如,提高来自地球同步数据的时间分辨率,驱动对降低数据传输延迟的需求增加,换句话说,就是大数据的速度方面。一般来说,延迟期望值往往略低于时间分辨率,但在同一数量级上,比如说具有月度分辨率的数据,并不期望在生产上能够近乎即时地获得。另一方面,GOES-17 及其后续卫星的时间分辨率提高,但处理全盘模式至 5 分钟分辨率的校准辐射亮度所需的地面系统延迟要求为 50 秒,对于区域(局部)模式,延迟要求仅为 23 秒,其延迟为 30 秒(Kalluri et al.,2018)。数据速度有时会因所需的处理模式而变得复杂:例如土地覆盖分类通常受益于先时间后空间的方法,其中像素的时间历史被用来分类土地覆盖或土地利用,这意味着系统必须保留足够的像素历史以查看参数的自相关性。另一方面,数据的空间分布有助于在这种情况下并行处理。例如 de Assis 等(2017)展示了一个基于 MapReduce 和 Hadoop 流的架构,处理 MODIS 数据,实现了用于遥感图像的流式分析系统。随着可用卫星数量的增加,提高了有效时间分辨率和用户社区的延迟需求,类似的方法可能会越来越多。

未来地球大数据分析架构还需要解决数据重构带来的数据管理复杂性。这种重构通常包括两个主要方面:预处理数据以使其"分析就绪"和重新组织数据以优化它们便于云分析处理。分析就绪数据的标准在一定程度上随着用户群体和所需分析类型的不同而变化。创建分析就绪数据可能包括应用各种校正以增加数据的可解释性,例如校准、大气校正、地形校正、质量过滤和地球物理参数检索。对于数据比较或时间序列分析,通常还会应用空间和/或时间重采样。然后将分析就绪数据重新组织成一种结构,并存储在一个框架中,使得数据分析速度更快。这两个过程都会对数据进行更改,这些数据通常是基于文件的数据产品。这导致了一个巨大的数据溯源挑战:科学用户需要能够识别进入分析结果的原始数据是什么,以及分析就绪的预处理和数据组织如何影响数据内容。尽管已经开发了一些用于处理遥感数据的溯源框架,但它们也倾向于处理大量的数据包,如文件、图像或覆盖层(Jiang et al.,2018)。将这些相同的数据值分布在分布式文件系统或数据库中,以便计算算法进行精细化访问,呈现出一个更加复杂的问题,特别是关于如何使溯源文档对最终用户可用,最终用户可能想要追溯进入特定像素时间序列的贡献。简而言之,目前尚不清楚现有的国际标准化组织(ISO)或万维网联盟(W3C)的框架是否能够很好地适应这种数据重组。此外,这些框架本身还没有得到足够的工具支持,以使科学家能够使用溯源信息。数据档案和分析系统将需要共同协作,以提供可供地球科学家使用的溯源机制,以应对基于云的数据并行分析。

数据管理社区在管理大数据分析的数据档案时也将面临类似的挑战。为了进行高速分析,数据重组很可能意味着至少需要管理两份数据副本,即档案版本和为分析优化的版本。维护一个数据集的两个或更多版本的成本可能会导致数据管理组织限制分析优化数据的驻留时间,这些数据通常存储在更昂贵的存储设备上。另一个挑战将是创建一个分析用户体验,与数据档案的其余部分一起工作,鼓励社区用户从下载分析转变为就地分析的思维模式。

地球大数据分析领域涌现出多个有影响力的实践社区,例如 Apache 科学数据分析平台(SDAP)(https://sdap.apache.org),这很可能对地球大数据分析的未来产生最重大的影响。开源框架为进行复杂数据分析提供了丰富的选择。通用机器学习社区因商业应用、高质量易接入的在线培训以及强大、易用的软件包和平台而迅猛发展。这个社区与 Python 数据分析社区重叠,Python 具有强大的数据处理能力以及为分析添加的丰富附加包,甚至许多包特别适合地球观测(EO)使用(例如 h5py)。地球科学界也发展了自己的社区,如 Pangeo,它开发并维护一个基于 Python 的平台,用于分析地球物理学的大数据,特别是在云和集群环境中。这并不是说地球大数据分析的未来将基于 Python。计算机语言的本质是,总会有其他具有特定优势的语言存在,比如 R 的统计分析能力(https://www.rproject.org/)或者 Julia 的并行化能力(https://julialang.org/)。

随着许多社区迅速增长,以响应不同的驱动因素(而不仅仅是分析比当前能处理的更多数据的愿望),一个合理的问题是,这些社区的发展是否会继续使它们能够相互建立联系,或者它们最终会否变成在其他社区无法互操作的孤立社区。有理由希望并期待持续的互操作性演变。许多社区强调开放应用程序编程接口(APIs)的作用。此外,一些标准社区正在将重点转向支持分析。开放地理空间联盟(OGC)维护两个支持地理空间数据分析的标准,即网络覆盖处理服务(WCPS)(Baumann,2016)和网络处理服务(WPS)(Kazakov et al.,2015)。

17.5 结 论

地球观测数据的增长似乎注定会持续加速。例如,随着 SWOT 的发射以及 NASA-印度空间研究组织合成孔径雷达任务(NISAR)的启动,EOSDIS 在未来 6 年内的数据量将增加一个数量级,超过 200PB。地球观测数据进入商业领域的扩展同样会增加 EO 数据的体量、速度和多样性。幸运的是,分析算法领域,特别是机器学习领域的进步,以及云计算提供的大规模计算能力的增加,为跟上海量数据增长提供了良好的前景。最具挑战性的领域可能是那些不易随技术进步而扩展的领域,比如数据来源的多样性和由此产生的数据集。在这些领域,为了充分利用数据多样性的新优势,对数据结构、格式和元数据等方面进行标准化的共同努力将是非常重要的。

参考文献

［1］Baumann, P. (2016). A voyage through dimensions: Recent innovations in geospatial coverages. In *Geoscience and Remote Sensing Symposium (IGARSS), 2016 IEEE International*, 3599 – 3601.

［2］Brandt, M., Rasmussen, K., Hiernaux, P., Herrmann, S., Tucker, C. J., Tong, X., Tian, F., et al. (2018). Reduction of tree cover in West African woodlands and promotion in semi-arid farmlands. *Nature Geoscience*, *11*, 328. https://doi.org/10.1038/s41561 – 018 – 0092 – x.

［3］de Assis, L. F. F. G., de Queiroz, G. R., Ferreira, K. R., Vinhas, L., Llapa, E.,Sanchez, A. I., et al. (2017). Big data streaming for remote sensing time series analytics using MapReduce. *Revista Brasileira de Cartografia*, *69*.

［4］Durand, M., Fu, L. L., Lettenmaier, D. P., Alsdorf, D. E., Rodriguez, E., & Esteban-Fernandez, D. (2010). The surface water and ocean topography mission: Observing terrestrial surface water and oceanic submesoscale eddies. *Proceedings of the IEEE*, *98*, 766 – 779.

［5］Jean, N., Burke, M., Xie, M., Davis, W. M., Lobell, D., & Ermon, S. (2016). Combining satellite imagery and machine learning to predict poverty. *Science*, *353*, 790 – 794. https://doi.org/10.1126/science.aaf7894.

［6］Jiang, L., Yue, P., Kuhn, W., Zhang, C., Yu, C., & Guo, X. (2018). Advancing interoperability of geospatial data provenance on the web: Gap analysis and strategies. *Computers and Geosciences*, *117*, 21 – 31.

［7］Johnson, B. A., Iizuka, K., Bragais, M. A., Endo, I. & Magcale-Macandog, D. B.(2017). Employing crowd sourced geographic data and multi-temporal/multisensor satellite imagery to monitor land cover change: A case study in an urbanizing region of the Philippines. *Computers, Environment and Urban Systems*, *64*, 184 – 193.

［8］Kalluri, S., Alcala, C., Carr, J., Griffith, P., Lebair, W., Lindsey, D., Race, R., et al. (2018). From photons to pixels: Processing data from the advanced baseline imager. *Remote Sensing*, *10*, 177, doi: 10.3390/rs10020177.

［9］Kazakov, E., Terekhov, A., Kapralov, E., & Panidi, E. (2015). *WPS-based technology for client-side remote sensing data processing*. International Archives of the Photogrammetry, Remote Sensing & Spatial Information Sciences.

［10］Kontgis, C., Schneider, A., & Ozdogan, M. (2015). Mapping rice paddy extent and intensification in the Vietnamese Mekong River Delta with dense time stacks of Landsat data. *Remote Sensing of Environment*, *169*, 255 – 269. https://doi.org/10.1016/j.rse.2015.08.004.

［11］Lary, D. J., Zewdie, G., Liu, X., Wu, D., Levetin, E., Allee, R., et al. (2018). *Machine learning applications for Earth observation*. In P. P. Mathieu & Aubrecht C. (Eds.), *Earth observation open science and innovation*. ISSI Scientific Report Series, vol. 15. Springer, Cham. https://doi.org/10.1007/978 – 3 – 319 – 65633 – 5_8.

［12］Liu, Y., Yang, Y., Jing, W., & Yue, X. (2018). Comparison of different machine learning approaches for monthly satellite-based soil moisture downscaling over northeast China. *Remote Sensing*, *10*, 31. https://doi.org/10.3390/rs10010031.

［13］Moussavi, M. S., Abdalati, W., Scambos, T., & Neuenschwander, A.(2014). Applicability of an automatic surface detection approach to micro-pulse photon-counting lidar altimetry data: Implications for canopy height retrieval from future ICESat-2 data. *International Journal of Remote Sensing*, 35, 5263 - 5279. https://doi.org/10.1080/01431161.2014.939780.

[14] Pradhan, R., Aygun, R. S., Maskey, M., Ramachandran, R., & Cecil, D. J. (2018). Tropical cyclone intensity estimation using a deep convolutional neural network. *IEEE Transactions on Image Processing*, 27, 692 - 702.

[15] Rodriguez-Fernandez, N. J., Richaume, P., Kerr, Y. H., Aires, F., Prigent, C., & Wigneron, J. P., (2017). *Global retrieval of soil moisture using neural networks trained with synthetic radiometric data*. Geoscience and Remote Sensing Symposium (IGARSS), 2017 IEEE International, 1581 - 1584.

[16] Schutz, B. E., Zwally, H. J., Shuman, C. A., Hancock, D,. & DiMarzio, J. P. (2005). Overview of the ICESat mission. *Geophysical Research Letters*, 32.

索　引

致　谢

能够承担起《地球、大气和海洋科学中的大数据分析》一书的翻译工作，我们深感荣幸，同时也意识到肩上责任的重大。此书不仅汇聚了 Thomas Huang、Tiffany C. Vance 及 Christopher Lynnes 等杰出科学家们的智慧结晶与前沿研究成果，更如同一座灯塔，照亮了大数据分析在地球科学领域探索的航道，展现了其无尽的潜力和广阔的应用前景。

首先，我们要向本书的原创者们致以最崇高的敬意与最诚挚的感谢。是他们的不懈追求与卓越贡献，构建了这座知识的殿堂，让我们得以窥见大数据分析如何以前所未有的方式重塑我们对地球系统的理解。感谢他们慷慨授权，使这份宝贵的知识财富得以跨越语言的界限，惠及更广泛的中文读者群体。

衷心感谢南京大学出版社的信任与支持。作为出版界的佼佼者，南京大学出版社以其深厚的学术底蕴、严谨的编辑态度和敏锐的市场洞察力，为本书的出版提供了坚实的平台。他们的专业指导和精心策划，确保了这部译作能够以最优质的形态呈现给读者，让知识的光芒照亮更多求知的心灵。

特别感谢中国矿业大学一群努力拼搏的研究生——李承刚、李开源、刘文昊、唐泽宇和高健。他们以高度的专业素养、严谨的治学态度以及不懈的努力，确保了翻译工作的精准与流畅，使得这部译作既忠实于原著的精髓，又兼顾了中文读者的阅读习惯与理解需求。

本书的诞生，还得益于国家自然科学基金委面上项目（42075114）、徐州市重点研发计划现代农业面上项目（KC21132）以及中国矿业大学基本科研业务费重大项目专项基金（2021ZDPY0202）的慷慨资助。这些支持不仅为项目的顺利进行提供了坚实的物质基础，更是对科学探索的肯定与鼓励。

翻译工作虽力求尽善尽美，但受限于水平与能力，难免存在不足之处。我们衷心期待每一位读者的反馈与建议，它们将是推动我们不断精进、完善译作的宝贵动力。我们相信，通过持续的交流与努力，这部译作定能更加精准地传达原著的精髓，为学术界及广大读者提供更为丰富、深入的学习资源。

最后，我们要向所有热爱知识、勇于探索的读者表示最诚挚的感谢。愿这部译作能够成为你们探索地球科学奥秘的得力助手，为你们的研究与学习之旅增添一抹亮丽的色彩。让我们携手并进，在探索未知的道路上不断前行！